# 消费主义语境下
# 当代中国设计生态研究

丛志强 著

中国纺织出版社

图书在版编目（CIP）数据

消费主义语境下当代中国设计生态研究 / 丛志强著. -- 北京：中国纺织出版社，2018.4（2024.3重印）
ISBN 978-7-5180-3506-9

Ⅰ.①消… Ⅱ.①丛… Ⅲ.①产品设计—研究—中国 Ⅳ.①TB472

中国版本图书馆 CIP 数据核字（2017）第 075932 号

策划编辑：余莉花　　责任印制：王艳丽
版式设计：张振馨

中国纺织出版社出版发行
地址：北京市朝阳区百子湾东里 A407 号楼　邮政编码：100124
销售电话：010—67004422　传真：010—87155801
网址：http://www.c-textilep.com
E-mail：faxing@c-textilep.com
中国纺织出版社天猫旗舰店
官方微博 http://weibo.com/2119887771
北京兰星球彩色印刷有限公司印刷　各地新华书店经销
2018 年 4 月第 1 版　2024 年 3 月第 6 次印刷
开本：710×1000　1/16　印张：20.5
字数：205 千字　定价：98.00 元

凡购本书，如有缺页、倒页、脱页，由本社图书营销中心调换

# 前　言

当今中国，设计作为特殊的生命体无时无刻不在与其所处的环境发生着多重且复杂的互动关系。设计问题已经升格为与人的发展、社会和谐、自然生态平衡密切相关的问题。消费主义导致了设计本质的异化、设计价值的狭隘化以及设计价值主体地位的降格等核心问题的产生。基于此，设计研究必须进行转向。

本书内容融合变通生态学、文化生态学、商业生态学等领域的理论与方法，对消费主义语境下的中国设计进行整体性、系统性的共性问题研究，提出设计生态的概念，并按照"基于特定研究语境，分析现状、发现问题、剖析问题、解决问题"的逻辑展开探讨。本书旨在探讨消费主义语境下当代中国设计与设计、设计与人、设计与社会（经济、道德、文化等）、设计与自然等多元的内在关系；解析当代中国设计生态失衡的主要表现；探讨中国设计生态失衡导致的多元危机；挖掘中国设计生态失衡的深层原因；提出平衡的设计生态构建的策略与方法，为设计研究与设计实践提供新的借鉴，并为设计生态学的理论构建奠定基础。

在消费主义的强力冲击下，中国设计生态发生多重失衡。具体表现在，设计与设计之间的失衡：设计物种的匮乏；设计与人之间的失衡：角色转变；设计与社会之间的失衡：经济独大；设计与自然之间的失衡：价值剥夺。设计生态失衡引发严重危机，本文重点从设计的危机、人的危机、社会性格的危机三个方面进行阐释。设计生态失衡深层根源的挖掘是平衡的设计生态构建的前提。本研究紧扣消费主义语境，将失衡根源归结为：资本逻辑是设计生态失衡的内在驱动力；符号逻辑是设计生态失衡的外在推动力；自由主义和人类中心主义是设计生态失衡的重要原因。本研究将平衡的设计生态构建的策略与方法定位于资本逻辑与符号逻辑的合理调控。其一是将发扬二者的积极作用作为调控起点；其二是有效利用"企业"这一调控纽带，围绕没有废弃物的设计生产、非物质性设计思想体系、责任成本内化三个方面展开；其三是合理发挥"政府"这一调控监护人的职能，设置设计推广监护制度和建立设计公平保障制度。

丛志强<br>2017 年 8 月

# 目 录

## 第 1 章 绪论 　　　　　　　　　　　　　　　　1
### 1.1 研究背景 　　　　　　　　　　　　　　　2
### 1.2 选题缘由与意义 　　　　　　　　　　　　4
#### 1.2.1 选题缘由 　　　　　　　　　　　　　4
#### 1.2.2 研究意义 　　　　　　　　　　　　　9
### 1.3 文献综述 　　　　　　　　　　　　　　　11
#### 1.3.1 文化生态学的相关研究综述 　　　　　13
#### 1.3.2 设计生态的相关研究综述 　　　　　　17
#### 1.3.3 消费主义和消费社会的相关研究综述 　22
#### 1.3.4 消费主义设计和消费社会设计的相关研究综述 　24
### 1.4 研究方法与文章框架 　　　　　　　　　　27
#### 1.4.1 研究方法 　　　　　　　　　　　　　27
#### 1.4.2 文章框架 　　　　　　　　　　　　　28

## 第 2 章 消费主义及其在当代中国的兴起 　　　34
### 2.1 消费与消费主义 　　　　　　　　　　　　36
#### 2.1.1 消费的内涵与本质属性 　　　　　　　36

| 2.1.2 | 消费主义的概念与特征 | 43 |
| 2.1.3 | 消费主义的产生与发展 | 49 |
| **2.2** | **消费主义在当代中国兴起的原因** | **51** |
| 2.2.1 | 消费观念的转变 | 51 |
| 2.2.2 | 消费主义的全球扩张 | 53 |
| 2.2.3 | 本土消费心理的基础 | 54 |
| 2.2.4 | 美德教育的缺失 | 55 |
| 2.2.5 | 大众传媒的助推 | 57 |
| **2.3** | **消费主义在当代中国的表现** | **59** |
| 2.3.1 | 作为具体消费实践的消费主义 | 59 |
| 2.3.2 | 作为意识形态的消费主义 | 64 |
| **2.4** | **消费主义对当代中国的危害** | **69** |
| 2.4.1 | 强力冲击社会价值观 | 70 |
| 2.4.2 | 极力限制人全面发展 | 72 |
| 2.4.3 | 竭力破坏自然生态 | 75 |

## 第3章 设计与设计生态    79
### 3.1 设计及现代设计的三次转变    81

| | |
|---|---|
| 3.1.1　设计的定义与特征 | 81 |
| 3.1.2　现代设计的三次转变 | 84 |
| **3.2　设计生态** | **92** |
| 3.2.1　设计生态的概念与内涵 | 92 |
| 3.2.2　设计生态的概念依据 | 97 |
| 3.2.3　设计生态的中国现实依据 | 103 |
| 3.2.4　设计生态的政治依据 | 107 |
| **3.3　设计生态与生态设计** | **116** |
| 3.3.1　区别 | 116 |
| 3.3.2　联系 | 119 |

## 第4章　设计生态的失衡　　121

| | |
|---|---|
| **4.1　设计与设计之间的失衡：设计物种的匮乏** | **131** |
| 4.1.1　基于服务对象的设计审视 | 131 |
| 4.1.2　基于服务区域的设计分析 | 138 |
| 4.1.3　基于突发事件的设计质疑 | 140 |
| **4.2　设计与人之间的失衡：角色转变** | **144** |
| 4.2.1　服务人到奴化人 | 144 |

4.2.2　人的对立关系建立与分享精神丧失　　　147
4.2.3　制造享乐而非快乐　　　151
**4.3　设计与社会之间的失衡：经济独大**　　　155
4.3.1　道德伦理失范　　　155
4.3.2　文化自觉缺失　　　160
4.3.3　设计成本假象　　　164
**4.4　设计与自然之间的失衡：价值剥夺**　　　169
4.4.1　过度式获取　　　170
4.4.2　毁坏性反馈　　　173

# 第5章　设计生态失衡的危机　　　179
**5.1　设计的危机**　　　181
5.1.1　设计功能失度　　　182
5.1.2　设计审美异化　　　186
5.1.3　设计民族文化身份丧失　　　190
**5.2　人的危机**　　　193
5.2.1　设计师的危机　　　195
5.2.2　消费者的危机　　　200

| | |
|---|---|
| 5.3 社会性格的危机 | 206 |
| 5.3.1 非理性权威 | 207 |
| 5.3.2 抽象化 | 211 |
| 5.3.3 疏离 | 215 |

| | |
|---|---|
| **第6章 设计生态失衡的成因** | **221** |
| 6.1 资本逻辑：设计生态失衡的内在驱动力 | 224 |
| 6.1.1 效用原则：设计的工具性转化为资本运行的工具性 | 226 |
| 6.1.2 增殖原则：设计转化为制造消费的机器 | 228 |
| 6.2 符号逻辑：设计生态失衡的外在推动力 | 231 |
| 6.2.1 设计本质偏离：符号消费与符号价值的制造 | 233 |
| 6.2.2 人、消费、设计的异化：符号逻辑的"创举" | 236 |
| 6.3 两大思想流派对设计生态失衡的影响 | 238 |
| 6.3.1 自由主义 | 238 |
| 6.3.2 人类中心主义 | 245 |

| | |
|---|---|
| **第7章 平衡的设计生态构建** | **251** |
| 7.1 必要性与可能性 | 253 |

7.1.1　必要性　254
7.1.2　可能性　256
## 7.2　目标：设计、人、社会、自然的平衡发展　257
7.2.1　设计生态促成人的健康成长　258
7.2.2　设计生态助推社会的和谐进步　259
7.2.3　设计生态推进自然的生态平衡　261
## 7.3　策略与方法：资本逻辑与符号逻辑的合理调控　263
7.3.1　积极作用：资本逻辑与符号逻辑调控的起点　264
7.3.2　企业：资本逻辑与符号逻辑调控的纽带　271
7.3.3　政府：资本逻辑与符号逻辑调控的监护人　284

# 第8章　结论　293

参考文献　305
致谢　319

# 第1章 绪论

## 1.1 研究背景

这是一篇基于消费主义在当今中国快速渗透背景下的关于设计生态的综合性专题研究。

消费文化与日常生活反复交织已成为中国社会的普遍现象。20世纪80年代以来，改革开放缔造了中国社会经济的全新气象，中国社会经历了一系列转型。中国人的日常消费面貌在中国历史上这段经济发展最为迅速的时期发生巨变，正在跨入大规模消费时代。"大规模消费"主要指发达工业国家在其基本实现工业化之后出现的具有社会普遍性的高消费状态。诚然，中国目前的经济发展水平与发达国家仍有较大距离，但作为一个处于对外开放和全球化时代重叠的后发展国家，发达国家"大规模消费"文化已对当今中国产生了深刻的影响——消费文化已内化于社会结构和人的性格。

消费在社会系统中的地位日渐突出并最终取代传统社会中生产的中心性地位。马克思认为，生产决定消费，消费本身也是为了生产，生产才是目的。然而，消费主义语境下，消费升格为生产、流通、交换、消费全过程的控制者。在这一意义上，消费既引导生产，也决定生产。当前中国现状与鲍德里亚《消费社会》所描述的图景相契合："今天，在我们的周围，存在着一种由不断增长的物、服务和物质财富所构成的惊人的消费丰盛现象。它构成了人类自然环境中的一种根本变化。恰当地说，富裕的人们不再像过去那样受到人的包围，而是受到物的包围。"[1]1

中国的社会性格正遭受西方消费社会消费主义的强力干预。

在中国所经历的一系列转型中，以消费为表征的从物质匮乏型社会向初步富裕型社会的转变尤其引人注目。经济体制与经济发展的转型带来消费价值观念的变化。日常消费从生活必需品到耐用消费品，再到人们通过消费来展示自己的社会地位、身份和档次品位——消费从功能为本转变为意义为魂。消费作为日常生活的普遍行为除了达成人们对使用价值的获取以外，更重要的是取决于商品所生发的社会意义及其符号象征所带来的精神快感与享受。决定消费目的的不再是什么对人有益——满足实际生活的需要，而是什么彰显自我——区分个体身份的标识和追求精神享受的途径。消费主义文化洪流正流入中国社会日常生活的各个领域。经济的发展与购买力的提升为个人在消费行为上带来更多可能性，赋予个人前所未有的消费自由。与此同时，民主消费对经济增长的贡献值屡创新高。国内消费市场总体空间的持续扩大表明中国正向消费型国家过渡。诚然，多数中国人的消费行为和消费理念目前并未完全具备消费社会的典型特征——依然在一定程度上保持与自身的生活水平相适应的消费方式——但这并没影响消费社会的特征在中国逐步显现。同时，借助多元媒介和大众文化的强劲推动，消费主义正在对人们的观念、行为、日常生活方式等社会结构产生深层的影响。

消费社会的消费主义对我国当下社会性格的影响存在三个不同的层次。首先，消费主义的渗透是一种社会现象，它带来的直接影响体现在人们日常生活的具体行为和表现的改变，例如消费行为、消费模式的变化。第二，消费主义是当今中国社会的一种社会思想，它通过影响人们的消费观念进而改变人们的价值观。第三，消费主义同时是一种社会文化，正在影响着中国社会意识形态和当代文化的形成。

消费主义的日渐盛行一方面表征了我国经济发展、人们生活水平的提高，个人的消费行为具有了更多的自主性和选择性；另一方面是我国消费民主的进步，消费不再是特权阶级的生活方式，每个人均可以平等地参与其中。然而，消费主义的盛行与和谐社会的构建二者之间的尖锐矛盾和激烈冲突也是显而易见的。在消费主义强大逻辑的牵引下，我国当下的消费出现了与和谐社会相悖的特征：消费观念、消费行为呈现非理性化；大众消费水平呈现两极化；文化消费呈现商业化；物质消费日益粗俗化等。畸形的奢侈消费、过度消费和满足非实际需求的炫耀性消费便是有力证明。此外，更不应漠视的是人们的社会价值观正遭受消费主义的侵蚀——"我买了什么，则我是什么"、"我消费了什么"甚至"我扔掉了什么"成为"我是谁"的回答。消费观念、消费行为、消费水平成为个人成功与否的重要的衡量标准，同时也成为影响、处理人际关系的一条必要准则。

消费主义文化以"病毒"之势进行扩散，而与之相应的意识形态正在破坏中国设计生态的平衡，正在夺去中国大众日常生活的文化主导权，正在毁坏自然环境，正在腐蚀和谐社会的构建理想。

## 1.2 选题缘由与意义

### 1.2.1 选题缘由

在社会科学的观点中，结论的成立是在一定条件下达成的，这一点同样适用于设计学科。

设计是特定社会的产物，对设计及其理论的研究与特定社会环境割裂开是毫无意义的。消费主义是当代中国社会的关键词之一，设计研究须与其紧密结合，应避免简单的关于设计发展的凌空蹈虚，将设计置入特定而具体的社会语境才能达到理想的研究成果。从这一意义上而言，基于消费主义语境对当今中国设计进行综合性研究，是历史赋予的时代机遇。

消费主义及其催生共长的消费文化与相关议题引起学术界高度关注。消费主义为维持自身的存续，给人们许下伟大的诺言：造就新人和新的社会，实现每个人的完全幸福。伟大许诺的实现需要无止境的生产、无止境的消费，激发个体的消费潜能便成为消费主义的工作中心。借助对幸福的扭曲注释——生活的目的是幸福，其得来需要最大限度的随心所欲，即满足每个人拥有的全部客观与主观需求——诱惑人们理性消费防线的崩溃。鉴于消费主义所导致的一系列理性丧失的社会行为、生活方式和个人性格结构的变异——贪婪地索取资源、破坏生态平衡，物品与使用价值剥离，个体成为自私、利己、占有的混合体——诸多学者分别从绿色生态、可持续消费伦理、消费异化等维度以及人类学、社会学、文化学、行为学等范畴进行剖析与批判。这为本课题的研究提供了重要启示。

正如彭妮·帕斯克所言，从 20 世纪 80 年代至今，在与"消费文化"相关的研究领域里，大量基础研究和学术争论要求人们必须从不同的背景来考察设计。[2]9 设计与消费主义二者之间的双向互动关系，在过去曾经引起设计学界的高度关注——作为一种广泛存在并产生广泛影响的消费主义、消费文化所带给设计的深刻影响，并依此为背景进行设计的新思考。然而，近几年国内的设计学界对其的关注极速下降，部分学者甚至出现了关于消费主义与设计关系的研究已经过时的滑稽之谈。随着消费主义在中国的深入，其对设计的全方位改造以及由此带给人、社会、自然的广泛性影响不应被漠视，而应更加重视。

消费主义语境下，设计被请上时代舞台的中央，与消费深层交织，使二者具有了内在共通性。"不管是对商品的物的消费，还是对商品的意义的消费，实则都是对设计的消费。同时，消费是设计的主要目的，也是最基本的目的……设计与消费，就像一个硬币的两面，无法割裂。"[3] 从这一意义上来讲，设计在消费主义下被赋予强大的权力。设计的社会中心性和消费中心性特征得以建立，借此对社会产生了超越以往任何时代的深层而多元的影响。

消费主义在中国的兴起，导致了设计本质异化、设计价值狭隘化、设计目标单一化、设计价值主体地位降格等严重问题。具有消费主义推动者和反映者双重身份的设计过于聚焦于经济、商业、消费、利润、金钱等，对中国和谐社会的构建带来种种消极影响。生态破坏、资源浪费、社会结构病态化、人及物的异化等均是消极影响的映射。例如，人的异化心理和行为的产生，设计具有不可推卸的责任——人们泛滥的需求和渴望被魅惑的设计激发，并通过生产和消费活动进入市场，进而以借助标志身份认同的设计物形象得到满足。由此可见，设计的重要特征在于其处于生产与消费二者的中心性区域，它具备将消费者的非理性行为与批量生产日益理性化的过程二者连接起来的能力。彭妮·帕斯克认为，设计和设计师是许多年来现代商业系统的必要条件。[2]10 要弱化消费主义对建设和谐社会带来的种种消极影响，必须对设计进行新的认知与探索。

消费主义语境下，设计对社会和文化的塑造性功能更加突出。回顾现代设计的发展历程，归纳设计师的职责主要历经三种变化：初期是审美问题，设计师像个艺术家；然后设计师开始同技术和市场人员共同设计产品，这个时候设计师是"设计师"，解决的是功能和市场的问题；现在设计师与不同领域的人合作，设计师开始像个社会学家，解决的是社会问题。从社会学角度来看，设计本身就是一种社会性的实践活动，是表征人类社会进步与否的重要途径之一。通过设计实践对社会的诸多方面，如日常生活、思想意识、行为方式、物质与精神双重文明等产生广泛的影响。设计是文化的一个重要分支。设计对文化的形成性功能体现于设计活动，设计不但聚焦物质向量，也要关注精神向量。在消费主义控制下，设计对精神向量过度关注——超越产品本身的功能、造型，从人的欲望出发规划设计结果在人们日常生活中所扮演的象征性、想象性角色，赋予设计结果社会性和文化性属性，借以实现资本增殖。在这一意义上，设计既赋予产品实用价值和符号价值，又对人与产品的价值关系、人与人的社会关系、人与自然的生存关系进行再造。简言之，设计的视觉外象和物质形态的背后传递着意识形态价值和复杂多元内涵，设计研究必须突破原有的认知局限，超越纯粹的艺术、技术层面的分析，升格为人类的"复杂创造物"的系统性探究。

设计犹如生态系统一样是一个连续的、动态的整体。正如维克多·马格林所言："狭义的设计研究，我们仅能看到孤立的物品与技术，却不能对其推动社会生活的方法产生更多影响。"[4]133 设计无处不在，它渗透于物质世界的每个事物中，浸透于精神世界的每个意识中。过去惯有的分类方式将"设计"

分割为各类具体的门类和专业。在此过程中，设计的分类得以细化；同时这种以社会分工为主体的传统分类方式却忽略了当今设计的多元、复合的综合性特质。设计研究同样忽视了设计的共性问题和整体性问题。设计已不仅仅是原来意义上的"有用物"，其内涵和外延已丰富且复杂，社会、文化、政治、经济、自然、伦理、人等因素已非无关紧要或处于孤立状态，而是消费主义语境下设计本体系统的必要结构因子。在这一意义上，设计研究应超越"设计物及其与使用者关系"的狭义范畴，将研究视野扩展至设计与设计，设计与人，设计与社会（政治、经济、文化、道德、技术、意识形态等），设计与自然等多元的内在关系。

总之，设计的社会中心性和消费中心性地位的确立，一方面使其对外围的影响变得多元且深入；另一方面，消费主义下的设计本质脱离了其作为人类智慧结晶的"为人类更加美好生活"的初衷，异化为消费逻辑的私人帮凶，其对人、社会、自然的消极作用成强化之势。因此，对设计的共性问题，超越传统认知的局限，以"关系、关联"的视角对其进行系统性、整体性的研究尤为重要。唯有此，才能清晰今日中国设计的问题、明确设计的危害、发现问题的根源，并据此制定合理、有效的策略与方法。

"如果我们将设计作为一门具有更广泛影响力、更重要的实践，那么关于它的知识对我们而言会更有价值。"[5]4 设计生态的提出以及对其的研究正是基于此。

## 1.2.2 研究意义

由于中国社会的历史发展轨迹区别于其他"大规模消费"的发达国家，中国语境下的消费主义与设计的具体情况也有别于其他国家。立足中国社会现状深入考察、反思中国设计，既可发现中国设计的现存问题，更能挖掘问题的根源，为中国设计的良性发展提供启发性策略与方法，以便助力设计本质的回归。这是本研究的目的之一。

通过广泛查阅、分析文献和资料后发现，国外研究中没有直接提及"设计生态"的概念。然而部分学者已经开始从文化、伦理、行为等多重角度探究设计。国内关于设计生态的研究大致有三种情况：一是直接提及"设计生态"的概念并进行一定的探究；二是直接提及"设计生态"，但其本质属于"生态设计"；三是没有直接提及"设计生态"，但研究的关注点与本研究的范畴相关。对相关研究进行梳理与分析可知，关于设计生态的研究并非基于消费主义的视阈，也未达深入、系统的层面。因此，对消费主义语境下当代中国的设计生态进行系统研究就具有了独特性和必要性。

消费逻辑与资本逻辑控制下的设计师，因生存与职业发展需要，已被迫与资本占有者沆瀣一气，将设计的社会责任束之高阁。维克多·巴巴奈克曾严厉批评设计师在消费品生产中的职能，提出了工业设计师面临解决与教育、残障人士和第三世界国家相关的问题的挑战。[51] 本文的写作也希望帮助设计师认清消费主义强大逻辑控制下的设计的真实面貌，在设计实践中能智慧地调节其中的矛盾。

维克多·马格林谈到关于设计研究的观点，本人颇为赞同。"设计研究需要争鸣，通过讨论可以提出新的思想，发现新的问题，同时这个学科中的关键问题可以得到界定。"[5]4 本人在研究过程中也努力从新的维度对设计生态进行思索，找寻更合理的答案。

本文的创新点主要包含如下方面。

首先，融合生态学、文化生态学、商业生态学的原理与方法提出设计生态，并对设计的共性问题进行整体性、关联性探索，本身就具有较强的创新性。

第二，以设计与设计、设计与人、设计与社会、设计与自然的多元关联进行设计审视，得出中国设计生态失衡的观点，也是本文的创新点之一。

第三，运用马克思政治经济学的理论分析设计生态失衡的深层原因，对资本逻辑与符号逻辑——消费主义的幕后使者的本性进行分析，对自由主义与人类中心主义的本质进行剖析，得出资本逻辑是设计生态失衡的内在驱动力，符号逻辑是设计生态失衡的外在推动力，也是本文的创新点之一。

第四，在论及设计生态失衡的危机部分，紧密围绕消费逻辑与资本增殖展开，发现失衡除了对设计本身暗含重大危机之外，对我国的社会性格、设计师、消费者等同样潜藏着巨大危机，因此，从多个新的维度分别对上述层面进行深入剖析，也是本文的创新点之一。

最后，在平衡的设计生态构建中，以辩证的方式分析资本逻辑和符号逻辑的利与弊，避免片面的否定，提出"在发扬和限制资本逻辑与符号逻辑之间保持合理张力"是平衡的设计生态构建策略与方法的核心。在策略与方法的制定中，既考虑问题、根源，又立足于中国实情，避免策略、方法可执行性的缺乏。针对资本逻辑与符号逻辑合理调控纽带的企业，提出没有废弃物的设计生产、非物质性设计思想、责任成本内化；作为调控监护人的政府应科学设置设计推广监护制度、建立设计公平保障制度等系统性的策略与方法，也是本文的创新点之一。

总之，基于消费主义的语境，将生态学、文化生态学、商业生态学引入设计学领域，给予设计研究以新的启发；以整体性、关联性为指导，从设计与设计、设计与人、设计与社会、设计与自然的多元关系研究特定语境下的设计问题，可以丰富设计学理论、拓展设计学内涵，并为完善设计评价机制提供参考；针对当代中国设计现实问题的研究，可以激发设计师对设计实践的反思，为设计实践提供帮助；系统性维度而言，设计的本质、价值、影响均发生根本性变化，该研究可以为设计教育转向提供新的借鉴；对设计生态从概念、失衡、危机、根源及平衡的设计生态构建的策略与方法进行完整研究，希望对中国设计走出繁而不荣的异化设计困境，使设计真正服务于人的发展、社会的和谐、自然的生态平衡提供一些有意义的启发，并为设计生态学的理论构建奠定基础。

## 1.3 文献综述

"设计生态指设计的各个方面之间、设计与人、设计与社会、设计与自然环境、设计与文化之间相互作用、相互依存的状态。设计生态是文化生态的一部分，而文化生态从属于社会生态，因此，设计生态的重新塑造将促进社会、文化的良性发展"[6]51-57。

张夫也在《构建设计新生态》一文中对设计生态进行了上述定义。本研究的设计生态以上述定义为基础，将文化生态学、生态学、商业生态学的相关概念、原理、方法引入设计领域并对其进行研究。

通过广泛查阅、分析大量文献资料后发现，国外研究中没有直接提及"设计生态"（Ecology of Design）的概念。然而，部分学者的研究与此相关，如从文化、伦理、行为等角度研究设计。维克多·巴巴奈克在其著作《为真实的世界设计》中主张为不同的人设计，尤其是残障人士和第三世界国家的人。维克多·巴巴奈克对设计与人类社会关系的探讨具有里程碑意义。[7]国内关于设计生态的研究可归纳为三种情形：一是直接提及"设计生态"概念并进行探索；二是直接提及"设计生态"概念，但其本质属于"生态设计"即设计一个生态系统（Designed Ecology）；三是没有直接提及"设计生态"概念，但关注点与本研究的范畴相关。但是，关于设计生态的整体性、系统性研究极为少见，关于"消费主义语境下当代中国设计生态研究"的直接材料更是难以得到。因此，根据研究需要，笔者查阅并分析了大量与该选题相关的文献，主要包含四类：一是文化生态学。文化生态学的概念、原理、方法是本研究的重要参考和启发，且其理论体系较为完善，故作为文献综述的内容之一；二是设计生态研究类；三是消费主义和消费社会研究类；四是消费主义设计和消费社会设计的相关研究类。虽然本研究语境是消费主义，且对中国是否进入消费社会也未形成相对权威性定论，但消费社会的诸多特征在中国的出现是不可否认的事实。因此，本文对关于消费主义和消费社会的文献均作了一定分析。

## 1.3.1 文化生态学的相关研究综述

文化生态学是研究文化的学科。设计是文化的一种具体形态，是一种文化战略，正如张夫也在《构建设计新生态》的文章中强调："设计变成了一种文化战略，从文化和意识的角度去改变生活，进而改变世界"。[6]51-57 因此，用文化生态学对设计进行研究就具有了合理性。设计生态研究将设计看做一个动态、相互联系、相互影响的整体，针对消费主义对人、社会（政治、经济、文化、道德、意识形态等）、自然等方面造成的重大问题进行设计反思，探讨消费主义语境下中国设计生态的多重失衡、剖析失衡危机、挖掘深层缘由、找寻解决方案，以批判性思维探究消费逻辑主导下设计本质的异化，寻找平衡的设计生态构建的策略与方法，旨在设计本质的回归。

文化生态学是运用生态学的概念、理论、观点和方法研究文化现象的学科。关于文化生态问题的研究，大致可分为两种：一是侧重解释文化变迁的生态学研究，即把文化置于生态之中，侧重研究文化演变与生态环境的关系（文化人类学角度）；二是把文化类比为生态整体。这种研究虽然对文化与自然环境的关系有所涉及，但研究重点是文化的社会本质、特征、作用与发展规律以及文化与社会、经济、政治等的矛盾互动乃至文化本身构成成分之间的辩证关系（文化哲学角度）。本文对设计生态的研究主要运用文化哲学的维度，将设计作为一个动态的整体，将研究聚焦于设计与设计、设计与人、设计与社会、设计与自然之间的关联性探究，以明确以上诸多因素与整个设计生态的血脉联系。

在国外学界，文化生态问题的研究主要集中在文化人类学方向。这类研究最初以探讨人类文化与其所处的自然环境之间的关系为研究对象。20世纪上半叶,文化生态学先驱美国人类学家弗兰兹·博厄斯和克罗伯主张"决定论"和"可能论",为文化生态学开辟了道路。斯图尔德于1955年在《文化变迁理论》中提出:文化生态学是一门研究文化与生态环境关系的学科。作为一种方法论的研究工具,文化生态学可以确定文化对其所处环境的适应情况将怎样引发文化的变迁。《文化变迁理论》也标志着文化生态学正式诞生。斯图尔德认为:文化与其所处的生态环境密不可分,生态环境不同,与之相应的文化形态及其发展线索就不同。[8]43-46 正是基于这样的关系,生态环境的差异造成了世界上千差万别的文化形态和文化进化途径。在他的影响下,20世纪60~70年代,R.内廷、R.拉帕波特、J.贝内特、霍利等学者针对文化生态问题做了大量研究,在斯图尔德研究的基础上进行了深度和广度上的拓展。20世纪80年代,文化生态学的发展日益成熟,其所产生的影响扩展到多学科,范围遍及全世界。由此,文化生态学进入到多学科、不同国家和地区合作的新时期。

国内关于文化生态的研究在国外文化人类学研究的基础之上对研究视角进行了扩展,涉及文化哲学的角度,但尚处于研究初级阶段,相关研究专著寥寥,但有关文化生态主题的文章颇多,研究的大方向由文化人类学和文化哲学这两个分支构成。

#### 1.3.1.1 文化人类学视角

在国内学界,文化人类学下的文化生态研究传承并发展国外已经成熟的研究成果,将其运用于揭示特定民族、地区、领域等特殊文化形态及变迁与其环境的关联。黄育馥[9]对文化生态学的早期发展展开了针对性研究，探讨斯图尔德文化生态的相关理论并研究了20世纪90年代以来文化生态学研究的发展趋势。戢斗勇[10]对文化生态学的定义、历史、学科特点和任务进行了研究。司马云杰[11]指出文化生态学中的环境因素包括自然环境和社会环境两个层面，打破过去对自然环境的局限，提出文化生态学是基于两种环境的各种因素交互作用研究文化产生、发展、变异规律的一种学说。高丙中[12]78指出：文化生态的核心在于如何利用生态学的系统性观念对文化展开整体性的研究。潘艳、陈洪波[13]确定了文化生态学所涉猎的研究对象。社会对环境的适应以及这种适应过程所带来的社会内部的变迁、变革、进化是文化生态学研究的主要问题。许婵[14]指出：文化生态学旨在研究文化对其所处外部环境的影响，体现了大文化的观念与大生态观念的融合，以文化基因为基础，保护与创化历史文化名城，使文化成为社会进步的重要力量。郜凯等[15]强调蜡染与环境的关联，传统蜡染是差异化的自然环境和社会环境所创造的民族艺术。自然环境为蜡染艺术的形成提供了前提和基础，社会文化环境造就了蜡染艺术的独特风格。

　　文化人类学研究所强调的文化与环境的紧密关系启发了本文的研究思路。将作为文化分支之一的设计置于其所处的特定环境，从多元关联的角度进行研究是本文的原则之一。

#### 1.3.1.2 文化哲学视角

　　对文化生态的研究，国内学界侧重于文化哲学视角。文化哲学是以哲学为研究基础，以一般文化原理为研究对象的哲学综合思想体系。在文化哲学的视野中，文化是一个生态整体。文化哲学研究包括两个方面。一是文化与经济、政治等社会因素之间的辩证关系。二是文化本身构成因素之间的辩证关系。以此为基础研究文化与文化之间碰撞、融合、创新的规律和机制。国内学者在文化哲学视角下对文化生态的研究还未形成体系。梁渭雄[16]将文化生态定义为"各种文化类型和文化因素相互影响、相互冲突、相互融合"的关系。方李莉[17]105认为：文化是动态性生命体。文化群落、文化圈、文化链与生物群落、生物圈、食物链具有相似性特征。它们作为人类所创造的文化整体的构成成分，凝聚着自身的价值，维护着人类文化的完整性。高丙中[12]75对此观点进行分析，认为文化生态的基本含义是把人类文化本身类比为一个生态系统。钟淑洁[18]强调文化生态的整体性，并注重不同的具体文化形态和文化构成要素之间的动态辩证关系。孙卫卫[19]指出：文化生态是将多个子文化看作特定社会总体文化的构成因子，并关注它们之间的融通和互动。

另外，国内学者在文化生态学视野下提出了文化生态失衡问题是对当前文化研究的深化。方李莉[17]108在1998年提出了文化生态失衡的问题，对文化生态的意义进行了阐发。孙兆刚[20]对文化生态系统失衡所带来的危机进行了分析并以此为基础提出了建立民族文化生态保护区的必要性。高丙中指出："文化生态失衡涉及社会秩序、道德、信任、社会预期的相互关系""文化生态失衡不单是文化的问题，也是一个重构社会的问题"。[12]74

文化哲学所强调的是文化与社会、经济、道德等的互动关系，文化生态的失衡以及文化生态失衡是超越文化的问题等都对本文对设计的研究提供了崭新的思考维度和观点。

总的看来，文化生态学一方面强调历时性的纵向研究，另一方面注重共时性的横向研究。随着时代的发展，研究的关注点也在不断地扩展而变得多元化，尤其是批判性的审视文化生态失衡问题更是令人欣喜的进步，这恰恰体现了文化生态的动态性、整体性的特征与研究意识的优化。

## 1.3.2 设计生态的相关研究综述

提到设计生态，势必联想到生态设计，二者既有联系又有极大不同。关于二者的联系，简言之：生态设计隶属于设计生态系统，主要涉及设计生态系统中设计与"自然"关系的角度。区别是生态设计是立足于可持续发展的设计与自然关系的探索，研究设计与自然生态之间的相互影响，而设计生态是将设计看作一个整体性的生态系统，进而对此进行研究。此外，生态设计属于设计的一个分支，其上层是设计领域，而设计生态隶属于文化生态。

关于生态设计的研究颇多且有其清晰的脉络。生态设计是对工业化的过量生产以及极度商业化的自然维度的反思。20世纪60年代，出现了现代设计的生态价值批评——西方世界的嬉皮士运动（Hippie），主体是一些反对工业化和消费文化的青年，尽管运动的目的不是针对设计领域，也不是借助设计行为，但唤起了当时社会及其设计人士对于生态设计问题的关注与反思。蕾切尔·卡逊在其著作《寂静的春天》中倡导对人与自然生态关系的关注。[21]

20世纪70年代，设计领域明确地提出了绿色设计的理念。维克多·巴巴奈克所著的《为真实的世界设计》对生态设计产生了直接而深远的影响。维克多·巴巴奈克提出"有限资源论",并强调社会不应将设计的最大作用聚焦于商业价值的创造,更不应专注于虚伪的外在形象的竞争,而是一种适当的社会变革的元素,明确设计及设计师的社会伦理责任。[7]59-88 阿恩·那斯于1972年提出并倡导深生态学及运动,由早期单纯的环境保护转向保持整个生态系统的平衡和稳定。[22] 这也对设计领域产生了一定影响。

20世纪80～90年代,联合国及多个欧洲国家制定了具体的生态设计政策法规,并在实践层面践行生态设计。例如,1983年11月,联合国成立了世界环境与发展委员会(WECD)。1987年,可持续发展的模式在该委员会在一份名为《我们共同的未来》的报告中被提出。[23]1996年3R原则在德国《循环经济与废物管理法》中首次以法律形式提出。中国也积极参与其中,2004年,前国家主席胡锦涛提出建立资源节约型社会等。当下,生态设计思想在各个设计领域高度重视并深入研究、践行,尤其在建筑、规划、产品设计领域成果颇丰。总之,生态设计也称绿色设计、可持续设计,其核心思想是以自然环境保护和资源合理高效利用作为设计的基点,尽量将产品的生产、使用和报废而对环境造成的负面影响降到最低。

关于"设计生态"的研究相对较少,缺乏完整的体系。有限的相关文献、资料、成果大致可分为三类。一、明确提出"设计生态"的概念,并从特定的角度进行探讨;二、明确提出"设计生态"的概念,但是内涵指向与本研究有本质区别;三、没有明确提出"设计生态"的概念,但其关注点隶属于设计生态的范畴。

### 1.3.2.1 明确提出"设计生态"的概念，并从特定的角度进行探讨

张夫也[6]68辩证地分析了工业时代既带来丰富的物质成果和先进的科学技术，创造了一个几乎完全自主的人类文明和无与伦比的文化，又耗尽了资源，留给我们数量巨大而且无法处理的垃圾和废物。基于多种设计弊端提出设计生态的概念并对其进行了架构式的论述，提出设计应该与自然、经济、社会、文化、伦理等多因素之间取得平衡。这是对设计进化的敏感把握，设计已经走过了"单纯时代"，对设计的本体及责任进行新的研究势在必行。另外，张夫也[24]提出了"设计生态"的四个基本观念：反对异化，提倡平衡发展；反对浮躁和繁复不便，提倡稳健节制；反对独大，提倡多样性共存；反对猎奇，提倡合情合理。这些对于消费主义语境下设计生态的研究具有重要的启发意义。苏丹[25]从设计与设计市场的维度论及了设计生态，指出二者是现代艺术设计中相互制约、相互影响的重要因素，并强调二者之间相互协调的发展是维护设计生态平衡的必要条件。此外，文章从设计师与业主的角度探讨了设计生态的失衡问题，指出社会整体文化素质、业主、设计师以及设计市场规则共同造成设计生态失衡。设计师对行业制度的严格遵守、建立设计师道德体系是设计生态维护的核心。此外，苏丹[26]探讨了设计生态的"文化因子"，借助对米兰家具展的结论是："透过这个异常完整的展览策划，我们又可以揣摩到一个长远且"险恶"的计划——'设计文化的殖民主义'，先锋和新锐的设计在这种计划之下已显得不那么纯洁，审美流变的方向似乎被一只看不见的大手在左右。"一针见血地抛出"设计生态"的社

会文化失衡问题。苏丹感叹"这使得我们虽知已中计，却又无可奈何"。无论如何，从众人对西方设计五体投地的崇拜中，以理性反思设计生态的文化失衡问题是伟大的。陈顺和[27]提倡从人性化设计美学的角度探讨当代设计生态问题。他认为设计的关注点不应局限于自身，而应将视野拓展至社会环境、自然环境、伦理道德等多方位因素。今日设计该如何演绎，未来设计该如何发展，都涉及设计生态的问题。纵览全文可知，作者以人性化为切入点，强调设计生态维度反思设计的必要性。后藤武等[28]从设计与行为、设计与思考的关系探讨了设计中的生态学观念与方法。这为本研究提供了多元化的思考维度启示。

### 1.3.2.2 明确提出"设计生态"的概念，但是内涵指向与本研究有本质区别

翟俊[29]曾探讨过设计生态。在他的研究中，设计生态对应的英文是：Designed Ecology，运用"设计"的动词形式，强调的是设计一个生态系统，"面对原始自然已消解的城市状态，我们必须引入以'设计生态'的'人工自然'新范式，即通过景观的手段来模仿自然特性和借用其元素重新构建人工化的生态新秩序，从而创造近乎自然条件及其特征的人工环境"。本研究中的设计生态对应的英文是：Ecology of Design，与翟俊所探讨的设计生态是有本质区别的。

### 1.3.2.3 未明确提出"设计生态"概念，但其关注点隶属于设计生态的范畴

基于"文化"角度探讨设计生态的文章数量较多，这些文

章没有直接提出"设计生态"的概念,但其关注点属于"设计生态"范畴。角度大致有两种:一是研究设计与特定文化环境的关系,二是将文化作为设计生态的因子,探讨设计的文化性及文化身份问题,并隐含着设计生态的文化失衡问题。张夫也[30]强调设计毫无疑问的是一种文化,但是现在的有些设计师、甚至教育工作者没有认识到这一点,这是很严重的问题。同时指出人文情怀、设计伦理对于设计的重要性。这都反映出对设计生态问题的思考。赵健[31]谈到中国书籍设计与设计强国书籍设计的差距多半源于文化上的自卑和对技术的崇拜。差异不是对立,差异的文化特质中包含着对于各自文化的尊重。由此可见其对设计生态中文化因子的重视。同时,他指出了当今社会过于看重设计生态的经济关联而忽视文化、精神的重要性,这隐含着设计生态的失衡问题。另外有一些研究从伦理道德、人文等角度探讨设计,表现出对设计生态的关注。

隈研吾[32]将20世纪建筑行业少有建树现象的原因归结为建筑本体问题的全然忽略。这在一定程度上反映出隈研吾对建筑设计生态"本体"失衡的态度。他指出这种对建筑本体问题的漠视导致了建筑设计生态失衡,其体现在建筑设计对社会、文化、道德等诸多问题的规避。

爱丽丝·劳斯瑟恩[33]对设计的批判性分析极为深入,对设计与人、设计与社会、设计与自然的关系现状极为不满。通读她的相关著作不难看出其对设计生态观念的强调,对当前设计生态失衡的极力讨伐。劳斯瑟恩[33]309-346关于为弱势群体设计的观点与案例使笔者颇受启发。如:设计应该让那些极少从设计中受益的边缘人群感到温暖;设计师将自己所有的时间和精力奉献给那些有钱人,这恰恰是最不缺设计的群体;设计可以帮助被忽视的、90%的人群改善生活。这些观点中一方面暗含了设计生态失衡，另一方面蕴藏着劳斯瑟恩构建平衡设计生态的信心以及提供的方法借鉴。

### 1.3.3 消费主义和消费社会的相关研究综述

　　研究消费主义下的设计生态问题，需对涉及消费主义和消费社会的研究进行必要的梳理。

　　在20世纪20年代的大众消费方式与技术革命的共同作用下，人们的生活方式和社会习惯发生了天翻地覆的变化，尤其是西方资本主义国家，纷纷进入到消费社会。2000年以后，学界对于消费主义的理论研究也伴随着消费主义的发展而蓬勃兴起。我国学者郑红娥、陈莉、陈昕等对消费主义的消费观念进行了针对性研究。西方学者针对此问题的研究视角则相对宽泛。关于消费主义价值评价的研究中，国内外学界普遍认为消费主义作为后现代社会的一种缺乏深度和意义的消极常态并不能给人带来真正的幸福。反之，人沉浸在物质享乐的自我欺骗中，不断追逐被消费主义所制造的虚假需求中，人的主体性丧失，沦为消费主义操控的消费机器。消费主义赋予商品使用价值之外的符号价值。消费主义下的消费行为也不同于过去单纯地对商品使用价值进行占有，而是转化为对消费主义所赋予的商品符号价值的占有。同时，研究者对消费主义问题也充满了忧患意识，较为清晰地认识到消费主义所带来的危害。消费主义的危害包括资源、生态、社会价值观和意识形态、人的全面发展等几个层面。针对这些危害，学界也提出了一系列对策，包括建立绿色消费观、建立可持续发展消费观等。

随着中国经济的迅速发展和人民生活水平的大幅提高，近几年来学界越来越关注消费主义对中国社会不同层面的影响，侧重研究中国语境下的消费主义。代表文章包括王亚南《中国语境下的消费主义研究》[34]、王飞《消费主义及其对当代中国社会影响的研究》[35]等。这些研究较为深入地分析了消费主义在我国的成因、表现、影响，并以此为基础上升到哲学角度，全面剖析消费主义对中国社会和人的全面发展的危害。另外，不同学科的研究者将消费主义与自身的研究领域结合起来，研究重点集中在消费主义对特定群体和对特定领域的影响。受到消费主义影响的特殊群体包括中国当代大学生、其他中国青年群体等，而特定领域则包括新闻传媒行业、中国当代艺术、园林设计、公民旅游行为等诸多方面。

关于消费社会的研究，可从其产生的标志进行梳理。姜继红等[36]26指出，不同理论家关于消费社会产生的标志主要由两种观点：一是麦肯德里克、罗莎琳达·威廉斯、钱德拉·慕克吉所确立的消费社会产生标志，即：消费特权的消解和阶层"壁垒"的打破。不同阶层是否能自由参与其中是重要标准。二是以是否进入大众规模消费阶段作为消费社会出现的标志。本文认同第二种观点：大众的规模性消费阶段的进入标志着消费社会的到来。当下中国正在推行西方国家极力引导大众的大规模消费的一系列措施，"铺天盖地的广告""借贷""分期付款"，从这个角度讲中国正在向消费社会过渡。文中指出消费社会与生产社会的区别可以从形成动力、社会主要特征和私人控制三个方面进行理解。总结文中关于消费社会的特征：第一、消费转变成人们区分身份标识的手段；第二、消费转变成通向个人幸福、社会地位和国家成功的主要渠道；第三、在消费社会中，具有实际意义的是物质的极大丰盛，精神生活变成反日常生活的概念，在此情况下，消费者的主体性被消解；第四、在消费社会中，某些消费观念和消费行为生态造成了极为严重的破坏。物质的丰富却带来了人的精神匮乏。郑红娥[37]对消费社会的特征这样总结：第一、整个生产的过程就是制造消费的过程；第二、意义联想和时尚成为大众传媒监控公众日常生活的工具和手段；第三、消费者在积极地进行个性的构建和生活的注解。

多数学者一致赞同"广告"对消费主义的兴起以及设计整体的走向拥有巨大权力。广告是设计的一种具体形式，并且广告服务于更广范围的设计。在消费逻辑主导下，设计会经过广告的"再设计"，使自己具有"灵魂"并穿上"皇帝的新装"去满足消费者的"伪需求"。姜继红等[36]29指出广告运用大量的意义联想和内容暗示、刺激人产生无尽的欲望并丰富其欲望。王岳川[38]谈到：大众传媒利用当代社会所赋予其的强大的信息权力对大众进行不断的鼓动以唆使其不断进行购买和消费。

分析文献可知，消费主义对于经济发展、社会进步、大众生活水平的提高等产生了积极的作用，但是其之于社会、文化、政治、经济、自然甚至人自身都有极大的弊端。这一类研究类型十分丰富，也为本研究提供了大量参考和借鉴。

## 1.3.4 消费主义设计和消费社会设计的相关研究综述

关于消费主义和消费社会的设计研究主要包括：对消费主义和消费社会设计（设计价值、设计审美、设计文化）的反思，消费主义和消费社会中设计类型转向的探索，消费主义和消费社会的设计教育思考。

### 1.3.4.1 对消费主义和消费社会设计的反思

李砚祖[39]指出，设计成为消费社会中商品及其意义的创造者，一方面创造着物的使用价值和符号价值，另一方面为社会分层准备了充足且普遍的条件，设计自身变得社会化了。鲍德里亚在其理论中宣称，人们正在被无限空虚的符号包围，也有学者强调设计的物质层面逐渐丧失了意义。[1]理查德·布坎南[41]86-105认为设计说服的三大要素是：逻辑或者技术原理，他认为这是"说服"的主心骨，物品的"程式"与特征以及它的情感属性。设计离不开技术的支持，但是不能脱离用户需求去追求单纯技术的彰显。理查德·波奇[42]110指出，对"技术"的过度信奉会给设计带来阴暗面，"我们在日常生活中真的需要精确到几分之一秒吗？或者我们这么认为，仅仅因为技术使之成为可能，并且广告告诉我们如此？"符号在消费主义和消费社会具有巨大的意义，强有力地干预着人们的生活、文化的塑形和社会的构建，这必须引起设计研究的重视。张黎[43]强调，设计价值是一个整体范畴的存在，是各种价值形态的综合。设计价值不能脱离对于人的价值而体现，更不应是主观臆想。何颂飞等[44]认为，有计划废弃原则下的产品设计同广告、包装、市场策划一起，导致消费行为异化、道德扭曲、资源的极大浪费和环境污染。沈明杰[45]提出，在消费社会，设计话语权丧失，成为促进销售、激发人们欲望的工具，"设计为人""设计创造美好生活"成了推销产品的噱头。

### 1.3.4.2　消费主义和消费社会中设计类型转向的探索

林晓蔚[46]指出，消费社会中产品设计的导向转变为象征消费，而设计师相关工作的重心则转变为极力创造和展现产品的象征内涵。曹磊[47]提出，面对消费社会，西方当代私家庭园景观设计者们通过富有意义的创作表达对于社会、文化以及人类自身问题的思考。王倩[48]认为，艺术对于消费社会中配饰设计有巨大作用，将"物的设计"和"人的精神需求"有机结合。可见，"消费导向"催生了设计领域工作重心的转向，而且，这一转向具有共性特征——意义、精神、文化在设计中的地位升格。

### 1.3.4.3　消费主义和消费社会的设计教育思考

戴雪红[49]谈到，消费社会中商品的标志性与象征性功能要求包装艺术设计教育积极适应消费社会，确立"生态美学"和"以人为本"的原则。

诸多关于消费主义和消费社会的设计研究中，虽然没有直接提及设计生态，但从不同的维度触及了设计生态问题，这为本课题的研究提供了启发。

对众多研究文献进行梳理可知，关于设计生态的直接研究相对较少，关于消费主义和消费社会的设计研究成果相对较多，虽从不同维度触及了设计生态问题，但处于"星星之火"的散点式状态，没有将其作为一个系统性的"设计生态"进行探讨，即：消费主义的时代语境下，缺乏对"设计生态"的整体研究。因此，基于消费主义语境，深入剖析中国设计生态的现状、失衡、危机及失衡根源，并提出构建平衡的设计生态的策略与方法的整体性研究就具有了时代的意义。同时，已有的研究成果，虽未成体系，但相对较广的涉猎面对本研究构建思想理念、研究思路和研究方法等具有重要的启发作用和极高的参考价值。

## 1.4 研究方法与文章框架

### 1.4.1 研究方法

本研究主要采用了五种研究方法。

一是文献研究方法。文献对于设计研究具有基础性地位，通过研究、分析与本研究相关的现有国内外研究成果，较为全面、客观地把握相关问题研究的历史与现状。与此同时，在阅读文献的过程中确定本研究的方向与范畴，展开深入探讨。除了"消费主义""设计"与"设计生态"等经典文献之外，对相关前沿的学术观点和学术动向的关注同样重要，唯有此，才能避免与该文写作周期内的他人成果重叠及相关最新成果在研究中的融合。因与设计生态相关的直接文献极少，因此，本文需通过分析大量其他领域的文献，包括消费主义研究、生态学研究、文化生态学研究、商业生态学研究、资本逻辑与符号逻辑研究等。这种研究恰恰可以拓展设计学的外延。

二是多学科综合研究方法。学科发展的规律突显出高度分化中的高度综合，该研究将生态学、文化生态学（主要是文化哲学）、商业生态学、马克思政治经济学、社会学等学科的理论、方法和成果进行综合，以便达成研究成果的创新性。例如，设计生态失衡的成因部分，运用马克思政治经济学进行分析；平衡的设计生态构建部分，融合商业生态学于策略与方法之中，这些在设计学领域均具有一定的创新性。

三是比较研究方法。比较研究法的运用可以有效寻找相关问题的异同，探寻普遍规律与特殊规律。本文在辨析设计生态与生态设计两个容易混淆的概念时，主要运用了此方法。

四是辩证唯物主义的方法。辩证唯物主义方法是一切社会科学研究的基本方法，是科学的世界观和方法论。本文的研究对这一科学的方法进行运用，辩证地分析消费主义、消费文化、资本逻辑与符号逻辑的积极作用和消极影响，并且在平衡的设计生态构建的策略与方法的探讨中，也贯穿着辩证的思想与观念。

五是系统归纳法。本文所涉及的研究领域较为宽泛，论题的展开及论证的过程需大量的分析与阐释的方式，诸多概念的厘清、论点的得来依靠一个系统归纳的过程。本文尝试从庞杂的多学科研究中梳理和提炼一个清晰的论证系统，以期望相对理想的研究目标的达成。

## 1.4.2 文章框架

本文的研究思路，概言之，按照"在特定研究语境中，分析现状、发现问题、剖析问题、解决问题"的逻辑而展开。本文内容与此逻辑线的对应关系如下：

分析现状："消费主义及其在当代中国的兴起""设计与设计生态"；发现问题："设计生态的失衡"；剖析问题："设计生态失衡的危机""设计生态失衡的成因"；解决问题："平

衡的设计生态构建"。

本文以对国内外的相关研究成果的分析、总结、整理、反思为基础，以生态的整体性、动态性、联系性为指引，以中国语境下的消费主义所带来的"重大问题"作为设计反思起点——审慎地分析中国语境下的消费主义的功与过、经验与教训，反思设计的得与失及其当下所承担的社会角色，并寻找它们之间的逻辑联系，透过设计创作和媒介运作的表象，希望分析出消费主义语境下设计与设计、设计与人、设计与社会（经济、道德伦理、文化等）、设计与自然等多元的内在关系，解析当下设计生态失衡的主要表现；探讨设计生态失衡导致的多元危机；基于消费主义语境挖掘设计生态失衡的深层原因（构建设计新生态的前提）；提出平衡的设计生态构建的策略与方法，为设计生态学的理论构建奠定基础。

诚然，消费主义下设计生态的研究内容非常庞杂，本研究紧扣设计生态的概念和内涵，并紧密围绕上述逻辑进行取舍、提炼，探寻创新的设计研究视角。这是消费主义对设计研究提出的新课题，也是时代赋予设计研究的新挑战。

第1章 绪论

对研究背景——消费主义在中国的兴起及其对社会的多元干预——做简要阐述，阐明选题的缘由与意义、相关问题的国内外研究维度与现状、研究内容与逻辑架构及研究方法。

第2章 消费主义及其在当代中国的兴起

本章主要对特定研究语境做相关阐释。内容主要包括：阐明消费的内涵与本质属性、消费主义的概念与特征及其产生的背景，并对消费主义作辩证分析；从消费观念的转变、消费主义的全球扩张、本土消费心理基础、美德教育的缺失以及大众传媒的助推等视角对消费主义在当代中国兴起的原因进行分析；分别从消费实践和意识形态两方面对消费主义在当代中国的表现做阐释；最后，以批判性思维从社会价值观、人的发展和自然生态三个方面分析消费主义对当代中国的危害。

第3章 设计与设计生态

本章重点是对文章的核心概念——设计生态——的相关内容做详细阐述，包括：概念与内涵、概念依据、中国设计生态的现实依据以及政治依据，为文章后续的论证奠定基础；在阐述设计生态相关内容之前，首先简要归纳了现代设计的三次转变，旨在表明设计内涵随设计发展而不断丰富化，进而阐明设计生态研究是设计发展至今日的必然要求；最后，生态设计无论从设计研究还是理论认知的角度，是一个熟悉的概念，提及设计生态自然会联想到生态设计，为避免两个概念的混淆，分别从区别和联系两个角度做简要辨析。

第4章 设计生态的失衡

消费主义与设计深层交织，造成中国设计生态的多重失衡。本章紧扣设计生态的概念和内涵，分别从设计与设计、设计与人、设计与社会、设计与自然四个维度进行论述。设计与设计之间的失衡，文章的观点提炼为设计物种的匮乏，分别从服务对象、服务区域和突发事件三个角度做具体论述；设计与人之间的失衡，观点提炼为角色转变，分别从设计服务人到奴化人的转变、人的对立关系建立与分享精神丧失、设计带来的是享乐而非快乐三个角度展开论述；设计与社会之间的失衡，观点提炼为经济独大，由此造成道德伦理失范、文化自觉缺失、设计成本假象；设计与自然之间的失衡，观点提炼为价值剥夺，分别从获取和反馈两个设计与自然的主要互动渠道做论述。

### 第5章 设计生态失衡的危机

设计生态失衡造成的危机非常复杂且多元,本文紧密围绕设计生态的概念,分别从设计的危机、人的危机和社会性格的危机重点进行论述。关于自然的危机,相关研究较多且深入,本文未做重复性工作。功能失度、审美异化、民族文化身份丧失是设计危机的主要表现;关于人的危机的论证,本文将设计师和消费者作为研究对象,其一缘于设计师是设计创作的主体,其二缘于消费者是设计服务的主体。换言之,二者是与设计相关的"人"的范畴的核心。关于人的危机的结论是本位脱离。批判性思想文化言路的阻断、价值偏离、设计文化与伦理反思的缺失表征了设计师的本位脱离;幻觉主义者的生成、占有性生存方式的建立、个体心理损伤和霸权意识的形成表征了消费者的本位脱离。关于社会性格的危机,本文总结为非理性权威、抽象化、疏离三个特征。

### 第6章 设计生态失衡的成因

平衡的设计生态构建的前提是对设计生态失衡的原因进行深层挖掘和准确把握。原因的寻找必须立足于对当今中国消费主义的内在逻辑的剖析。因应资本逻辑是藏于消费主义背后的始作俑者,本章以马克思政治经济学中的资本逻辑为出发点,对资本逻辑的两大内在属性与设计的关系做深入分析与论证,得出资本逻辑是设计生态失衡的内在驱动力的观点。符号逻辑作为资本逻辑的当代出场,遗传了资本逻辑的属性并进行超越,通过清晰的论证可知:符号逻辑是设计生态失衡的外在驱动力。此外,文章对与消费主义并行的自由主义、人类中心主义这两大思想流派对设计的强力干预做了深入探讨,得出二者是设计生态失衡的重要原因。

### 第7章 平衡的设计生态构建

本章首先阐明平衡的设计生态构建的必要性与可能性。然后，以设计生态的概念为轴心，指出平衡的设计生态构建的目标是设计、人、社会、自然的平衡发展。本章的重点是构建的策略与方法，二者必须是基于设计生态失衡的根本原因的辩证认知和有效创造。本文将策略与方法建基于资本逻辑与符号逻辑的合理调控，即在发扬和限制之间保持合理张力。本节首先分析了资本逻辑与符号逻辑的积极作用，旨在发扬。基于企业的特殊身份，笔者将其确定为资本逻辑和符号逻辑调控的纽带，并提出将没有废弃物的设计生产、非物质性设计思想、责任成本内化作为企业调控的三个核心。此外，要充分发挥国家、政府的监护职能，监护内容除了企业调控的三个核心之外，应建立设计推广监护制度和设计公平保障制度。

### 第8章 结论

结论部分对全文进行归纳、凝练，对主要观点进行总结，并对该课题后续研究进行规划。

# 第1章 绪论

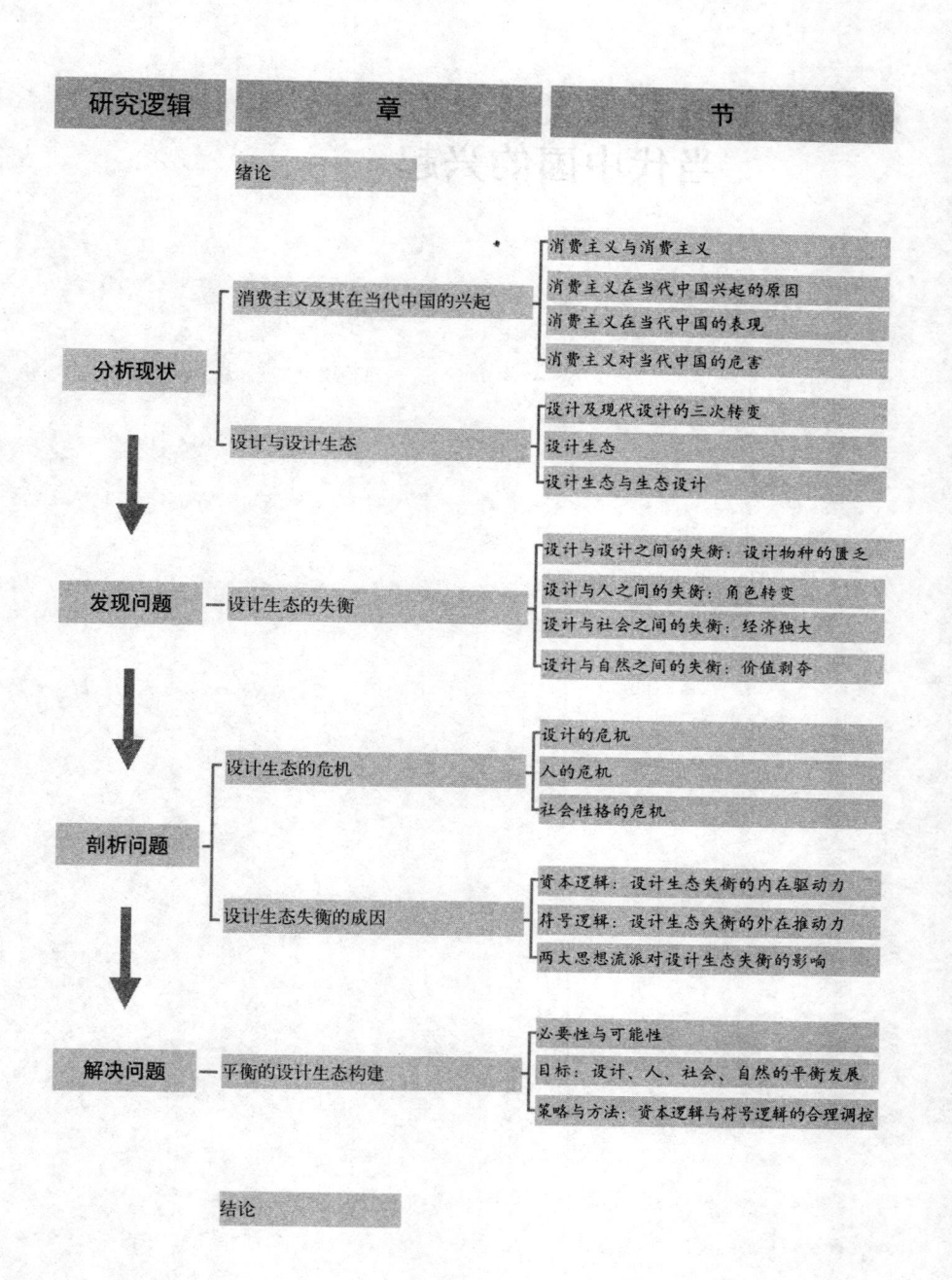

| 研究逻辑 | 章 | 节 |
|---|---|---|
| | 绪论 | |
| 分析现状 | 消费主义及其在当代中国的兴起 | 消费主义与消费主义<br>消费主义在当代中国兴起的原因<br>消费主义在当代中国的表现<br>消费主义对当代中国的危害 |
| | 设计与设计生态 | 设计及现代设计的三次转变<br>设计生态<br>设计生态与生态设计 |
| 发现问题 | 设计生态的失衡 | 设计与设计之间的失衡:设计物种的匮乏<br>设计与人之间的失衡:角色转变<br>设计与社会之间的失衡:经济独大<br>设计与自然之间的失衡:价值剥夺 |
| 剖析问题 | 设计生态的危机 | 设计的危机<br>人的危机<br>社会性格的危机 |
| | 设计生态失衡的成因 | 资本逻辑:设计生态失衡的内在驱动力<br>符号逻辑:设计生态失衡的外在推动力<br>两大思想流派对设计生态失衡的影响 |
| 解决问题 | 平衡的设计生态构建 | 必要性与可能性<br>目标:设计、人、社会、自然的平衡发展<br>策略与方法:资本逻辑与符号逻辑的合理调控 |
| | 结论 | |

图1-1 本文研究思路与内容框架图

# 第 2 章 消费主义及其在当代中国的兴起

消费是每天发生在人们日常生活中的一种普遍社会现象。小到每日的一餐一饭，大到购置不动产，消费以各种形式存在于人们的日常生活中。随着物质文明的进步，人们消费水平日益提高，消费问题成为人们关注的焦点。传统经济学对消费的最初定义是人们对使用价值的消费。消费并非是一种纯粹的经济行为，更是一种文化行为。消费文化是建立在使用价值基础上的文化性消费。要全面、深入地理解消费和消费主义，需要站在多学科多维复合型角度进行研究。另外，还要在站在马克思主义哲学的角度深入理解消费和消费主义的根本属性。

## 2.1 消费与消费主义
### 2.1.1 消费的内涵与本质属性

在中国,"消费"最早以"消磨、浪费"的意义出现在汉朝;到了唐宋时期,"消费"的意义得到泛化,指"开销、耗费"。英语词汇中的"消费"在 14 世纪最初出现。当时的含义同该词的汉语含义相同。到今天,消费俨然已经成为一种与人类生存、发展密切相关的行为生活方式。

#### 2.1.1.1 消费的内涵

对消费的内涵,可从经济学、社会学、生态学以及哲学层面解读。

首先,消费的经济学内涵。在经济学活动过程中,消费的意义重大。消费是经济学活动中不可缺少的环节,它与生产、交换等环节具有同等重要的地位。《经济大辞典》对消费的定义是:"社会在生产过程中生产要素和生活资料的消耗。"[50]这是对其广义上的界定。《消费经济辞典》将消费的定义阐述为:"人们通过对各种劳动产品的使用和消耗,满足自己需要的行为和过程。"[51] 这是狭义的消费,即个人生活的消费行为和消费过程。

作为一种经济手段,消费是人们对产品的使用和消耗,因此消费的目的在于满足人们的生产需求和生活需求。从经济学角度看,当社会生产尚不能有效供给社会消费时,消费受生产制约。也就是说,人们消费什么取决于社会的生产能力。在这种情况下,生产占据主动地位,消费处于被动地位。当社会生产具备有效供给社会消费的能力,甚至生产相对消费出现了大量过剩时，消费则反过来引导和制约生产。生产与消费二者之间的主被动关系倒置，进而出现新的生产消费结构。当消费具备引导和制约生产的能力时，消费可以根据自身需求反过来对生产提出要求，形成消费引导、主导生产的生产消费结构。消费是生产的终点与起点的融合体。正如马克思所言，"消费这个不仅被看成终点而且被看成最后目的的结束行为，除了它又会反过来作用于起点并重新引起整个过程之外，本来就不属于经济学的范围。"[52]消费不仅仅是经济学活动过程中的一个环节，更是"生产关系总和"的研究对象。从这个角度来说，消费远远超过了经济学的研究范围，具备多层面的含义。

其次，消费的社会学内涵。正如鲍德里亚所言，"我们处在'消费'控制着整个生活的境地，消费的社会性主要表现在消费品所具有的符号意义，消费行为所代表的社会象征意义。"[1]过去，人们购买商品是源于其使用价值。购买一袋大米的目的在于充饥，购买一瓶水的目的在于解渴，购买一件羽绒服的目的在于保暖，购买一辆汽车的目的在于代步。但在消费主义下，物品成为消费品的前提是转变为符号。购买"FIJI斐泉"的人并非只是达到解渴的目的，他们的消费行为代表着区别于大众的高品质生活。购买"保时捷""捷豹"汽车的人不仅仅购买其卓越的使用价值，他们的消费行为代表着成功人士的高端选择，彰显其个人财富，折射着他们在社会中的身份和地位。

在消费社会里，每个商品都能参与社会身份的构建，指向一个社会身份和社会等级。以"BMW宝马"汽车为例，其本身就属于中高档轿车之列。然而一个系列还要仔细划分为3系、5系、7系等，目的之一便是指向更加细分且明确的社会等级。消费主义语境下，物品变成了一个能指，成为指向一个抽象的社会等级秩序、社会位置的符号。购买商品不再停留于对商品使用价值的占有，而是利用商品这个具有了社会普遍性的符号实现交流的功能与目的，即利用商品这一符号与社会、他人进行交流，以此凸显自我差异或优势的社会身份和社会地位。因此，"消费既不是一种物质实践，也不是一种'丰盛'的现象学。它既不是由我们所持的事物、穿的衣服、开的小车来定义，也不是由视觉、味觉的物质形象和信息来定义，而是被定义在将所有这些作为指意物的组织之中。消费是当前所有商品、信息构成一种或多或少连接一体的话语在实际上的总和。"[1]25 消费之所以具有社会学意义并让我们现在身处的时代被贴上消费符号标签，在于消费的原初内涵——对商品使用价值的消耗和占有——被重组为一种全新的复杂符号系统。

消费的社会学内涵体现的是消费行为兼具社会象征意义。人的需求从过去物质层面实际需要转变为当下精神层面对社会身份和社会地位的欲求。人在商品和交换价值中不再是他自己，同时也变成了商品并具有交换价值。

再次，消费的生态学内涵。早在20世纪70年代，联合国和伦敦国家社会研究委员会在一份关于消费的联合声明中就站在生态学的角度对消费进行了全新的定义。在这份联合声明中，消费被定义为人类对自然物质和自然能量进行改变的行为。"消费是指实现使物质和能量尽可能达到可利用的程度，并促使对生态系统产生的最小的负面效应个体，从而不威胁人类的健康、福利和其他人类的方面。"[53] 这份声明不仅站在生态学角度对消费进行了新的定义，更重要的是指出了消费在人类生态危机中所承担的重要责任。不对包括"人类的健康、福利和其他人类的方面"的人类社会发展带来威胁是消费的核心任务。消费不能以牺牲人类生态系统的和谐来谋取发展。随着人类消费水平的提高，消费的发展所带来的环境污染、能源危机、社会性格病态化、文化自觉缺失等多元生态问题日益受到越来越多人的关注。美国纽约世界观察研究所资源研究员艾伦·杜宁认为消费社会只是一个短暂的阶段——"由于它自己和它的星球的未来可居住性的原因，所有的父母都想给他们的孩子一个较为优越的生活，但是，我们现在必须认识到这样一种生活不可能由更多的小汽车、更多的空调、更多的预先包装好的冷冻食品以及更多的购物街组成。如果交给我们的孩子一个这样的世界，在这个世界里，为了满足个人的食物、教育、充实的工作、居所和良好的健康状况的需要，他们的选择合理了，而不是局限了。这种优质生活的产生只要人们转变生活方式就有可能发生。"[54]5从杜宁的论述中可以清晰地看到他对当前生活方式的不满。同时他指出："消费是三位体中被忽略的一位，如果我们不想走上一条趋向毁灭的发展道路的话，世界就必须面对它。这个三位体的另外两位——增长和技术的变化——引起了注意，但是消费却始终默默无闻。"[54]5 越来越多的学者主张绿色消费、和谐消费等生态消费观点，倡导大众走出当前的消费误区。

非理性消费行为和消费主义具有天生的生态破坏性。技术层面与社会制度的变革对解决多元生态问题所起的效果极其有限。显性或隐性生态问题的解决，应立足于对消费者阶层的引导——收敛消费欲望、优化消费观念、净化消费行为。当前生态环境动荡不安。不同群体、地域间的环境利益冲突开始爆发并日益升级。可以说，当今社会在一定程度上是由消费者和消费行为共同构成的。社会要实现长远、稳定的发展需要消费者理性参与其中。而且，在此过程中，社会必须将消费的破坏力转变为一种促进生态回归平衡的推动力。

最后，消费的哲学内涵。消费的哲学内涵是在经济学研究的基础上对消费进行更进一步的分析。从哲学角度而言，生产是主体通过劳动实践活动对客体进行改造的过程。消费则是客体对象主体化的过程。在此过程中，主体客体化和客体主体化同时进行，二者构成了相互促进、相互改造、相互发展的互动关系。[55]

人类自从出现的那一刻起，无论是开始生产以前，还是生产期间，消费行为已经悄然诞生。作为人类社会发展的基本保障和首要前提，物质生产必须建立在人的需求之上。物质生产不能与人这一核心相剥离。一旦脱离人的需求，物质生产也不复存在。消费则在物质生产和人的需求之间承担着纽带的职能。一方面消费是对人的需求的满足；另一方面，消费是对生产的引导。因此，没有消费，生产的目的就会偏离甚至出现缺失。消费是生产的内在动机，消费对生产具有改进生产方式、扩大生产规模、提高社会生产力、调整生产结构等作用和影响。可以说，消费通过制造和满足人们的欲望和需求来引导甚至制约生产的方向。从这个层面来说，人类社会的存在和人类历史的发展是建立在消费的基础之上的。没有消费，就没有人类的发展。

消费是以高度的社会性与主客体对立统一性为特征的实践活动。"假定我们作为人进行生产，在这种情况下，我们每个人在自己的生产过程中就双重地肯定了自己和另一个人。"[56]人类在生产——消费——再生产的循环中改造世界并实现对自我的不断提升和发展。生产关系在生产过程中建立。借助消费，社会再生产得以顺利进行。"产品在消费中才得到完成。一条铁路，如果没有通车、不被磨损、不被消费，它只是可能性的铁路，不是现实的铁路……一件衣服由于穿的行为才现实地成为衣服；一间房屋无人居住，事实上就不成其为现实的房屋；因此，产品不同于单纯的自然现象，它在消费中才证实自己是产品，才成为产品。"[57]

总之，消费体现了人的本质、人的需要和人的自由发展，隐含了社会和谐、生态平衡和文明走向。

### 2.1.1.2 消费的本质属性

人类的生存和发展无法脱离消费这个永恒的主题而独立进行。在整个人类社会历史的发展过程中，消费是不可或缺的必要因素，具有不可替代也不容忽视的作用。脱离消费，生产就失去目的，继而丧失了人类社会存在和发展的必要条件和基本前提。消费的社会性与历史性是消费的两大本质属性。

其一，消费具有社会性。消费是人类在生存和发展过程中产生的一种社会现象。首先，消费主体的客观条件性。消费者选购一辆汽车时，需要对自己的经济能力、汽车的性能、品牌、油耗甚至个人的职业、适用的场合等因素综合考虑并进行选购。其次，消费主体具有能动性。当社会生产达到一定水平时，消费主体之需求决定社会生产。消费主体虽然在很大程度上受社会风俗、心理、道德等群体意识因素的影响，但是对上述因素的突破与更新从未停止。在消费主义语境中，消费更是与个人财富、社会身份和社会地位胶着共存。在某种程度上来说，个人消费了什么等同于"我是谁"。消费，显现了社会意识对消费主体的影响和消费主体对某一社会群体意识的能动认同。再次，消费是社会不同群体之间联系和沟通的纽带。例如，一个购买越野车的消费者，他的消费行为不只是表征了拥有这辆越野车的使用价值的个体行为，而且让该消费者成为越野爱好者群体中的一分子。越野车的性能、油耗、安全性、实用性等降格为次要因素，最重要的是这个消费者必须认同这个群体的共性价值理念并依从于群体中的其他成员。该消费者在驾驶这辆车的过程中以至于过程外需要购买更多的越野装备来满足其他社会群体对"越野爱好者"印象的期待。可以说，这个消费者购买的不只是一辆越野车，而是特定社会群体的成员身份以及与其他社会群体的沟通方式。

  大多数时候，人们并不愿意承认自己是某个群体的依从者。然而事实上，特定群体对其成员的影响随处可见。例如，家庭这一社会结构中的主要群体，个人的消费理念、消费习惯、消费水平无不和家庭存在着密切的关联，影响着每一个家庭成员的消费行为。朋友作为社会中一种非正式群体，对个体消费的影响仅次于家庭。朋友在产品类型、产品品牌等方面的选择对个体的消费观念、消费行为产生直接影响。在那些正式的社会群体中，地位高、受尊敬的群体成员的消费行为可能会引起群体内其他成员的效仿。

  其二，消费的历史性。不同时代的消费行为绘制了丰富多样的消费文化地图。消费行为除了与个体有关，也与消费习俗密切相关。消费习俗来源于历史和文化的交融与沉淀。地域性、民族性等铸就了具有差异性的文化特征和文化现象，进而也催生了消费行为、消费文化的多样性。另一方面而言，消费是人类文化得以传承的载体，也为人类文化的多样性提供了可能。例如，婚宴、丧葬、年俗等民俗文化的传承，离不开人类长期以来的消费习俗。消费不仅仅在物质层面促进社会经济的发展，同时在历史和文化层面有力地推动了整个人类历史文明的更新。

总之，消费的本质在于满足人类生存和人类社会发展的基本需要。在这个过程中，消费扮演着举足轻重的角色，是实现人类全面自由发展的必要途径。消费为社会的存在与发展、人类及其文明的存续提供了保障。当消费的内容与内涵随着社会发展得以丰富和拓展时，新的消费模式得以产生。消费主义的登场是对当今消费模式的整体性反映。

### 2.1.2 消费主义的概念与特征

社会生产力的极大提高使资本主义社会物质产品得以极大丰富。进入20世纪60年代后，消费主义已然完成了对西方资本主义社会各个阶层、各个领域的渗透。消费主义社会价值观念扩张迅猛，其产生的影响远远超过了资本主义国家的范围，对人类的生存及生活方式均产生了巨大影响。消费主义已经成为一股不可忽视的力量，对人类的生存状态进行着根本性的改变。

受消费主义的影响，消费在经济活动中的地位日益突出。生产在传统社会中的中心地位正在被消费所取代。"在这个新的阶段中，文化本身的范围扩展了，文化不再局限于它早期的、传统的或实验性的形式，而且在整个日常生活中被消费，在购物，在职业工作，在各种休闲的电视节目形式里，在为市场生产和对这些产品的消费中，甚至在每天生活中最隐秘的皱折和角落里被消费。"[58]人们的消费与人们的基本生存和生活需要渐行渐远。人们陷入一种对无穷欲望盲目追逐的困境中而难以脱身。

西方资本主义国家消费主义的文化价值观念通过各种渠道和传播媒介向全世界进行渗透和倾泻，消费主义也因此呈现出全球化的趋势。中国实行改革开放政策并确立市场经济体制后，经济的飞跃极大地提升了人们的购买力并颠覆了人们的消费观念。服务于生活的主观型消费取代了服务于生存的客观性消费。尽管中国社会的具体情况使得中国尚未进入西方的消费社会阶段，然而这并不能避免西方发达国家的消费主义文化对当今中国产生深刻影响。传统的、理性的消费价值观正在遭遇消费主义的冲击，诸如勤俭节约等传统美德也遭受到消费主义的挑战。

诚然，相较于典型的消费社会，多数中国人依然保持着与自身生活水平相适应的消费方式，但这并未影响消费主义在中国的逐步显现与兴起。目前，中国民众的消费心理乃至日常生活样态所显现的消费主义倾向日益明显。在中国当前多样化的消费行为和消费活动中，消费主体对符号的消费在一定程度上已经远远超过了对使用价值的消费。符号消费成为当今中国的消费主流，这一表述并不为过。具有消费主义显著特征的价值观念和日常生活方式将通过文化主导权的干预继续深入扩散至社会的各个阶层和各个层面。

### 2.1.2.1 消费主义的概念

因研究侧重点的差异，不同学科关于消费主义概念的界定各有不同。目前国内学界对该概念的基本共识是："所谓消费主义主要是指以美国为代表的，在西方发达资本主义国家普遍存在，也在不发达国家发现的一种文化态度、价值观念或生活方式。"[59]消费主义对人们进行了全方位的再造。这种再造既包含了观念思想，也包含了实践行为。换言之，消费主义具有对消费者的调节功能。消费主义是源于西方资本主义发达国家的、一种带有自身显著特征的社会现象。首先，消费主义将自然资源视为资本的"有用物"，人们在消费的整个过程中对自然资源的肆意掠夺。其次，消费主义造成物质生活资料的过度消耗，进一步带来生态危机。最后，消费主义对物质占有的无限追求和将消费作为人类生活的终极目标，形成"消费至上"的价值观。

尽管消费主义发源于西方资本主义发达国家，然而这并不影响消费主义在全世界范围内的扩张和渗透。从消费主义在全球的扩散与发展情况看来，消费主义倡导的"消费至上"的价值观念和行为方式与消费主义所传播的国家、地区的实际情况及个人的实际消费水平并非完全吻合。相反，实际情况往往是，消费主义利用心理策略、价值观念或大众媒体等引导、诱惑人们进行脱离社会或个人真实经济情况的消费行为。

接下来，从主体、对象、目的三个角度对消费主义消费与传统消费二者进行对比分析，旨在更好地理解消费主义的概念与内涵。

首先，二者的不同体现在消费的主体。传统消费的主体处于主动、能动的地位，进行着理性的消费。而消费主义消费的主体处于被动与非理性的状态之中。消费主义通过对资本、科技等手段的操控，对人的欲望、身份认同、社会认同等社会性需要进行诱导或误导，力图制造看似符合人的社会性需求和精神需求的消费依据。这一过程使消费主体的理性被消解。消费主体全然抛弃自身真实需求、实际情况和承受能力，对消费行为带来的严重社会、环境后果更是毫不顾忌。消费主义使人发生了异化——"我买了什么，则我是什么"；"我消费了什么"

成为"我是谁"的回答。消费行为、消费水平、消费观念成为个人成功与否的重要衡量标准，同时也成为影响、处理人际关系的一条必要准则。消费主体的独立性丧失，沦为消费机器。

其次，二者的差异也体现在消费的对象上。传统消费的消费对象是物质商品的使用价值和服务，而消费主义消费的对象则是物质商品的象征意义和符号价值。

在消费主义消费中，物质商品变成了符号。"要成为消费品，物品必须变成符号。即它必须以某种方式外在于这种与生活的联系，以便它仅仅用于指意：一种强制性的指意和与具体生活联系的断裂；它的联系性和意义反而要从与所有其他物类符号的抽象而系统的联系中来取得。正是以这种方式，它变成了'个性化的'（personalized），并进入了一个系列等：它被消费，但不是消费它的物质性，而是它的差异性。"[60]人类所处的世界实际上成为一个符号的世界，对物品的消费不再源于对使用价值的看重，而是转换为对符号的青睐。商品和消费主体一样，被人为地操控从而被披上符号的外衣。借由商品的符号价值，人的身份、地位、自我表达等社会性需求被更多地激发出来，并与不同商品对号入座。人们受控于符号，在消费主义精心安排的对象系统中来寻找自我认同和群体认同。由于人的消费理性被消解，消费主体对消费对象携带的不同符号意义带来的潜移默化的影响并非属于自主与自觉的选择。

最后，二者的不同还体现在消费的目的上。传统消费的目的真实且具体。购买自行车的目的在于代步，购买食品的目的在于充饥。反观消费主义消费的目的，意识形态层面的特征尤为突出。如前所述，消费主义消费的社会性与文化性集中于通过商品符号完成自我表达、身份认同和社会认同，这种表达与认同在现实中呈现出意识形态式的构建。此外，不同于传统消费目的是因于实际的基本需要，消费主义消费的目的在于满足人们被不断激发的、非真实的虚假欲求。消费主义所创造的虚假欲求一方面使得消费主体个人欲望无限膨胀，另一方面使消费主义以一种意识形态的形式对消费主体进行控制和利用。而且，正是借助虚假欲求实现了消费主义基于资本增殖所推崇的无限生产和无限消费的理想。"按照自己的逻辑，将无限繁殖的本性扩展到全世界，通过资本，不同民族或自愿或不自愿、或有意识或无意识都采取了资本主导的生产方式，自愿或不自愿、有意或无意进入资本规划的文明之中。"[34]

基于以上比较分析，作为一种价值观和消费观，消费主义崇尚对物质商品的追逐和占有。这种对物质的狂热追求和沉迷被消费者视作个体存在的意义和人生的终极目标。生活于其中的人们的思维方式和行为实践处于被消费主义支配的状态之中。

#### 2.1.2.2 消费主义的特征

首先，消费主义具有物质主义特征。消费主义虽然聚焦于符号意义的构建，但其目的是激发物质性消费的更大可能。消费主义所倡导的"消费至上"的价值观念，旨在达成人们尽可能多地消费和占有物品。借助多种途径诱发人们对日常生活的基本生存发展需要的超越，创造系列化的"虚假需求"与对现实的不满情绪，从而刺激人们持续进行与自身相脱离的物质占有行为的发生。消费主义催生了人们的生活方式和行为方式的极度物质化，由此，造成了人的物化。极度丰裕的物质并没有被主体转化为自我发展的要素，换言之，物质创造并未成为主体自我发展的工具。相反，物质商品远远超过主体的吸收能力。可见，消费主义内含的物质主义并不是建立于对主体的尊重。

其次，消费主义凸显符号意义的构建。因应人们对商品使用价值占有的有限性和僵化性，消费主义发现了符号价值所具有的无限性和变通性优势。利用各种渠道和手段建构物质商品的符号象征意义，以此达到人们消费观念和消费行为根本性转变的目的。

在这一消费文化的影响下，消费者不再满足于物质商品使用价值的占有和获取，而是转向对物质商品及其服务所承载的符号意义的关注，并聚焦于这种符号价值对自我形象的再造价值。"消费的集合场所，在那里个体不再反思自己，而是沉浸到对不断增多的物品／符号的凝视中去，沉浸到对社会地位能指秩序中去。"[1]198 消费成为人们社会形象快速优化、社会地位快速升格的捷径。主体将自我置入消费文化系统之中，并将自我错误地延伸至消费主义的肤浅本质的关系中。现实显示，这种关系没有促进个体的发展。

再次，消费主义催生了大众以自我为中心的价值观念的形成。消费主义宣扬无尽的物质欲望的追求和满足是幸福生活实现的唯一方式，这一观念隐含了对个体社会责任的漠视。为了幸福生活的实现，消费主体将个体消费与社会后果、环境后果主观隔离，将自身应承担的集体责任抛之脑后，呈现出自我为中心的观念特征。此外，消费主义鼓吹差异实现人的群体归属，差异促进人的地位改善。"在消费领域里一直存在着各个群体为获得地位性商品而展开的竞争，这种竞争的结果常常是上流社会的消费模式为中下层社会所模仿，反过来又推动上流社会为保持差异而不断进行消费模式或消费趣味的革新。"[61] 消费主义通过"差异"制造"个性",丰裕的物质客体提供了无限的特殊性,而这种特殊性隐含了个体与他者、社会、自然的分裂,从而强化了人们自我中心的观念。

### 2.1.3 消费主义的产生与发展

消费主义是工业文明发展到一定阶段的产物,是资本逻辑运行的必然结果。作为现代化的产物,消费主义诞生于19世纪末20世纪初的美国,在第一次世界大战后传播于西欧各国。第二次世界大战后,消费主义成为西方发达资本主义国家普遍存在的一种社会现象。人类在第二次工业革命后进入后工业时代,对于经济活动而言,伴随社会生产力的极大发展,其重点由生产转向消费。20世纪60年代以后,伴随着经济全球化的进程,消费主义渗透到不同国家与地区的各个社会阶层和领域,呈现出全球化趋势。

19世纪下半叶以后,英国经济学家凯恩斯针对资本主义社会频发经济危机的情况,提出了刺激消费、国家干预市场、维持繁荣的经济对策。当凯恩斯主义成为西方资本主义国家的国家政策后,消费不再是经济范畴内的问题,同时也成为政治和社会问题。刺激人们进行大量消费成为保持国民经济持续增长的手段。工业化条件下生产力迅速发展,人们的生活资料得到前所未有的满足。生产力提升所带来的物质丰裕和人们物质需求的极大满足不但没有减弱人类对物质的欲望和追求,反而无限地膨胀了人们的物质欲望。

20世纪中期以后,福特主义和后福特主义对消费主义的发展具有巨大的推动作用。在这个时期,资本主义为了追求经济的不断增长以便获取更多的利润,必须刺激更多的人进行大量消费。福特主义以生产机械化、自动化和标准化流水线作业及与之相应的工作组织方式,极大地提高了标准化产品的劳动生产率[62];劳资之间通过集体谈判所形成的工资增长和生产率机制诱发了大规模消费,进而促进了大规模生产的进一步发展。另一方面,福特主义高强度的工作方式让工人在下班后不可能再有时间和精力进行家庭生活资料的生产。因此,工人要维持自身的生活需要就必须进行消费。而工资收入的提高则从经济方面为提高工人消费数量和消费档次提供了可能性。福特主义助推消费进入了日常生活领域。同时,消费主体的平等权利得以在市场交换中实现。大众消费的发展推动了消费主义的兴起。

随着大规模生产与消费的出现,人们对各种不同类型的产品和服务的社会需求日益增大。各类企业必须对个性化需求做出反应。然而,福特主义的生产经营模式不可避免地造成消费市场的同质化。面对市场需求的多样化,福特主义的缺陷和危机日益显现,后福特主义随之登场。在后福特主义时代,消费需求的重心转向彰显特殊品位的商品。换言之,商品使用价值以外的符号象征意义逐渐成为操纵和控制消费的主要力量。可以说,后福特主义的生产经营方式创造了异质、个性化的大众消费者,并借此使消费主义的发展进入一个新的高度。

## 2.2 消费主义在当代中国兴起的原因

消费主义以刺激和满足人无限膨胀的物质欲望和需求进而获得全球范围内的广泛认同。20世纪90年代以来，消费主义已不再是西方发达资本主义国家的独有现象，而是借助全球化进程逐步对诸多发展中国家进行渗透和扩散。通过大众媒介的传播，消费主义在中国日常生活的各个领域已经显现出其广泛影响。中国正处于社会转型的特殊时期，因此，消费主义在中国的表现形式也与西方发达国家不尽相同。结合中国本土社会的特殊性重新审视消费主义，能够帮助我们以更加长远的眼光较为全面地分析当代中国设计生态与消费主义二者间的互动关系。

消费主义在中国日常生活各个领域的迅速兴起与渗透与当代中国提供的现实土壤以及资本增殖的全球化扩张密切相关。下面将从多元视角分析消费主义得以在中国产生并发展的原因。

### 2.2.1 消费观念的转变

中国经济的迅猛发展、中国社会的转型、理论界的助推以及国家政策的引导促使人们消费观念的转变，为消费主义在中国的产生与兴起提供了基础和动力。

中国经济的迅猛发展促使人们消费观念和消费行为的转变。自改革开放以来，非公有制经济成为我国社会主义市场经济结构中的重要组成部分。其中，私营经济和外贸经济都是以生产资料自由和雇佣劳动为基础，这种以追求利润为目的的中国经济模式取得举世瞩目的发展成就。1978～2007年，我国农村居民人均纯收入由133.6元提高到4140.4元；城镇居民人均可支配收入则提升了 13442.4 元。2011 年，中国 GDP 总量跃居全球第二位，仅次于美国。[63] 国民生产总值的大幅提升，尤其是城乡居民收入水平极大提高，为消费更多数量、更优质量的产品提供了客观基础。改善生活质量、提高生活水平在收入增加下成为理所当然的消费观念。

中国社会正经历着由生产主导型社会向消费主导型社会的转变。人们的消费观念在此过程中也发生了根本转化。"在经济体制上，我们告别了传统计划经济体制的羁绊，走上了社会主义市场经济的道路；在社会组织形式上，我们完成了从'单位人'向'社会人'的转变；在经济发展状况上，我们从一个普遍贫困的社会过渡到一部分人先富裕起来的社会；在价值观念上，我们从'越穷越革命'转变为'谁富谁光荣'的观念。其中，最引人注目的是在消费领域从物质匮乏型社会向初步富裕型社会的转变。"[64] 在转型的过程中，消费与生产的关系也发生了前所未有的变化。市场经济的确立让供方市场走向买方市场以及社会产品和服务的日益丰富均引发了消费观念的转变。

20 世纪 90 年代中期，我国消费严重滞后于生产。当时，国内学界认为消费是我国实现现代化的重要推动力量，强调消费主义对人们消费观念和消费行为的促进作用。部分学者主张引进西方发达国家消费主义的生活方式，通过对这种生活方式的效仿来实现中国的现代化。不可否认，这一时期对消费主义及其在促进生产、发展经济方面的作用的强调具有僵化和夸大的成分，甚至存在脱离中国实际的狭隘性。但是，客观而言，理论界对消费及消费主义的推崇也带来人们消费观念的变化。

1996 年，中国制定了刺激消费、拉动内需的政策。在外需不足的情况下，政府鼓励国内民众消费。扩大内需成为主导经济发展的手段。无论是从国家的角度还是个人的角度，鼓励消费的格局被打开。这一举措，解放了中国民众长期以来被压抑的物质欲望，刺激了消费者的消费欲望。国家不但鼓励消费、刺激消费，同时，对消费品市场采取大幅补贴和福利制度，激发消费品市场全面开放。

可见，在经济、社会、政策的共同作用下，人们的消费观念发生根本性转变，这种转变为消费主义提供了在中国本土的发展前提和兴起的持续动力。

### 2.2.2 消费主义的全球扩张

西方资本主义和消费主义价值观的强势扩张与消费主义在中国的发展密切相关。资本前进的动力在于创造剩余价值，其目的在于资本增殖。资本的增殖需要资本将一切变为自己增殖的手段和工具。任何人与物都不能幸免。资本不断克服限制自身发展的内在和外在的因素，努力实现扩张。这种无休无止的扩张是资本生存的本质要求。历史上，十字军东征、贩卖黑奴、屠杀印第安人和土著人、贩卖鸦片、殖民战争、第一次和第二次世界大战，直到当今的全球化，种种重大历史事件均深刻地体现了资本内在的强烈扩张冲动。马克思在《资本论》中引用邓宁格的经典话语描述了资本追逐利润和扩张的本性，"如果有10%的利润，资本就保证到处被使用；有20%的利润，资本就活跃起来；有50%的利润，资本就铤而走险；为了100%的利润，资本就敢践踏一切人间法律；有300%的利润，资本就敢犯任何罪行，甚至冒绞首的危险。"[64]

在中国改革开放的同时，全世界范围内以发达资本主义国家为首的经济全球化也加速进行。西方发达国家为了达到资本增殖的目的，不遗余力地向中国强势扩张资本。伴随着资本全球范围内的流动，借由科技发展、通信水平的迅速提高、网络的普及，消费主义混杂于资本社会的各种文化思潮传入我国。西方资本主义国家利用我国处于社会转型的特殊历史时期和我国对外开放的历史机遇，通过现代先进传媒等向我国民众，尤其是青少年群体进行消费主义文化的渗透。此举强有力地激发了我国民众对消费主义生活方式、消费方式的盲目崇拜和追求。通过对西方消费主义生活方式和消费行为的展示，消解我国民众的理性判断，片面地将对无限物质欲望的追求和满足当做人生的终极目标，沉浸在消费所带来的扭曲心理满足感中。

### 2.2.3 本土消费心理的基础

消费主义在当今中国的盛行也与中国本土独特的消费心理有关。中国人爱面子的心理古已有之。在"爱面子"心理的驱动下，民众往往产生与实际消费水平相脱离的消费需求，进而产生与自身实际情况不相符合的消费行为。人们在日常人际交往中，不免产生攀比、效仿、羡慕等心理反应。这些心理反应极大可能地导致了个体盲目从众、相互攀比的非理性消费行为。消费者的实际需求和购买能力不再是衡量消费合理性的尺度，盲目跟从式的消费时尚成为重要的消费动力。人们经常性地表现出毫无理由地与人际交往中的同学、朋友、同事甚至是陌生人进行攀比，通过在消费水平方面高于他人进而获得畸形的心理满足。人们通过消费来包装自己和真实的生活，这种"爱面子"、好攀比的消费心理以文化的形式潜移默化地影响着青少年。

在这种文化中成长的青少年将消费方面的竞争和攀比作为理所应当的生活方式，社会对此也并未表现出异议。

　　经济强势群体渴望优势经济地位与优越社会地位兼得。在"允许一部分人先富起来"的思想指导下，"先富起来"的人利用时代机遇较为迅速地积累大量个人财富。凭借合法途径致富无可厚非，值得注意的是，这部分人过去大多处于社会底层，个人财富的大量积累使得他们的优势经济地位得以建立，因此，他们自然而然地产生了提升社会地位、获得身份认同和社会认同的需求。消费成为实现这一目标的首选方式。先富群体希望借由消费作为一种区分，保持与其他社会成员的距离感，进而在优势经济地位以外标榜自身的优越社会地位。高消费、奢侈消费因具有彰显经济实力和社会地位的双重特性，成为富有群体竞相追逐的消费方式便不难理解了。人们对这些相对而言迅速致富并在短期内极大提高消费水平和生活水平的人群产生了羡慕心理，先富群体的消费模式成为人们纷纷效仿、追求的目标。越来越多的人们在物质生活得到显著改善以后，参与到这一消费模式之中。

　　由此可见，无论是国人"爱面子"的消费心理，还是先富群体获取优势社会地位的消费心理以及国人对先富群体进行效仿的消费心理都成为消费主义在中国得以兴起的基础。换言之，从本土消费心理维度而言，消费主义在中国兴起具备其合理性。

## 2.2.4　美德教育的缺失

　　传统美德教育缺失与精神文明建设的滞后也与消费主义在中国得以发展具有密切的关系。

中国传统文化注重克己、敛欲，"三省吾身"以求道德上的自我约束与完善。中国素有"节其源，开其流，潢然是天下必有余"、"强本节用则天不能贫"等传统。勤俭持家、黜奢崇俭一向是中国人提倡的传统美德。

经历"五四"运动、"文化大革命"等历史事件之后，中国大量传统文化与美德被抛弃。从"旧三年、新三年，缝缝补补又三年"的物质匮乏到现在相对丰裕的物质生活，为人们提供了前所未有的消费环境和消费机会，这使得一些非理性消费的陋习成为消费文化的构成因子。在缺乏有效道德约束的当下，精神文明建设并没有与快速发展的物质文明建设保持同步。人们沦为纯粹消费欲望支撑的躯壳——内心极度空虚，生活的精神寄托依赖于消费所带来的满足感。传统的勤俭持家的美德在当代中国社会中被视为经济发展的障碍。"不消费就衰退"，在消费主义主张大行其道的时代环境中，消费带动经济增长已经成为社会主流观念。与此同时，"节俭""克己"却被时代所抛弃，成为大众特别是年轻人嗤之以鼻的过时想法。在市场原则的影响下，人们对艰苦奋斗、勤俭节约等传统缺乏正确的认识。受成年人生活方式和消费习惯的影响，即将成为消费生力军的青少年甚至对这种传统美德持彻底否定的态度。青少年消费行为中所显现的对潮流和品牌的狂热甚至超过了上一辈的理解能力。他们正在被塑造为消费主义模范消费者群体，这一形容并不为过。

伴随着改革开放的深化和全球化的推进，中国普通民众的思想观念进一步开放。在多元文化的碰撞中，物质文明建设成就令人振奋，精神文明建设却难言成功。加之国家对社会意识形态的干预弱化，整个社会的发展显示出步调不一致的特征。

在全社会重视物质文明建设、重视经济发展的同时，社会主义精神文明建设却相对滞后。这不得不引起我们对于优秀的传统文化、传统美德教育普遍缺乏甚至缺失的现状的反思。

精神文明建设是物质文明有序、健康发展的必备前提和重要保障。在社会主义社会建设实践中，传统美德教育的缺失和精神文明建设的滞后为消费主义在中国产生不良后果提供了可趁之机。享乐主义、拜金主义、功利主义等不良社会风气正是消费主义在中国逐步渗透的结果。

### 2.2.5 大众传媒的助推

大众传媒推动了消费主义在中国的兴盛。琳琅满目的商品，铺天盖地的广告，绚丽多彩的画面，共同构筑着当今国民的生活。生活中的人们在两个世界中频繁切换，一个是真实的世界，另一个是媒体创造的世界。

生存之压与利益驱使下，无处不在又无所不包的大众媒体几乎沦为商品的喉舌。在强大的媒体面前，人们的理性判断让位于感官与情绪的衡量，在不知不觉中染上消费主义的瘾。社会的稳定和收入的增加赋予人们更多行使选择权的主动性，大众围绕自我幸福生活的构筑沉浸于消费快感。与此同时，国家对于人们的私人生活和消费自由给予莫大的支持。然而，消费主义语境下，人们自由选择的权利是被大众传媒绑架的。人们感受到的更多自由选择权利是资本持有者通过大众传媒、广告、娱乐等大众文化现象所建构的意识形态假象，是对人们自由选择权利的无形剥夺。正如广告人中流行的一句话所揭示的那样：广告是对人的驯化。

人们"享受"着自我权利被蚕食的愉悦，这是大众传媒从形式到内容的完全成功。大众传媒所制造的轻松惬意的娱乐氛围和一切为了大众的感官说教，退化了人的主观判断意识与能力，踩着消费主义的脚印前行令每一个个体兴奋不已。人们通过消费塑造自我社会形象，建立社会关系。消费可以暂时搁置人们在现实社会关系中的不平等、不平衡所带来的挫败感，寻找所谓的"自由""平等"的慰藉。殊不知，这种自由与平等只不过是消费主义为达到扩张目的而编造的一个财富、身份、幸福的假象。大众媒介在当下成为潜在的消费主义的推动者。大众传媒成为人们生活的顾问。讲故事、造情境、设理想，赋予商品无所不能的职能，如此明显的谎言却使得人们唯命是从。商品的符号化更是将人们日常生活的方方面面具有了想象性的特征，一刻不停地将各种新颖的消费理念和消费行为传递给大众。以广告为例，它利用人们对美好事物和优质生活的向往和追求，将商品原型改造为理想的样式呈现在大众面前。商品的使用价值趋同化，通过广告为商品创造价值、文化与受众的直接关联成为有效的手段。人们在广告的狂轰滥炸中无意识地已经把广告作为自身消费选择的重要依据和来源。当今，各种形式的广告如空气、水、食物一般成为人生存的必要因素。

消费主义通过大众传媒不断制造已有与应有的距离，刺激人们的物质欲望，创造脱离现实需求的"虚假需求"，诱惑人们沉浸于无止境的物质占有所带来的畸形满足感中。

综上所述，多重原因表征了消费主义在中国的产生与兴起有其必然性。要对中国的消费主义有更加深入的掌握，以便奠定中国设计生态研究的语境基础，需对消费主义在中国的表现与危害做深入剖析。

## 2.3 消费主义在当代中国的表现

如前所述，消费主义乘资本全球扩张之势，于20世纪90年代侵入中国。通过强势渗透和扩张，消费主义已经在我国居民，尤其是城镇居民的生活方式和消费方式中占据主导与支配的地位。消费主义主张以物质主义和占有精神树立的美好生活的图景对我国民众产生了巨大的吸引力，此图景配以一种潮流时尚的日常生活规范引导和诱惑着人们。中国现阶段消费主义的表现可以从作为具体消费实践的消费主义和作为一种意识形态的消费主义进行解读。

### 2.3.1 作为具体消费实践的消费主义

#### 2.3.1.1 奢侈性消费

奢侈消费已成为富有群体的生活方式和普通群体的生活追求。该风潮从20世纪90年代以来，逐渐形成席卷全国之势。例如，天价婚礼、豪华汽车，甚至天价月饼等。五花八门的奢侈消费频繁地进入普通民众的日常生活，其一表征了当代中国民众和社会将其认定为一种优质生活文化；其二表征了奢侈性消费正在转化为大众文化。生活中让人应接不暇的奢华消费景象是极有力的证明。无论是北京、上海、广州及诸多一线经济相对发达的城市，还是经济相对落后的中西部二三线城市，都先后显示出不同程度的奢侈消费特征。有数据显示，中国的奢侈品消费额已经连续两年下滑，例如，2015年中国奢侈品市场规模为1130亿人民币，同比下跌2%。据分析，下滑主要源于近年来中国政府的反腐措施对国内奢侈品需求的抑制作用。也就是说，基于消费者认知与需求角度而言，随着大众生活水平的不断提高，中国消费者对奢侈消费品的青睐步伐并未放缓。高端消费人群呈现出向大众化和年轻化的特征和趋势。消费观念的根本性转变使年轻人逐渐成为奢侈消费的生力军。

中国本土特殊消费心理与消费主义环境的共同作用下，以盲目从众、攀比的心理需求为特征的高消费群体日益增多。越来越多的普通民众从接收奢侈消费观念过渡到进行奢侈消费的行为到养成奢侈消费的习惯，由此导致了中国奢侈消费者在短时间内迅速增加。中国的奢侈品消费群体已经具备相当规模。然而，值得我们重视的是，在这个群体中，有相当一部分消费者是尚未完全具备奢侈消费实力的"模仿群体"。奢侈性消费不仅通过对物质的占有和感官刺激来获得心理上的满足，它具有了个体社会身份和社会认同的缔造功能。奢侈品在被注入尊贵、限量、稀有等符号价值后，对其的消费成功转化为获得在社会群体中高人一等的身份认同和社会区分的捷径。"模仿群体"通过效仿社会中地位较高的人群的奢侈消费，认为购买奢侈品是可以让其进入上层群体的标志。

奢侈消费行为实际呈现了对奢侈品背后象征性价值的占有。象征性价值完成了个体社会身份和社会区分与奢侈品本身的联结。个体在"欲望——满足——新欲望"的无限进程中，追逐着无法实现的、虚拟的身份认同和社会地位的梦想。越来越多的国人将人生的目的和意义逐渐演变为不断攀比、炫耀奢侈消费的层次，狭隘地将对物质的占有、感官的满足等同于生活真正的幸福。奢侈性消费表征了人的理性判断的退化和价值观的物质化。正如韦伯所说，自从禁欲主义试图重造尘世，并在世俗社会中实现它的种种理想以来，物质财富获得一种历史上任何阶段都未曾有过的、愈来愈大且最终变得不可抗拒的统治人类生活的力量。[66]

### 2.3.1.2 过度超前消费

以信用卡、分期付款等消费方式为代表的超前消费在当今中国呈现出日趋普遍和流行的趋势。超前消费作为一把双刃剑，既为中国社会的发展带来一定的积极推动作用，也为社会带来了一些不利的影响。对个人消费领域而言，信用消费、按揭消费、个人贷款等灵活的方式提升了消费者特定时期的消费能力。因偿还贷款的需要，超前消费激励人们更加努力地劳动和工作。对国家而言，消费方式的转变提高了政府宏观调控能力，加速优势企业的发展，推动特定区域的建设；扩大内需促进了经济发展，进而推动社会整体消费能力与水平的提升。

然而，类似"月光族""卡奴"等新名词的出现，表征了过度超前消费所带来的弊端也显而易见。表面上看，超前消费通过分期付款、信用贷款等制度得以实行和推广的经济制度呈现出友善且繁荣的特征。然而，生活在这种经济制度下的人们往往陷入"消费——工作——偿还"的怪圈中，周而复始。"花明天的钱做今天的事"，超前消费似乎给予消费者更大的自由。然而，这种自由极其短暂——人还没有来得及体会自由就陷入偿还压力之下——消费者在享受当下生活乐趣和心理满足的过程中丧失了未来的自由。过度超前消费让人在摆脱物质资料匮乏的束缚后，陷入了被消费所控制的牢笼之中。概言之，短暂消费自由的获取是基于人的自由的丧失。

消费逻辑控制下,超前消费的消费标准不断攀升,"体面""高品质"的生活理想击碎了快乐生活的体验。先购买,再通过拼命工作进行偿还,快乐之感并未在购物之后延续,生活压力却因此得以蔓延。换言之,物质占有的增长并没有使人们的满足感和幸福感得到相应增强。消费者试图用物质来填满精神需要和社会认同需要,结果事与愿违且得不偿失,陷入巨大的空虚感中。源于资产阶级社会的消费主义将需求异化为无限的心理欲求。"资产阶级社会与众不同的特征是,它所要满足的不是需要,而是欲求,欲求超过了生理本能,进入心理层次,它因而是无限的要求。"[67]

过度超前消费成为消费主义利用传媒不断创造出来的"虚假需求"的满足手段。丹尼尔·米勒认为,"物质实体在消费主义的情形下社会身份的意义进展,努力保持相关的简单性与可控性。然而,当这个情况被打破,商品便从一种相关的静态符号转变为更为直接的社会身份的构成。在这些改变的情形下,仿效作为一种策略日益重要。通过仿效,人们努力实现自己成为更高身份的愿望。他们改变自己的行为、衣着和购买商品的种类"[68],却无法摆脱自己"穷贵族"的真实身份。仿效的人缩小了与他人的差距,被效仿的人在极力保持差距优势。虽然仿效改变的只是表象与自我感受,但这并没有降低其作为商品内涵拓展的魅力。作为社会区分手段的流行便是极好的证明。在社会阶层不明确的环境里,过度超前消费会活跃对商品的需要,但这种活跃更多基于想象性需求——购买特定商品可以使个人迅速成为某一社会上流阶层的捷径。然而,在这种潮流的推动下,越来越多的消费者特别是年轻群体不惜每月偿还高额的贷款和利息来购买与自身消费能力完全脱离的昂贵商品。在这些商品中，绝大多数的实际使用价值与平价优质产品无异，时尚潮流和品牌力量所赋予其的符号价值是人们真正情有独钟的。

当商品参与社会身份的构成，商品与人的关系彻底改变。人们沉迷于超前消费寻找变幻不定的自我社会身份。这一狂热而不自知的消费方式，在无意识中实现了消费主义对人们的操控与利用。消费主义不断制造理想生活与现实世界的距离，误导人们用消费去除对现实的不满。在这一文化影响下，人们的消费逐渐与自我经济实力分离，存款不再是购买的限制。过度超前消费是一种消费方式，也是一种生活方式，更是一种社会文化的缩影。

### 2.3.1.3 文化消费商业化

消费主体对客体的符号性和信息性消费行为是文化消费的内涵。现实显示，人们不再满足于对实际可用物的占有，而是追求情感方面的精神消费。电影电视、音乐会、体育比赛等受到民众越来越广泛的欢迎。精神产品同物质产品一样呈现出丰裕化特征，市场空间不断增大。人们的文化消费过程体现了个体自身情感、知识能力和理性认识等水平的提高。在物质消费市场相对发达的今天，文化消费品也在借助自身优势积极开拓新的市场价值点，成为经济发展体系中新的结构增长点。另外，物质消费与精神消费呈现出进一步融合的趋势，文化消费品常常与物质消费品相伴同行，进而提升了商品的综合价值。

受消费主义的影响，审美性等有益于精神发展的因素已经不再处于中国的精神消费品的中心地位。经济利益的片面性强调，抹杀了文化消费应有的功能与价值，狭隘地将文化消费行为与物质消费行为等同。这直接导致了文化消费的商业化特征。批量式、快餐式的物质产品生产方式在文化产品生产中得以运用。以商业为轴心的文化产品及其消费日益兴盛，逐渐占据文化消费市场的主流。品位低俗、迎合市场成为当今社会对文化产品的评价语。此类文化产品的消费给投资者带来巨大经济效益的同时却忽视了文化消费中应有的人文关怀和人性修整。错位于原本价值的文化产品对消费者精神文化素养的提高有害无益。比如，有的电影电视节目、娱乐活动等文化产品，为了提高收视率、关注度以及经济收益，不惜在其中刻意置入大量低俗的内容。

文化消费被商业化绑架，必将扰乱人们对文化价值的判断、对社会道德规范和中国社会精神文明建设产生严重危害。

## 2.3.2 作为意识形态的消费主义

消费主义借助意识形态的力量跨越了消费领域的壁垒，成为日常生活的构成。通过对人们的价值观念、社会心理等的驾驭，消费主义内化为个体的思想意志和世界观。消费主义的意识形态功能具有"隐蔽性、无意识性、普遍性"的特点[69]。作为意识形态的消费主义的表现，可归纳为如下三个方面。

### 2.3.2.1 大众传媒消费主义化

在消费主义的影响下，大众传媒服务大众的属性让位于小众的利益。利润获取成为媒体存活的前提，聚焦市场、迎合市场使大众传媒具有了显而易见的消费性导向特征。当今，大众传媒的消费主义化主要体现在以下几个方面。

首先，消费性报道正在成为大众传媒报道的偏重性内容。浏览大众媒介不难发现，涉及生活方式和消费方式的内容占据越来越多的版面和时间。媒体转化为大众了解他人怎样生活、怎样消费的渠道。也就是说，大众媒体向大众传递的讯息重点在于消费在当今社会中的表现与意义。第二，大众传媒在过去所具有的价值引导、宣传教育等功能逐渐让位于娱乐功能。"娱乐"成为大众传媒运作的宗旨，通过多元形态呈现于诸多节目、栏目之中。大众传媒应当承担的社会责任的弱化，与娱乐化、低俗化的强化并行，道德缺失倾向严重。"色情、凶杀、暴力、吸毒等新闻、畸形婚恋、低俗淫秽话题等'好卖'的东西越来越多地在媒体出现，网络社会新闻更是'星、腥、性'特征相当明显。……从场景到故事情节描绘都有把出格的感情故事甚至赤裸裸的欲望美化和浪漫化的倾向，道德评价和人伦是非都隐而不言。媒体这种对感官刺激的迎合和对欲望的渲染美化，正使它退变为感官快乐的生产者，离理性的社会思考越来越远。"[70] 第三，"消费领袖"的塑造和传播成为大众媒体的工作重心之一。消费与生产相比，跃居幕前。大量具有明显消费主义特征的人物身兼刺激大众消费的使命充斥在大众媒体中。这样的"消费领袖"为大众带来的不再是在价值观、人生态度、社会道德等方面的教育引导作用，而是变成消费主义利用大众传媒所塑造和传播的理想生活方式与消费方式的范本，根本目的在于将越来越多的普通大众塑造为消费主义的理想消费者群体。

## 2.3.2.2 精神文化消费主义化

随着国家与社会对文化的重视,文化日益成为经济发展的重要力量。文化与经济的关联度达到人类历史的峰值。在人们追求精神文化生活的同时,镶嵌其中的消费主义也随之渗透到人们的精神文化生活中。消费主义借助文化丰富的表现形式,运用资本的控制力将大量带有明显消费主义特征的文化体验以商品的形式在精神文化消费市场中进行投放和推广。娱乐化、流行化、批量化成为其特征的关键词。诚然,消费主义化的大众文化客观上是中国多元文化的组成部分。但是,其推动精神文化民主化的同时,因其强烈的商业利益导向性催生了社会中功利主义、享乐主义、拜金主义之风的悄然兴起。人们不再关注深刻、严肃的精神文化,而是陶醉在"娱乐至死"文化环境中舞蹈。短暂的情绪式快乐和感官上的刺激愉悦占据人们精神文化生活的主要地位。文化所创造的商业价值远远超越,或者说摒弃了其本该具有的精神审美追求。当前的精神文化处处显现出对消费主义生活方式和消费方式的默许和毕恭毕敬。

另外,文化发展也呈现出产业化至上的趋势。文化本身具教化劝导、认识、价值追求等多重功能。发展文化产业原本无可厚非。但是,片面地将一切文化作为盈利的手段将导致文化的没落。文化产业化如果不探索出合理的方式,将演变为胜于"文化革命"的文化灾难。当今大量优秀文化被强硬地以一种随意性演绎的方式迎合市场,商业利益在文化产品的生产阶段就掌握了绝对控制权。所谓的"文化的产业化"演变成"一切文化形式产业化",此举必将导致中国优质文化脉络的断裂。文化发展产业化以经济利益为导向,将文化不加引导和控制地投向市场。由此产生的直接恶果是文化的多元功能被挤压为单一的商业功能。当代中国精神文化正受消费主义的渗透而发生着质变，各种文化形式竭尽全力向消费性靠拢，诸多文化形态面临十分严峻的危险处境。

### 2.3.2.3 消费主义日常生活化

消费主义为了实现在中国的进一步扩张和渗透进而刺激人们产生更多的"虚假需求"，势必将自身与日常生活相融合，也就是说，势必实现消费主义的日常生活化。

消费主义日常生活化最为直接的表现就是商品的符号化。商品不再是一个实体，而是符号象征意义的集合体。当人们基本需求的满足变得轻而易举，商品必须调整引导方向。商品的符号化旨在引导人们的关注点脱离商品的使用价值和实用性，将购买动机集中于商品的品牌、文化、差别等象征价值。消费主义的这一策略源于商品的使用价值和实用性已经不再是构成利润的根本优势因素。符号化商品通过广告、营销等传播手段制造并引领时尚潮流，借助由设计所创造的品牌、包装等系统性方案将自身转变为意义的载体。消费者在符号所创造的幻觉空间中，将对一件商品的占有与一种人生价值和生活意义的获得等同看待。因商品符号意义的虚幻性和人们所处的被动地位，今天的必需品在明天新的潮流冲击下迅速转化为废弃物。这一现象随处可见。

分期付款、信用卡消费等超前消费形式客观上加速了消费主义日常生活化。愈发"人性化"的购物中心、日益便利性的网络购物使人们的购物变得享受而容易。琳琅满目的商品刺激着人们的感官，人们沉浸在所谓自由的快感中难以自拔。对这种快感的着迷甚至会让人们忽视甚至全然不顾自己实际的经济实力和消费能力，同时，信用卡、分期付款等灵活的支付方式造成人们对真实购买力的错觉。

媚俗审美是消费主义日常生活化的助推器。消费主义多途径引导、塑造消费者的审美观念进而控制消费者的消费行为。在这一方式的支配下，极具扩张力的媚俗审美诞生并迅速侵入日常生活的各个层面。"美日益失去深邃感人的内涵和力量，只好游走于'原生态'的展览抑或肤浅的'幻想'及其符号表演，崇高业已堕落为无内容的滑稽和好玩、好看。"[71] 极力模糊消费活动与艺术审美的界限是消费主义的惯用手段。在这一手段控制下的包装设计、广告设计、活动策划等都努力将每一处生活细节打造成所谓的"生活艺术"。然而，这种"生活艺术"将人们置入无限消费的窘境。日常生活艺术化与媚俗审美文化夹杂在一起，虽然让人们在节奏快、压力大的生活中暂时舒缓了情绪，可是一味地依赖感官刺激、视觉冲击却让诸多不良风气在社会中大行其道。地位、身份、审美、文化、个人气质、品味、个性、形象、价值观念降格为商品的物性揭示了不良风气对社会影响的广度和深度。平庸媚俗被奉为新潮，深刻崇高却被冷落，这既是消费主义日常生活化的表现，也是消费主义日常生活化的恶果。

## 2.4 消费主义对当代中国的危害

人类物质生活的进步通过人类的物质文明得以体现。物质生产方式和经济生活的进步是物质生活进步与发展的重要体现。人类在生产——消费——生产的循环中改造世界。人与人之间的生产关系在生产过程中得以体现。生产环节结束后，进入消费环节使社会的再生产具备了可能性。在消费和再生产过程中，人与人之间又结成了新的关系。这样生产——消费——生产的循环使人类得以不断丰富和提升自己。

消费主义在中国的兴起对促进国人生活水平提高的积极作用不可否认。消费主义崇尚"消费至上"，不断引诱人们进行非理性消费活动，倡导通过对物质的占有来不断满足个人欲望，以此获得所谓的"人生幸福"。消费主义通过符号体系操控和刺激人们的"虚假需求"进而引发非理性消费，客观而言，这种对"虚假需求"的不断满足在一定程度上优化了大众的消费结构、提高了大众的消费水平。

消费主义提高了我国的生产效率。消费主义激发人们的"虚假需求"，人们热衷于对物质的占有。持续的消费行为和消费活动成为社会再生产的强大动力。另外，在使用价值日渐趋同的情形下，企业要在激烈的市场竞争中得以生存和发展，必须立足于人们差异性、独特性需求满足的个性化产品的生产。生产技术和生产组织方式因消费内容、方式和目的的丰富而需不断创新。社会经济专业化、社会化趋势不断得到强化。公众在此过程中逐渐形成了分工协作的习惯，社会生产效率得以极大提高。

由此可见，消费主义从生产和消费两个方面推动了我国社会物质文明的建设。这是其积极的一面。从整体而言，其对当代中国的危害也是显而易见的。在消费主义的作用下，社会价值观被强力冲击、人的全面发展被极力限制、自然生态被竭力破坏。消费主义带来的恶果对我国社会文明的发展和进步具有不可忽视的影响和危害。

## 2.4.1 强力冲击社会价值观

### 2.4.1.1 大众传媒充斥消费文化

自消费主义诞生之时，大众传媒就如连体婴儿一般与其共生发展，二者相辅相成。一方面，消费主义在全球范围内的强势扩张无法脱离大众传媒的推波助澜而独立进行。另一方面，消费主义在全球范围内的渗透反过来促进大众传媒在经济、文化市场内的活力。

消费文化支配下的大众传媒正在进行一场史无前例的人类社会价值观念改造工程。如前所述，我国当前的大众媒介中充斥着消费文化，表现出大众媒介消费主义倾向。在消费主义的影响下，大众传媒不再单纯是信息化的传播媒介。大量商业资本的注入使其具有了明确的服务主体归属，以人们日常生活的真实需求和消费主义所创造的"虚假需求"为出发点，将获得商业利润作为根本目的和最终目标。大众媒介的广告属性日渐强化。电视、广播、报刊、网络以及不同种类的新型媒介极力地将预谋的生活方式和消费行为充斥于家庭、商场、广场、街道、电梯、学校、医院，甚至幼儿园，我们已经很难找到不受媒介与广告干扰的纯净空间。诚然，大众传媒的发展不能离开经济的支撑。然而消费主义在大众媒介中的泛滥则不利于全社会正确、合理舆论导向的树立和传播。消费主义倡导的"不消费就衰退""消费体现人生价值"等观念，借由大众媒介侵入受众的大脑，人发生异化，沦为完全被消费主义控制的消费机器。

从一定程度而言，这是一场声势浩大的消费文化洗脑运动。这一运动并非基于人与社会的和谐发展，而是将经济、物质、利润、金钱作为价值判断的尺度。此问题应当引起全社会的关注。

### 2.4.1.2 消费主义对中国传统价值观的颠覆

从根本上来说，消费主义是资本主义生产关系的形态。消费主义将对物欲的放纵追求和享受作为人生幸福的根本，把对"虚假需求"的盲目作为现实生活的唯一目标。消费主义借助大众传媒在中国进行强势扩张和渗透，以意识形态的形式冲击甚至颠覆中国传统价值观。接下来以几个人尽皆知的传统价值观为例做简述。

和谐、天人合一、以人为本和勤俭重义等精神和思想是中国传统价值观的精髓构成，而消费主义崇尚的价值观念和生活方式是与其背道而驰的。首先，在消费主义的冲击下，不断地消费成为日常生活的全部。在此过程中，必然产生大量资源浪费和环境污染，这与"天人合一"的思想是全然相反的；其次，受消费主义的影响，不断创造"虚假需求"刺激消费成为日常生活的主题，人的理性判断丧失，沦为消费的奴隶，沦为失去主体特征的消费主义玩偶。人们错误地将消费视为人生的全部，迷失在欲望之林中，这与"以人为本"南辕北辙；再次，消费主义制造的"虚假需求"让人们全然不顾实际需求和现实情况，痴迷于大量不必要的消费，人们在赚钱——消费的循环中与"勤俭"的传统美德渐行渐远。同时，部分生产者为了追求个人利益将他人利益、社会利益弃之不顾，"重义"在这个群体中被消费主义的价值观所吞噬。由此不难想象，和谐的价值观根本不在消费主义的观念体系之中。

## 2.4.2 极力限制人全面发展

### 2.4.2.1 消费主义"虚假需求"对人的诱骗

　　人类衣食住行等物质需求的满足保障人类基本的生存与健康发展；而人类对高尚价值观的追求等精神需求的满足则保障了人类文明的进步与发展。物质需求和精神需求的广泛性和无限性是人全面自由发展的内在动力。社会形态的存在和发展方式不能脱离人的基本需求的满足而独立进行。

　　就消费活动而言，消费是基于人的发展对消费主体需求的满足。然而，消费主义的强制性所制造的"虚假需求"诱骗人们进行无止境地消费，人作为消费主体所进行的消费行为已经背离了人的主体性。消费主义"虚假需求"对人的诱骗所带来的危害是双重的。一方面，人们作为消费主体对"虚假需求"的疯狂追求导致无节制的消费行为对自身健康带来的严重损害，如过度的娱乐消费对健康的危害、为消费而透支健康的赚钱行为等；另一方面，这种脱离实际的疯狂消费行为导致精神需求的物质化，人生观、价值观发生严重扭曲，为了满足无止境的"虚假需求"，很多人不惜走上犯罪道路，为消费"牺牲"生命。

　　沉浸于物质占有的人们沦为精神生活匮乏的躯壳。一方面，

"消费至上"让人陷入物质欲望的漩涡中，所消费物品的数量和价格成为人生价值和人生目标的尺度，丧失对真正人生理想的追求。个人应承担的社会责任和社会道德被无尽的物质欲望所淹没。正如布热津斯基所言：一个以自我满足为行事准则的社会，会成为一个不再有任何道德判断标准的社会，人人都认为有权得到他所需要的东西，不管他应该不应该得到，这样一来，道德的判断成了可有可无的了，因为没有必要区分什么是正确和什么是错误的，这样的社会是极其危险的。[72]

由此可见，消费主义对人的诱骗是物质层面和精神层面的全方位欺骗。令人不安的是，人们正在"享受"这种诱骗，乃至整个社会将其认定为合理的行为。

### 2.4.2.2 消费主义诱导人背离"真正的幸福与自由"

对幸福与自由的追求是人类永恒的主题，也是推动社会不断进步、人类文明不断发展的动力。个体社会成员高度的自由权是人类社会发展的终极目标。这种"真正的幸福和自由"来源于物质生活与精神生活、个人幸福与社会幸福的辩证统一，在"需求"和劳动、奉献之间取得平衡。

然而，被消费主义病毒侵害的消费主体，因精神追求和社会利益的忘却，其看似自由和幸福的获得，其实是"真正的自由和幸福"逐渐丧失的过程。消费主体沉浸其中而不自知。消费主义以物质满足作为衡量人生幸福与否的首要标准，甚至是唯一标准，这将引导个体陷入对物质生活的疯狂追求和对精神生活的极度贫乏的失衡状态。"真正幸福与自由"的衡量尺度的丢失，表征了人们已彻底沦为消费主义的牺牲品，沦为被物质欲望完全控制的"动物"。更有甚者,物质欲望击垮了个体应对道德规范和法律制度的尊重,放弃通过劳动追求个人幸福的途径,借助非道德的、非法的"捷径"去换取短暂的物质满足和愉悦。辛勤劳动被视为愚蠢,在追求所谓"个人幸福"的过程中,将个人利益凌驾于社会利益之上。殊不知,"真正的自由与幸福"并非与社会环境背道而驰,而是依赖于社会环境的整体和谐。中国社会主义核心价值观提倡以人为本,而消费主义对人们潜移默化的影响是对"以人为本"的背离与抛弃。人们感受到的却不愿承认的生活体验是:大量物质的占有不但没有让自己更自由、更幸福,反而被某种无形的力量所束缚和捆绑。

短期利益对可持续发展的破坏导致人类与"真正的自由与幸福"渐行渐远。消费主义通过大规模消费发展经济的方式从短期上来看具有增加国民生产总值、促进社会发展的效果。然而,致命问题是其属于自毁式发展。社会对短期经济效益歌功颂德,而对由此带来的人类长期生存环境、自然资源的超前消耗、自然生态的负荷能力等根本性问题,以及对目前的无限扩张带来的各种恶性后果却置若罔闻、漠不关心。消费主义严重破坏了可持续发展的原则。另外,这种以消费为中心的经济发展方式带来社会代内和代际间的不公平发展,贫富差距加大是最直接的证明。

可见,消费主义的发展并非基于人们"真正的自由与幸福"。换言之,消费主义宣扬的人类理想正在吞噬人类的真正理想。

### 2.4.2.3 消费主义危及人们的健康和生存安全

消费主义不仅限制人的发展,而且危及人的健康和生存安全。虽然没有准确的数据证明消费主义的扩散和渗透对人自身的安全和健康造成威胁的程度,但是危害却实实在在的存在。近年来,食品添加剂的违规使用、家庭装修中毒等问题频发;因产品和服务质量引发的各种疾病更加普遍;受雇于无良企业主的农民工长期工作于高污染环境中患上尘肺等疾病;各种"毒奶粉""地沟油"等事件屡禁不止;尤其是近几年来我国北方地区的雾霾严重威胁到人们日常的生活。这一切与消费主义的内在属性密切相关。消费主义鼓动大众疯狂追求物质和欲望的表象背后,隐藏着的是消费主义高生产、高消费模式对环境、资源肆意破坏和攫取的不争事实。消费主义正在以牺牲人们的健康、安全以及未来社会的存续为巨大代价换取眼前的利益。消费主义严重违背科学发展观。

诸多现象已经充分显示出当今消费主义盛行已让中国社会不堪重负。诞生于西方国家的消费主义在全球范围内进行疯狂扩张时,西方国家却已经开始反思消费主义泛滥所带来的危害并采取相应措施着力解决相关负面问题,而我们却仍在践行已被证明是错误的生活方式和发展模式。

### 2.4.3 竭力破坏自然生态

消费主义在中国的消极影响不仅体现在对人的控制和对整个社会价值观的冲击,而且对自然生态也造成了难以恢复的破坏。"大量生产、大量消费、大量废弃"与"快速生产、快速消费、快速废弃"的消费——生产逻辑与自然生态具有先天的对立性。人们固执地沾沾自喜于消费所带来的巨大满足,全然忽视了异化的消费观念和消费行为对赖以生存的自然环境、自然资源所带来的严重破坏。

### 2.4.3.1 消费主义加剧环境破坏

消费主义塑造的时尚和潮流俨然成为消费者生活的风向标，自我中心的消费行为凸显了自我物质欲望的满足建基于对自然环境的主动隔离。

消费主义主动激发的消费者的"虚假需求"促使再生产规模的急速增加和再生产周期的明显缩短。一方面，消费逻辑控制下的经济模式特点是大规模生产——大规模消费——大规模废弃，这一经济模式使得商品更新换代具有了主观性和随意性特征。大量仍具有使用价值的产品还未物尽其用就被淘汰，成为废弃物。另一方面，面对大量废弃物的增加，相应的废弃物处理能力和治理力度相对滞后。上述两点显示，废弃物产生的主动性和废弃物处理能力的被动性势必使自然环境成为废弃物的存储空间。

不幸的是，消费主义高估了自然环境的承载力，或者说，消费主义从来就没有考虑自然环境的承载力。以当前规模来看，消费逻辑主导的"虚假需求"远远超出了地球对废弃物的实际负荷能力。大量废弃物在污染环境的同时，加剧了生态恶化。由常识可知，生态系统的自我修复能力是有限度的，生态系统的平衡源于人类、其他物种、自然的和谐共处。然而，人们接受了"消费至上"的观念后，扩张成为生活内容的构成。在这个过程中，人们对其他物种的生存空间和生存资源进行侵占和攫取，造成许多物种数量的急剧减少甚至濒危灭绝。

表面来看，自然环境破坏的直接原因是工业化生产。究其深层原因，在于消费主义的内在逻辑及其背后资本的无限扩张。我国的自然环境的承载力和自然生态系统的自我修复力已难以应对消费主义高污染、高消耗、低效益生产方式的持续扩张。如果消费主义得不到合理调控，环境破坏的危机将进一步加剧，甚至出现生态主义者所言的"环境崩盘"。

#### 2.4.3.2　消费主义加剧资源消耗

当我们把中国在经济、文化等各个领域所取得的丰硕成果摆上桌面进行炫耀之时，我们必须有勇气直面在高速增长和发展背后隐藏着的对自然资源的肆意攫取和掠夺。诚然，我国幅员辽阔、地大物博、资源丰富。但是，这些得天独厚的自然资源优势面对我国人口的天文数字时，人均资源产生的是令人惊讶的"物多人薄"的资源劣势实情。庞大的人口数量基础与消费主义催生的日益增长的个体物质文化需求交叠，资源劣势更是触目惊心。可见，源于国情，消费主义在我国的强势渗透使原本就极其有限的自然资源承受空前的压力。

受消费主义的强势扩张和潜移默化的影响，不合理的消费行为和消费现象被当代中国社会所认可，甚至将其认定为助推社会发展的合理化方式。例如，面对过度超前消费、奢侈性消费、炫耀性消费、系列化消费等方式的危害，尤其是由此造成的自然资源的过度消耗和随意浪费，社会批判处于集体性失语状态。目前来看，"大量生产——大量消费——大量废弃"的消费主义经济发展方式属于资源高消耗、生产低效率的粗放型经济方式。这种经济发展方式建基于对自然资源的疯狂攫取和低效运用，是对后代资源的提前透支。牺牲代际性发展空间势必不利于社会和人长期的稳定和发展。以水资源为例，我国是一个水资源贫乏的国家，是世界上13个贫水国家之一。消费主义的盛行进一步加剧了我国水资源紧张的供需矛盾，一旦矛盾激化的临界点被打破，社会稳定将经受考验。

消费主义提倡以物质产品满足无休止的"虚假需求"，是对社会责任的亵渎。我国的国内资源难以支撑这样的持续消耗和浪费。

综上所述，消费主义发展无异于舍本逐末。然而，消费主义的确已经形成了对我国的全方位渗透，并且对处于特殊转型时期的中国产生了多重影响。面对这一实情，如何智慧、理性地趋利避害，遏制消费主义在中国的进一步危害，修复已有的伤害，已经成为亟待解决的社会难题。可以说，这是当代中国社会与资本的力量、生存家园的保护与无限的欲望、人的健康发展与消费逻辑之间的抗争。毫无疑问，设计是解决这一难题的最佳选择。

# 第 3 章　设计与设计生态

# 第3章　民任と信任主義

## 3.1 设计及现代设计的三次转变

### 3.1.1 设计的定义与特征

早在文字产生以前，人们就已经开始了设计活动实践。无论是远古社会人们通过石块之间的摩擦和撞击来打磨具有实用功能的工具，还是利用洞穴来躲避野兽和恶劣的天气，人们都在潜意识地、积极地进行创造，来改变自身的生存环境和生活方式。伴随着人类的进步和发展，设计对人类生活的影响日益显著。作为一种社会性实践活动，一切人类的社会性原创活动都可以折射着设计的影子。

提到设计，不同的人对其会有不同的理解和定义。设计概念本身具有丰富性和开放性特征。正如匈牙利艺术家拉兹洛·莫霍利－纳吉所言："设计并不是一种职业，而是一种态度。"[33]7 设计并非只是创造了真实可见的物品，作为思维方式的一种，设计在创造物品的同时也对人与其他存在物之间的社会关系进行创造和规划。秦始皇作为中国历史上的重要人物，在其功过的背后也隐藏着他对设计的掌控和巧妙运用。武器的形状、材料、尺寸是否恰当直接关系到秦军的战斗结果。在统一六国之前，秦始皇改进了武器的制作流程和外形。在这一过程中，秦始皇将士兵们使用的弓箭进行了统一。改良后的弓箭箭身长度一致，箭头呈精准一致的三棱锥状。"所有的组装部件都转变为模块化生产，对模块的规格均有严重的要求。"[33]8 戈也在秦始皇的领导下被重新设计过。刃部由过去的四孔变成六孔，大大提高了戈头在实战中的稳定性。在统一六国后，秦始皇进行了一系列设计实践活动，诸如统一货币、度量衡、文字和法律等来巩固集中政权，加强统治。这一系列设计实践的积极意义在于使过去战乱中百姓混乱不堪的生活变得井然有序，不同地区之间的贸易流通因此具备可能性，对经济发展具有积极推动作用。

为更好地统一六国，实现中央集权，秦始皇定都咸阳。这一举措带来了诸多涉及建筑的设计实践活动。兴建宫殿不但是其政治需要，同时也是彰显其丰功伟绩、震慑臣民的重要手段。秦始皇选址骊山开辟二十多平方公里的宽阔场地来修建陵墓。之前，秦始皇通过设计来实现统一、巩固统治、积累财富，之后，他依然用设计向世人彰显其君王的威严。成千上万的工匠在标准化的制作流程下根据真人复制大量铜人、陶人和木人。可以说，设计对于秦始皇个人和整个王朝都具有非常重要的作用。

基于文化生态学视野可知，设计的概念、内涵随着人类社会物质文明和精神文明的进步在不同的历史阶段均产生过翻天覆地的变化。在不同的时期，设计表象、设计内涵和设计目标都不尽相同。设计本身的文化特性促使其需要不断完善自我的定义。从"设计"一词最早出现在人们的视野中到现在人们已经意识到设计掌控着大众日常生活的各个方面，设计的内涵与外延得以不断丰富。《牛津英汉词典》中，设计最初以动词形式出现，意为"指出""制定"。之后，设计又被赋予名词词性，意为"目的、目标和意图"。在此之后，设计的名词意义得到了扩展，意为"做一件事之前的计划，行动之前的打算"。[33]13

设计概念的开放性使得设计成为极具活力的学科和社会实践活动。作为一种包罗万象的社会实践说动，可以说人类的任何非自然对象都是设计的对象和产物。格罗皮乌斯认为：设计这一字眼包括了我们周围所有物品，或者说，包容了人的双手创造出来的所有物品（从简单的日常用品到整个城市的全部设施）的整个轨迹。[33]13 在这个阶段，设计的概念侧重于设计所创造的物品。事实上，设计不但创造了物，更影响和改变了人与人、人与社会、人与自然之间的多重关系。设计创造的是具体的社会存在形式与状态，是人们的生活理念和生活方式。也可以说，设计从物质和精神两个层面创造着人。赫伯特·西蒙在1968年提到：任何对改进现有境况的活动进行规划的人都是在做设计。[73]拉兹洛·莫霍利-纳吉认为，设计是充溢在社会各个角落的媒介。"最终所有的设计问题都将汇聚为一个大问题：'为生活而设计'"、"在健全的社会中，'为生活而设计'的理念能够激励所有的专业、所有的职业去更好地扮演自己的角色。因为他们的工作是彼此相关的，正是这份相关性才向所有的文明证明了他们的价值。"[33]53 可见，设计的对象、设计的范围和设计的主体都得到了延伸和扩展。维克多·巴巴奈克在《为真实的世界设计》中对设计的概念和内涵同样进行了扩展和丰富。他认为：设计是基于有意义的秩序所做的有意识的以及直觉的努力。"人人都是设计师。每时每刻，我们所做的一切都是设计，设计对于整个人类群体来说，都是基本需要。任何一种朝着想要的、可以预见的目标而行动的计划和设想都组成设计的过程。任何一种想把设计孤立开来，把它当做一种自在之物的企图，都是与设计作为生命的潜在基质这一事实相违背的。设计是构思一首宏伟壮丽的诗篇，是装饰一面墙壁，是绘制一幅精美的图画，是谱写一支协奏曲。然而，让一个抽图变得整洁有序，拔掉一颗错杂的牙齿，烤一块苹果馅饼，为球赛选场地，教育一个孩子，这些也是设计。"[7]3

设计概念的丰富性与开放性，恰恰表征了设计与人类发展的基础性的相容和互为关系。

## 3.1.2 现代设计的三次转变

从设计的发展历程来看，设计行为本身源远流长。当人类将大自然中的一块石头作为保护自身的武器时，设计已经萌芽了。然而，直到工业革命时，设计才真正从传统手工业中分离出来，成为一个独立的行业进而受到人们的重视。设计历史的车轮驶至今日，其对社会、生活的全方位影响清晰可见。设计已经成为与人、社会、自然等关系密切的重要文化现象。通过对现代设计发展过程中三次转变的分析，可以看出，设计生态研究是设计发展的必然要求。

现代设计的三次转变与其所处的社会背景、相关艺术流派的影响和核心人物的重要作用密切相关。

### 3.1.2.1 以审美为核心

威廉·莫里斯是艺术与手工艺运动的核心人物，该运动在当时的社会背景下明显具有逆反时代潮流的特点。然而，工艺美术运动之所以能占据一席之地，与莫里斯的巨大影响和作用是分不开的。可以说，莫里斯的巨大核心作用也促成了现代设计发生第一次重大转变。

19～20世纪，工业革命如火如荼，英国工业及国民经济均达到历史最为鼎盛的阶段，远远领先其他国家。当大多数人都沉浸在因工业文明的渗透所带来的生活各个领域的巨大变化时，在艺术与手工艺运动中，威廉·莫里斯开创了设计史上设计师作为设计主体觉醒的先河。弗兰克·劳埃德·赖特[74]在《机器时代的艺术和工艺》中提到："尽管威廉·莫里斯深感以机器为特征和标志的变革力量，将艺术置于危险境地……但他总能迅速恢复信心。他清楚地预见到在一种不可抗拒的新力量面前所形成的大片美术空白，因而全身心地投入到填补这种空白的工作中，他再次将曾经的艺术之美带入我们的生活，从而使即将出现的新艺术不止过于粗制滥造。"[①] 在艺术与手工艺运动中，设计以强调手工艺、反对大规模机械化生产为主。在装饰上极力反对维多利亚风格和其他古典、传统的复兴风格。主张回归设计的真诚，反对哗众取宠、华而不实的风格。讲究简洁、朴实的风格和良好的功能，主张艺术与技术的统一。推崇自然主义、东方装饰和艺术的装饰特点。值得注意的是，在艺术与手工艺运动中，威廉·莫里斯进一步提出设计的民主思想，主张设计应该为大众服务。

在艺术与手工艺运动中，威廉·莫里斯"艺术为大众服务"的以人为本的设在艺术与手工艺运动中，威廉·莫里斯"艺术为大众服务"的以人为本的设计原则使其受到垂青。这种对人的高度关怀放置于当今中国消费主义语境中也显得尤为重要。其审美与功能、实用相统一的设计思想在当代社会依然具有重要的价值。满足人实际的需要永远是各类设计实践的前提，只有实用、经济和美观并重的设计实践才能获得更为长久的生存时间和更加广阔的生存空间。另外，威廉·莫里斯呼吁艺术与技术相结合。综合能力的设计师更适合社会需要。受他的影响，一些艺术家从原来的纯艺术创作转而进行日常物品的设计。包豪斯的创建使得这一理念得以有效转化。在威廉·莫里斯的一系列思想得以传播之后，人们更加清醒地认识到工业文明的消极影响并寻找弥补这种缺憾的有效手段。

然而，威廉·莫里斯的设计思想也具有一定的局限性。威

---

[①] 弗兰克·劳埃德·赖特于1901年在芝加哥艺术与手工艺协会的演讲"机器时代的艺术和工艺"，海军，译.设计真言：西方现代设计思想经典文选.南京：江苏美术出版社,2010:141.

廉·莫里斯对工业化的排斥从一定程度上来说是对工业革命机械生产客观积极价值的否定。这是与生产力和社会发展的客观要求和历史趋势背道而驰的。另外，威廉·莫里斯所倡导的纯粹手工艺产品在制作过程中产品成本大大增加，让普通阶层的消费者望而却步。这与其所提倡的"艺术服务于大众"的设计理念存在着内在的冲突和矛盾。

### 3.1.2.2 以技术与市场为核心

自 19 世纪末威廉·莫里斯抨击那些由工厂设计生产出来的商品"廉价而丑陋"后，设计在这场反工业主义并主张复兴工艺的设计启蒙运动中除了倡导设计以审美为核心，同时"设计师"这一职业也在该运动中逐步形成。伴随着工业革命所带来的科学技术的巨大进步和设计本身的发展，设计开始成为国家提升国际竞争力和促进经济发展的重要推动力。

理性化的批量制造和技术革新是现代设计得以发展的重要原因之一。随着工业革命所带来的生产方式和生活方式的革新，设计逐渐成为技术与文化的交接，这也使得艺术与手工艺运动时期所提倡的"艺术为大众服务"在实践层面真正具备了可行性。工业化是现代世界的关键特征之一。受工业化影响和推动，传统装饰艺术逐步被现代设计的理念和技术所取代。为顺应新的商品存在方式，设计逐渐开始横跨生产与消费两界，并与它们紧密结合在一起——既是批量生产的固有环节，同时其自身也成为传达社会文化价值的一种重要现象。在艺术与手工艺运动时期，现代技术与文化发生过对立冲突，在这场运动中，文化赢得了胜利。在此之后，设计成为实现二者和谐并存的决定性手段。威廉·莫里斯之后，大量的设计师和理论家投身到设计如何兼顾产品的使用价值和产品的美学意蕴的探索中。

20世纪初，由赫尔曼·穆特修斯组建的"德国产业联盟"成立。该产业联盟的目标是在各个行业内推广工业设计的思想来推动工业产品的优质化。与艺术与手工艺运动时期不同的是，产业联盟肯定机械生产，明确提出了功能主义的宗旨。他们肯定标准化的批量机器生产，并且认为机器生产并不是导致产品的外观和功能粗劣的原因，根本原因在于合理的工业设计的不足。德国产业联盟倡导工业设计在各领域内展开实践，以此创造出优秀的工业产品。与此同时，他们反对艺术家式的设计方式，强调设计必须遵循科技原理，不能违背自然规律，产品的功能是设计的基础，风格必须建立在功能的基础之上。至此，对设计与技术的理解上升到一个全新的层次，这也是对"艺术与手工艺运动"和"新艺术运动"设计观的发展。德国产业联盟对工业设计的基本理论进行了探索，也为后来的"包豪斯"的产生起到了一定的推动和促进作用。

1919年，"包豪斯"成立，它继承了罗斯金、莫里斯以及德国产业联盟以来的优秀设计思想，主张审美与实用、功能的统一[75]116。在实际教学中，包豪斯特别注重避免学生对艺术与技术的片面理解，培养学生具有技术与艺术双重能力。另外，包豪斯特别注重对新材料和新设计方法的选择和运用，追求"产品的功能价值及审美的结构和单纯明快的风格"。[75]116

包豪斯成功搭建了"艺术"与"设计"之间的桥梁，客观上促成了设计、艺术和技术的统一，打破了三者难以兼容的困境。其发展的现代设计风格也为现代设计指明了正确的方向。

### 3.1.2.3 以多元融合为特征

现代社会的急剧变化需要视觉和物质手段来表达人们的追求和身份认同，设计和设计师开始在社会生活中承担起区别于以往的角色。设计内在的跨学科特性使得设计的自我定义和自我实践范畴随着时代的变化而变化，其与人，与社会（经济、文化、道德、技术、艺术、政治），与自然等更为多元的因素发生密切的关联。

技术进步改变了设计行业对自我界定的方式，也为设计适应全球化模式提供了新的方向和可能性。同时，技术进步也带来了设计文化和社会文化的显著变化，这影响了全社会认知设计的方式。随着人类物质水平的快速发展，人类面临着越来越多的社会问题。资源浪费、快节奏生活令身心备受折磨、贫富差距在世界范围内都呈现出越来越大的趋势等。人们越来越关注人与人之间以及与其所处的自然、社会环境之间的关系。社会与时代的发展既为设计师提出了新的挑战，同时也为这个群体提供更多的角色定位和实践领域。"设计师可以致力于环境和人道主义，成为像纳撒尼尔·科勒姆一样的活动家和冒险家或者是希拉里·柯特姆那样的社会改革者。他们就可以像电影导演一样，把设计当成一种自我实现的方式，不追求实用性和商业目的，而仅仅作为一种概念、一种对知识的探求；设计师还可以加入设计批评家的发展队伍，成为像罗兰·巴特和让·鲍德里亚那样的人，对设计文化进行深入的分析和评论。他们也可以成为医学研究、超级计算、纳米技术等领域的专家，这些曾只对科学家开放的领域，现在对设计师而言，同样可以涉足。"[33]57 这一简短的描述表征了设计所具有的多元融合的特征和多元的价值。

当今社会，设计原本多元的价值简化为商业的重要手段。但是无论到何时，都不应该也不能无视设计这一事业的崇高性。设计的本质是让世界变得更加美好。设计不应只是局限在一个商品、一个包装、一个广告所带来的利润和市场影响，设计师们完全可以参与到一些更具有影响力、更为伟大的实践中。设计师可以去开发节能、高速的交通工具，也可以帮助贫困地区的居民充分利用当地资源发展经济，帮助他们增加收入，提高生活质量和生活水平。当前设计对经济、商业着墨过多导致的社会问题层出不穷。一辆汽车，如果人们只单纯地关注其性能，包括速度、安全性等，而忽视了其对外围的影响，当这类工程学问题成为关注的焦点时，无形中就忽视了设计其他方面的重要性，这种忽视多数时候是致命的。例如，一辆汽车在制造、运输的过程中是否能通过设计降低对资源的损耗；一辆汽车在行驶过程中对环境造成的污染究竟有多大，这一问题是否能通过设计解决；一辆价格高昂的汽车除了其卓越的性能以外，其背后的符号意义对于个人具有什么实际意义；一位在汽车设计领域具有杰出能力的设计师是否能通过自身的设计实践为残疾人制造一种操作简单、安全便捷的代步工具；能为健康的人持续升级汽车性能，能否为有特殊需求的残疾人设计出具有功能性的舒适假肢？

  这一系列问题的提出表面上是简单的设计问题，实际关乎着诸多社会问题。换言之，当今的设计问题是社会问题，当今的设计师更应像一个社会学家那样对待设计的多元融合性。人们在享受设计发展带来的便利时，每件产品从在工厂里生产到消费者废弃，每个环节与我们的生存环境产生着什么样的联系；当代人为了所谓更好的生活肆无忌惮地攫取有限的自然资源，未来的子孙后代可能在呱呱坠地时就被夺走了呼吸干净空气的权利，设计面对代际矛盾该如何采取行动；当富人群体通过购买奢侈产品来彰显自己的财富和社会地位时，设计能为连干净的饮用水都无法得到的极端贫困群体做什么；当生理健全的人面对琳琅满目的产品甚至因为相似产品太多而无法选择时，市场上却没有一件能满足残疾人最基本要求的舒适产品。可以说，设计与社会公平、资源分配、未来生活均有着不可割裂的联系。

当今，设计是多元价值的综合体。面对这一实情，我们对设计的认知和实践不能落伍。诚然，设计的好坏与设计团体的工作方式、组织效率、管理水平等外部因素息息相关，甚至一些不可抗拒因素也会影响到一个设计项目的实施，包括经济动荡、汇率变化、公司收购等。然而，基于服务"人类"而非特殊阶层的设计本质的缺失则是造成这些问题的根本原因。可喜的是，新一代的设计群体正在将目光投向各种类型的社会问题。2000年以后，西方越来越多的设计师投身到解决社会问题的实践中，甚至很多设计学校将社会设计、人道主义设计等纳入到学生的教学大纲中。诸多设计师在发达地区和发展中地区来回奔忙，希望通过自身的努力改善同胞的生活，甚至像纳撒尼尔·科勒姆这样的先锋将自己全部的时间都投入到这个工作中。新一代的设计群体用智慧和坚韧在发展中地区实施了大量设计项目。以起始于乌干达的非洲绿能公司为例，为了让乌干达贫困的乡村地区居民能够使用有机化肥和干净而又便宜的燃料，创始人桑格·摩西在以往创业经验的基础上创办了这个公司。与类似项目不同的是，在这个项目中，关键环节都由当地农民自己动手操作。农民先收集当地的农业废弃物，通过非洲绿能公司的设备将废弃物转化为有机能源和肥料。最终得到的有机碳可以作为当地人使用的肥料，当地人也可以将多余的有机碳卖给非洲绿能公司。之后，公司利用环保设备将有机碳转化成煤球。这个设计项目无疑对长期困扰撒哈拉以南非洲地区的能源问题提供了一个优秀的解决方案。一方面，当地农民的收入因此得到很大提高，有机碳也可以作为肥料提高农作物收成；另一方面，通过设备处理转化而成的新能源在安全性、环保性等方面均远远优于传统旧能源。通过这样一个设计项目，绿能公司也向当地农民提供了更多的工作机会以保障物流等工作环节的顺利进行，农民的生活水平和独立生存能力得到提高。值得注意的是，该项目通过让当地农民使用清洁能源，大大减少了他们对木材的需求量，当地的森林因此得到有效的保护。[①]显而易见，此类设计项目是运用设计将多元关联因素统筹管理，是对社会问题的关照，为我们树立了榜样。非洲绿能公司引导当地农民运用自给自足的方式解决了当地能源问题，保护了环境，这不但对当地人，对世界上别的地区的人来说都是一种鼓舞。非洲绿能公司克服种种困难最终向我们证明了设计的力量和设计的智慧可以解决的并非只是设计问题。更重要的是，那些不被主流设计所关注的弱势群体同样可以通过设计实现他们的愿望，改善他们的生活，享受设计所带来的便捷。

---

① 在《设计，为更好的世界》中，爱丽丝列举并分析了多个服务于不同国家弱势群体的经典设计案例，借以表达设计不应狭隘化于消费，而应为人类更美好的世界服务。详见爱丽丝·劳斯瑟恩.设计，为更好的世界[M]，龚元，译.桂林：广西师范大学出版社，2015.

## 3.2 设计生态

### 3.2.1 设计生态的概念与内涵

#### 3.2.1.1 概念

设计生态是指不同的设计之间，设计与人，设计与社会（经济、政治、意识形态等），设计与自然之间相互联系，相互作用，相互依存所形成的系统。人既是设计生态的创造主体，也是设计生态的服务主体。社会与自然是设计生态中的环境因素，即设计的环境。设计的社会环境，又称社会文化环境，结构中包含了政治、经济、文化、伦理、道德、技术等成分。概言之，设计生态是由设计、人、社会环境和自然环境所构成的生态系统。从设计生态的维度审视，设计并非是单个独立存在物，每一个设计都处于与其他设计、与人、与环境等共同构成的动态共生中。设计生态是一个整体性存在。

设计与其所处的环境共同构成了一个复杂的设计生态系统。传统的设计理论研究往往忽略了设计的生命性特质——作为生命体与环境互相作用——或者只关注设计与其他因素中某一因素之间单一的互动关系，如：专注于设计与单一的经济因素、设计与单一的利润因素或设计与单一的消费因素的二者关系处理。事实上，设计作为特殊的生命体无时无刻不在与其所处的环境发生着多重且复杂的互动关系。

检索文献可知，设计生态概念在设计学领域鲜有运用，关于设计生态的相关理论更是难以找到系统的论述。因此，本研究主要借助生态学、文化生态学、商业生态学等理论进行整理与变通。选取三者的理由为：一、生态学是各个领域生态学——

社会生态学、文化生态学、品牌生态学、商业生态学、舞蹈生态学、建筑生态学等的原初理论，同样属于设计生态研究的本源理论；二、文化生态学经过60多年的发展，理论已经相对成熟，并在多个学科领域得以运用。同时，设计生态隶属于文化生态。因此，文化生态学对设计生态研究具有重要的指导价值；三、当今设计与商业的关系异常紧密、无法分割，从市场意义而言，是孪生兄弟，商业生态学对当今商业、企业的研究与批判对设计生态研究具有直接的借鉴作用。

生态学认为：生态系统中，没有单个独立存在物，每一个生物都在与其他生物、与环境的其他因素相互联系和相互作用的共生、合作中存在，形成活的生命共同体。生态的系统是一个整体性存在。[76] 如同生物在一定区域中不能脱离其他生物、环境而单独生存，设计的发展也不能孤立于其周边其他存在物而独立进行。设计与其周边其他存在物通过直接或间接的关系相互依存而形成一个共同体。我们将这个设计与其所处的生态环境所形成的相互依赖、相互作用的系统定义为设计生态。

设计生态概念的提出，其一源于设计自身的发展促成了其丰富内涵、多元价值和广泛影响的形成，是设计发展的必然要求。设计生态的产生标志着设计由简单阶段发展到高级阶段；其二源于设计这一人类智慧的创造物，却给人类带来了诸多破坏甚至灾难，是修正设计问题和缺陷的需求；其三源于设计在社会中运行机制和角色的改变，设计研究应进行转向，是设计研究的当务之急。

设计生态由设计构成成分与非设计构成成分组成。设计构成成分包括设计师、设计物、设计行为、设计价值、设计目标等与设计实践活动直接相关的因素；而非设计构成成分则由人，社会环境（政治、经济、文化、伦理、道德等），自然环境等构成。在通常的设计实践活动中，设计成分会自然而然地得到关照，而非设计成分尤其是社会环境与自然环境则容易被轻视甚至完全忽略。从生态学角度而言，设计构成成分与非设计构成成分之间具有天然的联动关系，对于整个设计生态的生存与发展而言极为重要——不仅对设计本身产生深刻的影响，而且决定着非设计构成成分的和谐。总之，只有全面关照设计构成成分与非设计构成成分的相互作用以及二者对设计生态所具有的直接或间接的作用，才能实现整个设计生态的和谐与平衡的发展。由此可以得出如下结论：每个因素均对整个设计生态具有一定的作用，唯有找对平衡点，才能实现生态平衡。

#### 3.2.1.2 内涵

设计是文化的一个重要分支，对设计生态概念的注解可基于对文化生态相关内容的解析。

文化生态研究已经成为时代主题。关于文化生态的概念数目繁多，归纳国内的概念，可分为如下几类：文化生态是指由构成文化系统的内外诸要素及其相互作用所形成的生态关系；文化生态把动态的文化有机整体称为文化生态系统；文化生态是一定社会文化大系统内部各个具体文化样式之间相互影响、相互作用、相互制约的方式与状态；文化生态系统，是指影响文化产生、发展的自然环境、科学技术、生计体制、社会组织及价值观等变量构成的完整体系。[77]38 对上述概念进行解析可以得出：文化生态一是指文化之间的相互关系；二是强调文化是一个整体；三是指文化的存在方式与状态；四是指影响文的变量关系体系。简而言之，文化生态不是文化，而是文化的关系，是人与文化以及文化与文化之间相互的动态关系。借此，对设计生态内涵做如下注解：

设计生态不同于设计，是设计之间相互的动态关系，是设计在人类世界的存在方式与状态；设计生态是一个有机整体，即设计生态系统；设计生态系统是设计与影响其产生、发展的自然环境、社会环境等变量构成的关系体系。设计生态关注设计的关系性、整体性、体系性，是将设计置入一个更宏观的空间，用动态、发展的视角进行关照。借此避免对设计过于局部的认知，是对设计正确发展的引导。

设计是人作为"创造者"的创造，使其不可避免地含有"人类中心主义"的自然属性。这一点在当今中国消费主义语境下体现尤为明显——设计完全围绕"人"展开，而忽视了生态系统中的其他因子与复杂关系，其结果必然是既给人类带来福祉，同时给人类带来灾难。反思并转译卡西尔关于文化对人类的影响，对设计的消极作用可作如下表述：人们感受到，所谓设计，与其说能带来繁荣与繁衍，不如说其造成了人与人类存在的真正目的日益强化的疏离。人作为设计的"创造者"，必然成为中心，从这意义上，创造是对自己的创造。但在这个创造的过程中，人的"无机器官"——各种性质、样式的设计物——日益丰裕，并显示出令人惊讶、恐惧的强大力量——环境以及人自身似乎已经对"无机器官"难以承受。可以说，"无机器官"从服务的角色升级为人的控制者。"设计为人"还是"人为设计"成为一种混乱的共存。

我们必须反思人的存在与设计应该是什么关系？人在庞大的生命系统中需要怎样存在？人究竟为什么而存在？实质上，

人自己存在的诸多问题就是设计生态的问题。

正因为当今社会设计在创造、构建人们的生活方式上所发挥的巨大力量和作用，可以说设计生态成为人的生活方式的体现。人自身存在于设计生态中，设计则是人的存在状态，人无法离开设计生态而独立生存。因此，设计在人的存在和发展中本身成为一种环境系统。设计生态的主体与核心是人，可以说，设计生态是围绕人性的内容而构建的，是人的生存智慧。

"设计生态"关系到人"如何存在"。人是从社会文化的"母胎"中生存发育起来的。设计生态隶属于社会生态和文化生态，可以说设计生态是人存在的母体之一。走进当今设计与人的粘性关系，可以发现，设计生态已经成为人存在的"重要母体"。从这一意义而言，人是设计化的存在。相对于人的生理结构的生物性特征，设计便是人的有机的无机结构，是人的重要构成内容。卡西尔认为人最重要的特征既不是形而上学本性，也不是人的物理本性，而是劳作（work）。[77]39 设计属于人类劳作的范畴，因此，设计是人性——人之所以是人——的体现。设计生态是人类调控自身与所处的社会环境、自然环境的各个因素相互作用所形成的生存智慧。

人的发展是设计生态的发展，设计生态反过来影响人的发展。设计是人类适应世界的方式，设计为人类利用自然、服务人类提供了更多的可能。设计使人类适应世界的方式不断得到加强——利用、服务的方法和数量——所以设计之间、设计与外围之间的关系在逐步拓展。这便要求设计生态的出现。设计生态是设计与设计、设计与人、设计与环境之间的互动关系。人创造了设计，又生活在设计生态之中，二者构成无法割裂的关系，共生共存。因此，设计生态问题不是单纯的设计问题，而是人自身的存在与设计的关系问题。从本质而言,设计生态也是人与设计、人与社会、人与自然的动态相互关系。设计生态这个关乎人性的生存智慧则是力图将人不和谐的生存方式和状态转换为和谐。

### 3.2.2 设计生态的概念依据

任何"概念"都无法离开人而进行探讨。后现代主义哲学认为"概念"是"他人"的,即社会性的。既然是社会性的,那么概念的内涵在不同的时代、不同的环境中就会产生不同的规定。概念均是由人提出的,因此任何概念都与人有关。回顾人类历史,不难发现,有了人类就有了设计——工具、狩猎的方式均是最初的设计形式——人类与设计之间具有天然的高度差异又高度统一的关系,正是这种微妙关系造就了设计生态概念提出的深层原因。设计生态存在的逻辑是,人所生存的世界是设计化的世界,设计化则是人生存的智慧,智慧的融合便是设计生态。人类的设计既是设计,也是人的存在方式。这种存在不是客观的物体,而是一种动态关系。这个关系是人作为群体与设计的关系。设计在人的生存过程中成为一个动态的过程。这个动态过程为人的生存提供基础和保障。设计是人生存的载体,相对于人而言,可以说是一种生态系统。然而,设计生态并没有被并学界关注,设计生态是一个新的概念——文献中对此概念进行描述得极少——本文对此概念的界定主要源于"生态(学)""文化生态(学)"和"商业生态(学)"的概念。

### 3.2.2.1 生态（学）

德国科学家海克尔在 1866 年最早提出了"生态"这个概念，目的在于探讨生物为了生存而彼此间具有的互动关系。此外，也有学者认为，这个概念是 1935 年英国生物学家坦斯利最先提出来的。他认为，"生态"是生物群落和环境共同组成的自然群体。在本研究中，笔者参考黄正泉《文化生态学》中对"生态"概念的定义，将其阐述为生物为了生存发展必然彼此之间发生的互动关系。这意味着生态不仅仅是生命体与环境的简单关系，而是相互依存的共同体、整体化的系统和系统内各部分之间的密切关系。生态是一切事物形成、变化、发展、转换所呈现的状态。鲁枢元指出：生态学"不再仅仅是一门专业化的学问，它已经演化为一种观点，一种统摄了自然、社会、生命、环境、物质、文化的观点，一种崭新的、尚且有待进一步完善的世界观"[78]。

生态概念的提出源于生态问题的出现，而生态问题的出现归根结底是人对自然的干预。人的干预从人类诞生之日便已开始，为什么在近世出现了生态危机，提出了生态的概念呢？人对自然的干预，表征了人与自然关系的变化。在这一过程中，人类中心主义得以逐步确立，科学技术得到迅速提升，为生态问题的出现埋下了伏笔。

回顾人类发展的历史与轨迹，古希腊文明中已经开始关于人与自然关系的思考。例如，希腊历史学家希罗多德在作品中记录了人类给自然环境所带来的诸多异常变化，并对这些变化所带来的消极后果进行了描述。"当斯巴达的克列欧美涅斯放火焚烧一片圣林，烧死 5000 名阿尔格斯士兵的时候，希罗多德描述道，一些人认为他因想到神的惩罚而被逼疯了——因为毁坏了一片圣林，杀害了避难之地的人——继而把自己切成碎片。"[77]169 在这里，"圣林"被烧毁、"士兵"被杀害与神的惩罚，已经体现了关于人与自然关系问题的思考。

　　古希腊文明"认识你自己"使"以人为中心"的理念得以出现。在文艺复兴时期，人与自然的关系发生了深刻的变化。学界一直认为，文艺复兴时期的各类作品彰显着一种生命的力量和欲望。与此同时，人类的理性在这一时期得到了前所未有的升华，甚至逐渐取代了神性。托勒密的地球中心说将人纳入到自然中，而哥白尼则引导人从一个全新的角度，用一种崭新的眼光去认知世界。地球从宇宙的中心被拉到行星之一的地位，哥白尼在思想世界发起了一场革命，为人类更有把握地征服自然规划了一条前进之路，人类从无力征服自然、关注自然的奥妙迈向进军自然。征服自然既是生态智慧的前提，也为"生态"概念的提出做好了准备——没有征服就没有破坏，没有破坏就不会提出此概念。

　　人类从依赖自然到认识自然，继而构建自然，这使得人的心智得到了前所未有的发展。在这一时期，培根、哈维、开普勒、伽利略、笛卡尔、牛顿、斯宾罗莎等先驱为人类打开了自然之门，从而实现了自然成为人们"立法"的存在。黄正泉认为：人为自然立法是理性主义取代神性主义的标志。休谟和康德则是理性主义取代神性主义过程中两个里程碑式的人物。休谟在中世纪神性之灯逐渐暗淡的时代潮流中树立人性为第一原则，而康德则受休谟的启发和影响将人作为哲学的核心，继而否定了神性。一个能动的、创造者的人的精神是康德整个思想与哲学的主题，其终极意义在于使世界成为人的世界。因此也可以说，康德的哲学是人学。从人与自然关系的意义而言，康德将人送到了"生态"的边界。

以上革命既促进了近代科学的发展，也导致了人类中心主义的形成。没有人类中心主义就没有"生态"问题的出现，没有科学主义就没有生态批判。正是随着人类中心观念的建立和科学技术的发展，人类认识世界的能力越来越强，对自然破坏性的干预不断增加。正如黄正泉所言："最终当然是人的问题，是因为人性有破坏性的潜能并在近世得到了释放，是人使裂缝显露出来了。"[77]35 可见，生态问题并非生态自身造成，而是人的问题。

经过一百余年的发展，人们已经深深认识到"生态"之于人类的重要性。然而，人对自然的破坏并没有因生态思潮的呐喊而止步。近一百年来，人类欲望的激发与科学技术的发展使人对赖以生存的环境加以前所未有的破坏，而自然也在以自己的方式对人类进行还击。

### 3.2.2.2 文化生态（学）

文化生态的概念，可以从爱德华·泰勒于1871年给文化下的经典概念进行梳理，此概念广为流传。"文化，或文明，就其广泛的民族学意义来说，是包括全部的知识、信仰、艺术、道德、法律、风俗以及作为社会成员的人所掌握和接受的任何其他的才能和习惯的复合体。"[79] 虽然泰勒并没有提及文化生态的概念，但其对"复合体"的强调，隐含了文化生态的特点——人与文化关系的方式定义文化。

美国学者 J.H. 斯图尔德最早提出了文化生态学的概念，强调用整合的方式研究文化，即：从人类生存的整个自然环境和社会环境中的各种要素的相互作用研究文化的产生、发展、变异的规律。[80] 罗伯特·F.墨菲指出：文化生态理论的实质是指文化与环境——包括技术、资源和劳动——之间存在一种动态的富有创造力的关系。[81] 墨菲将文化生态学的方法认定为对社会进行剖析的谋略，对大量文化资料进行研究的方法。

所谓文化生态学是借用生态学研究人与文化及文化之间的互动关系，是人类所处的整个文化环境的各种因素交互作用所形成的生存智慧。文化生态作为一个概念由"文化""生态"两个词构成，但其内涵却超越了两者的相加，是利用文化学与生态学的原理分析人的生存状况、文化状况，其目的是解决各种文化之间以及文化与生态之间的关系，解决人的生存问题。

按照黄正泉在《文化生态学》中的论述，文化生态学的发展可分为三个阶段：一是文化生态概念的构建阶段，此阶段偏重的是生态而非文化，文化处于必要条件而非本质规定。文化生态学在这一阶段并没有解决文化生态的问题。第二阶段强调文化作为文化生态的核心，以解决生态危机问题。此阶段的出现是人们在寻找生态危机的原因时，发现危机的产生不是生态系统自身而是文化系统，即：生态危机实际上源于文化危机。第三阶段是文化生态的人性化阶段。文化生态问题不仅仅是文化的问题，因为文化是人的缔造，只强调文化是见物不见人。因此，文化生态问题不是文化问题而是人性问题。

### 3.2.2.3 商业生态（学）

商业生态学是关于商业与社会、自然关系以及可持续发展问题的反思与策略构建的理论体系。商业生态学虽然没有生态学、文化生态学发展的时间那么长、理论也没有那么完善，但其对现状的分析与批判更为深入、彻底。保罗·霍肯的商业生态学的理论观点对设计生态研究尤其具有启发意义。

"企业正在摧毁这个世界，这一点无人能比"。保罗·霍肯指出，商业生态学正是针对此问题的解决。传统商业模式对地球资源的吞噬、生态环境的破坏以及社会的不良影响负有不可推卸的责任。解决环境问题应该诉诸于设计。商业模式同样需要以可持续发展为方向。保罗·霍肯的商业生态学强调：目前企业行为中所采取的一些"绿色"的方式与策略——开发环保材料的产品、对排污的限制、环保观念的宣传等——相对于可持续发展而言，都是微乎其微的改变，无法从根本上解决问题。为创造一个持久的社会，需要建立一个全新的商业和生产体系——在该体系中，每一环节都具有内在的可持续性和可恢复性。企业需要将经济、生物和人类的各个系统统一为一个整体，从而开辟出一条商业可持续发展的道路。[82]

商业生态学对环境的问题上升到人类文明的高度。"对环境的关注和强调不再仅仅是一个社会的、企业的、伦理的问题。这是一个事关文明的问题。"认为社会公平问题、儿童教育问题、社会道德问题均与环境有关。根据支配自然界的基本原则确立商业生态的三项原则：第一是废弃物等同于食物——任何的工业生产的废弃物对于其他的生产方式都存在价值，即：废弃物等于新的生产资料。此原则对应着自然界中，沉渣残屑不断地以最小的能耗和投入被回收再生成为其他系统的食物。第二是生态经济的构建——从碳经济策略转变为阳光经济策略的，此原则与"自然界唯一的输入来源就是太阳"相对应；第三是高度多样性的、因时因地而异的商业发展策略。自然界存在于多样性，发展于差异性，灭亡于因整齐划一而导致的不平衡——

自然不是批量生产出来的。

概言之，商业生态学力图构建恢复型经济——"一种设计与构造明智合理，处处模仿自然，能够实现企业、消费者和生态环境的共生共栖的繁荣的商业文化。"[82]13

### 3.2.3 设计生态的中国现实依据

设计的诞生与发展建立在两个条件之上："一是人类出现了利用双手和工具来改善或改造自身生存环境的意识；二是拥有奠定此意识产生的物质基础和建立在此意识之上的技术条件，即生产力和技术达到一定水平。"[83]

石器时代，从石块到生活和生产工具的转化，表征了最初的设计实践。中国历史上备受瞩目的陶器、青铜器和瓷器等人类智慧的结晶，也是一种设计创造活动。19世纪末20世纪初，中国的艺术设计进入新的发展时期。

现代设计的发展历史仅仅百余年。作为一个独立学科，中国现代设计出现的时间则更短。30多年前的改革开放扫清了设计加速发展的障碍，这一时期是中国现代设计发展的黄金期。20世纪90年代以来，技术与产业的双重发展更是将中国推向一个全新而又更加复杂的设计时代。设计所涉及的范围更加广阔，设计在日常生活的方方面面可谓无处不在。正如学界专家的一致观点：设计创造并构成了人们的生活方式。今时今日，无人否认设计已成为国人生存与发展的必要条件。无论从普及性还是深入性，设计对人们生活的干预式惠泽超越了以往任何时代，甚至在两代人之前还是不可想象的。设计正在改变并创造着我们的生存方式和生存状态，这样的观点并不为过。可以说，我们的生活被安排在一个设计的拼图中。而经由设计创造和构成的生活方式是否合理、其自身存在的利与弊，直接关系到人、社会、自然的和谐、持续发展。

　　设计的样态非常复杂且易变。回望设计诞生以来的历程，设计的面貌发生了翻天覆地的变化。因其语境的不同，设计的样式、内涵与目标存在巨大差异性。正因如此，设计始终是人类生活、社会文化的风向标。我们以设计为触角感知、认知周围的一切变化，并将其转化为我们的优势。

　　经济的迅速发展、行业竞争的加剧及国家政策的指引，促使各行各业对设计商业价值的重视程度不断攀升——设计成为企业发展的精良武器装备。中国设计在适宜其成长的时代土壤中展现出勃勃生机，引来众人对设计成功的欢呼。不可否认，设计按照商业逻辑的界定标准来看，运作得非常成功，但是它违背了更为深刻、更为强大的生态伦理。中国三十年设计的发展似乎赢得了一场战争，沉静下来却发现这场战争存在着非正义的成分。诚然，庆祝胜利之时，抛出设计的背叛性，令人难以接受，但客观的事实无法否认——设计领域对西方设计思想和理念的盲目崇拜和直接拿来，一味的洋化造成传统优秀文化的萎缩；对商业利润和经济发展的片面强调和一再追求，一味地迎合上层消费者的需求，导致设计公平的丧失；对过度设计和奢华设计的狭隘认知和再三宽容，招致设计伦理的丢失。我们正在被厚厚雾霾笼罩的城市兴奋地讨论着设计带来的生活改善，而堆积如山的设计废弃物造成的环境恶化、健康危机、心理损伤似乎与我们无关。消费主义携带的病菌正在通过设计传染给中国社会。

　　具体来说，中国设计在消费主义大行其道的环境中，被视为一种经营资源，其目的和动机因聚焦于商业利润而变得简单、粗暴而直接。时代语境下，设计在生态系统的多元互动关系并未促成设计的角色转化，对设计商业职责——资本增殖——的忠诚，导致"设计生态"失衡，设计动机与设计后果严重错位。

设计师以商业设计为生，所以很自然地把自己的利益与企业的壮大绑缚在一起，激发并满足消费欲望即是全部。在消费主义思潮的强势渗透下，设计师成为整体商业计划中的一个具体执行者，只需要考虑如何借助设计成功、顺利地帮助企业攫取利益。诚然，设计与经济关系密切，作为市场经济的一部分，设计应该为经济服务。然而，将热情与精力全部放在如何摸准市场和消费者的需求之上，跟随企业的利益运作策略而行，便会导致设计评价标准的模糊化。对当前设计逻辑的忠诚阻碍了设计师对设计后果的全面关照——消费主义是如何反过来损害满腔热血为之掏钱的消费者的。

设计作为一种文化现象，是对设计师个体行为、设计物的实用性和美观性范畴的超越。作为一种复杂的文化现象，它还包括政治、经济、环境、伦理等诸多因素，不应割裂设计活动与各因素的关联。"设计的主体是人，设计最终的价值尺度也是人，它应立足于人类共同的、根本的、整体的需要和利益之中，是把人类和社会的可持续发展作为根本出发点和根本价值前提的。"[84] 设计除了承载着物质功能以外，更承载着文化功能。我们可以透过设计之镜看到一个区域物质文明和精神文明的发展状态。对设计的思考停留在产品本身、市场需求是远远不够的。我们有必要将其视为一个动态、有机的整体，应该估计到其与人、与社会发展和文明进步的关系。

设计是物质文明和精神文明的创造者，对社会的发展和进步发挥着巨大的推动作用。无论是社会大众还是个人生活、现在还是未来，无时无刻不在受到设计的影响而产生微妙的变化。当这种变化积累到一定程度时，必将产生深刻的变革。设计的实质在于为人类创造和构建更合理的生存方式和更美好的生活图景。设计为人民服务是设计的最终目的——既要满足人的物质需求，更要满足人的精神需求；既要满足人的生理需求，更要满足人的心理需求。设计一方面构建人的生活方式，另一方面承担着延续文明、创造文明的历史责任。在这一意义上，设计不能简单地被视为生活之物和艺术之物，应该重视其所承载的文化功能，认识到设计是文明之物，是人类智慧和人文精神的产物。基于此，应主动促成设计以一种积极的推进方式取代负面的形式和影响，来取得包括人、社会、自然以及行为范畴内的各种形式的变革。

　　设计的展开应尊重伦理动态发展的责任。传统伦理学认为，人类关于道德的良知通常被设定为先验性的、永恒的。[85] 在约定俗成的道德标准指导下进行实践，一般会产生正确的结果。然而，这种理想化的理论在现当代社会受到了来自不同层面的严峻挑战。20 世纪以来，借助科学技术的飞速发展，人的行为能力与行为范围得到极大的提升与扩展，远远超过了以往历史所能想象的程度。这种巨大的行为能力和行为范围不仅能直接改变人类现处的生活真实，还能对未来的生活产生不可估量的影响。当前人类身处的时代与过去相比，有着更为复杂而特殊的矛盾与危机。约纳斯在"责任伦理学"将传统所关注的现实的、暂时的行为因果关系指向了未来，即行为对后果产生影响；行为受行为者的控制；行为者能在某种程度上预见到行为的后果。[86] 他强调了现在人类的责任形式，要求人类不仅对自己负责，对周围的人负责，还要对子孙万代负责；不但要对人负责，还要对自然界负责，对其他生物负责，对地球负责。[87] 这种责任形式体现了对人类种属生命的未来自觉负责的进步的责任意识，也明确地提出了当代人类行为的根本转折。人类伦理价值观的伦理准则向未来型价值观进行转变。

当下，设计的目标和价值是否合理，必须不再依据原有的设计的定义及其评价体系，而必须根据超越其自身限制的人、社会、自然的视角做出综合判断。人们对设计的功能性寄予厚望，也对其文化性保有期待，同时对伦理价值暗含殷切期望。结合目前以"可持续发展"为核心的现代设计新文化的发展趋势和中国"和谐社会"建设的时代要求，设计需要在更广阔的空间中进行正确的自我定位。

设计生态概念是现实的需要。为应对消费逻辑催生的设计的多样危机，重新构建设计清晰的思路和理论，"设计生态"的研究就极为迫切和必要。

## 3.2.4 设计生态的政治依据

之所以将政治作为依据单独来谈，其一源于政治与设计的关系异常紧密，是设计生态中设计与社会关系的重要体现；其二源于人们对这一关系的忽视，这对设计生态的认知以及平衡的设计生态的构建极为不利。甚至可以说，脱离政治，设计生态将无法运转，平衡的设计生态构建也将无从谈起。

亚里士多德认为，人天生是政治动物。关于设计与政治的互动关系，威廉·莫里斯认为，设计艺术是不可能从政治、道德和宗教中分离出来的。综观设计发展史,设计运动与社会实践、演进关系密不可分。可以说,现代设计与政治之间存在着密切的互动关系。工业化生产打破了过去设计的阶级限制。设计不再专属于社会中的某些阶层,而是转变为社会各个阶层所共有的成果。现代设计的形成条件可以大致归纳为以下几点:社会生活日益丰富、科学技术飞速发展、大众媒体的话语权、冷战后的新格局等。作为一门交叉性学科,要求我们对设计的探索和研究不能脱离其所处的时代和社会背景而孤立进行。政治作为社会背景的重要组成部分之一,审视其与设计之间的互动关系就显示出必要性和迫切性。

回顾设计发展史不难发现,设计与社会上层建筑相通。设计一向置身于政治社会中。它在政治社会中被创造、又向大众传播使其被大众所接受。从一定程度上来说,设计中渗透着上层建筑,是政治权力与意识形态的物化。我们可以从设计中找到社会政治生活发展的轨迹。在一定程度上,设计参与了政治制度的构成。

毛泽东曾指出:"一定的文化是一定的社会政治和经济的反应,又给予伟大影响和作用于一定社会的政治和经济,而经济是基础,政治则是经济的集中表现。"[88]将设计发展史与社会发展史相对照,不难看出,在社会的发展期中,设计也得到不同程度的繁荣发展。政治因素在这一系列相关的发展过程中扮演了重要的角色。政治的推动为设计的繁荣发展提供了保障和条件,与此同时,设计反作用于政治战略实施的成就也有目共睹。二者内在融通的关系在多个国家均有所体现。设计作为关键性战略在美国的"马歇尔计划"中扮演了重要角色。美国政府倡导设计,用以促进贸易、增加生产和出口,借此一方面向欧洲提供援助，帮助战后的欧洲实现复兴；另一方面高效地实现了自我的政治战略。英国政府官方资助成立英国工业设计协会官方机构，赋予设计重要的振兴经济的重要战略性意义，这一举措所取得的成就有力地诠释了政治与设计的内在关系。设计在日本和韩国的工业发展中所发挥的巨大作用，是政治与设计互相推进的证明。以上均是由政府以政治推动设计进步，进而促进社会发展的实例。设计作为国家综合实力的重要组成部分，其政治战略性地位逐渐受到各国政府的重视。

### 3.2.4.1 设计作为提升国际影响力的国家发展战略

20世纪初，赫尔曼·穆特修组建"德国产业联盟"。"德国产业联盟"也成为第一个官办的设计中心，奠定了德国工业设计的地位。赫尔曼·穆特修认为，设计兼具艺术价值和文化、经济价值。作为一个由工业家、建筑师和工艺家联合而成的团体，该联盟力图在各行各业推广工业设计思想，并建立起一种国家、民族层面的美学形式。在美国历史上，总统华盛顿"创造国家的品格"之观点，明确了设计与国家形象的关系。第二次世界大战以后，西班牙政府提出以艺术作为打造并提升西班牙国家形象的策略，以多种方式鼓励设计生产。瑞士政府设立"国家形象委员会"，协调瑞士经济、政治、文化、旅游等各个领域的关系，通过设计多样的国际活动，树立瑞士的国家形象，从而实现拉动经济的目的。英国、德国、荷兰、意大利等西方国家，纷纷通过国家立法机构，把设计提升到国家战略发展地位，不同程度促进了本国经济的振兴和发展。英国作为设计艺术历史悠久老牌工业国家，扶持设计产业发展已然成为国家传统。

由国家资助成立的皇家艺术学院，不断对英国设计标准进行调整和修改，培养了大量设计人才。英国工业设计协会的宗旨是完善设计与艺术的实施标准，并与政府进行合作或向政府提出建议。该协会充分运用多种媒介向公众普及设计，提升公众艺术品位，把国家的经济发展与本国工艺美术传统结合起来。撒切尔夫人也非常重视英国设计的发展。布莱尔政府更是向本国企业提出明确的设计要求。英国各届政府均站在政治的高度为英国设计的发展提供了强有力的政策支持和保障。设计是芬兰国家发展战略的重要构成，其设计发展的辉煌成就以及由此带来的巨大国际影响力是国家发展战略的体现。①

对美国而言，设计是美国生活中不可缺少的重要组成部分。在美国经济大萧条的背景下，作为罗斯福新政的重要组成部分，政府依然斥资扶持艺术与设计的发展。在政府扶持艺术与设计机制的推动下，有超过一万五千件视觉文化作品在这一阶段得以面世。这一举措使得相对别的西方国家设计发展历史短和文化积淀缺少的美国在短时间内实现了设计领域的飞速发展。值得一提的是，美国通过知识产权保护和市场机制等策略和手段为美国设计的发展提供了优越的环境和市场。

在亚洲的日本和韩国，设计也作为推动工业发展的助力而被纳入政府的政治决策中。以日本为例，第二次世界大战前日本就将德国包豪斯体系在国内进行推广和普及。第二次世界大战后，日本学习美国设计的先进经验，政府制定了一系列通过设计推进

---

① 拜卡·高勒文玛在总结芬兰设计的历史时谈到：20世纪，芬兰整个国家宏大的发展主题是文化艺术各个领域都在构建芬兰独特的风格特征，而设计在其中占据着举足轻重的地位。详见拜卡·高勒文玛．荷兰设计——部简明的历史[M]．张帆，译．北京：中国建筑工业出版社，2012:vi-viii.

经济发展的政策法规。"设计立国"成为基本国策，大大促进了日本工业和经济的快速发展。设计中，民族文化的时代性融入更是实现了日本本源文化传承与创化的巨大成功，借此带来的国际影响力成为世界学习的典范。相较于其他设计发达国家，韩国工业设计起步较晚。但政府从国家法案层面扶持、鼓励本国设计发展，如成立国家级设计研究中心。正是得益于政府的高度重视，韩国设计对提升该国的国际影响力功不可没。

除此之外，社会政治文化氛围激发了理论界对设计与政治关系关注度的提升。20世纪70年代以来，设计与政治的关系更是设计研究领域的重要话题。沃尔夫冈·弗里兹·豪格在《商品美学批判：关注高科技资本主义社会的商品美学》对"垄断者"和消费社会提出了批判；[1] 维克多·巴巴奈克在《第三世界设计体系》中提出设计对社会边缘群体具有重要的责任；巴仲·布洛克在《社会设计理论》中从群体社会行为入手进行设计理论的研究。[91]200 这些设计研究虽视角不同，但都渗透着对设计与政治关系的独到见解。

不难看出，目前国际上设计水平发达的国家，均受益于国家政治层面的鼎力支持。在政治力量的助推下，已形成国家主导、结合市场的成熟发展模式。设计成为国家政治、经济、文化发展战略的重要组成部分，对本国国际影响力提升具有巨大贡献。

与上述国家相比，近代中国的设计与政治的关系具有自身的特点。"经世致用"的政治主张提倡将艺术作为改造民生和

---

[1] 沃尔夫冈在该书中既论及了设计与政治竞争，也谈及了无阶级社会中设计与剥削的问题，认为商品美学表现为对商品的非政治宣传，在流通领域却显示了其二次剥削性。详见沃尔夫冈·弗里茨·蒙格. 商品美学批判：关注高科技资本主义社会的商品美学 [M]. 董璐，译. 北京：北京大学出版社，2013.

社会的工具；洋务运动中，"师夷长技以制夷"将向西方寻求先进设计作为拯救中国的政治策略，设计成为关系到一国生死的全新出路；蔡元培"美育救国"的思想将"美育"作为关乎民生的问题；傅抱石则强调产业工艺的重要性，认为产业工艺是国家产业的重大要素。进入20世纪下半叶，新中国的设计是无产阶级政权与革命国家政治理念的折射。在特殊的时代背景下，设计一度沦为战争和阶级斗争的工具，而丧失了满足人民生活需要的功能性和实用性。

中国的设计发展与中国社会变革同步。设计由早期的"工艺美术"逐步演变为"艺术设计"。"从轻工业部到中国轻工总工会，再成为中国轻工行业协会，工艺美术从20世纪50年代以前的个体作坊，到手工业合作社，再到国家行政管理范畴的集体企业，最后在机构改革的背景下又回到个体，中国现在工艺美术的遭遇，折射了现在中国产业结构调整和意识形态纠缠不清的历史。"（从工艺美术到艺术设计）[89]在中国推进手工业合作社的进程中，政府引导完成了手工业设计向机械化设计的根本转向。这一举措确立了设计在国家政治战略中的重要地位。

21世纪后，文化成为衡量国家综合实力的重要尺度。设计的社会角色发生了结构性改变。中共中央十六届五中全会上，"自主创新"被提升到中国战略发展的新高度。随着《关于促进工业设计发展的若干指导意见》的正式公布，标志着以政府出台、颁布设计政策的全新开始。这不仅是设计的社会地位的明确，更是设计的国家责任的承担。设计将对国家产业结构调整、国家综合国力的提升带来巨大的推动作用。设计产业的蓬勃发展将为打造中国国际形象添砖加瓦，帮助提升中国在国际市场中的创新能力和竞争能力。

不可否认，中国设计发展的成绩与设计相关的问题并存。这些问题主要是，设计服务于人的发展和社会和谐的价值偏离、设计与自然生态环境冲突加剧、设计产业化程度不够，设计体系搭建不够完善。例如，人性化设计的创新、人道主义设计的倡导、设计产权的保护、国家形象的提升、民族文化的创化等诸多方面都存在严重不足，没能形成具有国际影响力的设计认可，这是设计发展急需解决的问题。

历史证明，设计得以快速发展无法脱离国家战略引导和政策扶持而孤立进行，同时，国家的设计繁荣发展的时期与国际影响力强大的时期相契合。这是设计与政治二者之间内在关系的体现。

### 3.2.4.2 设计与政治文化导向

作为对政治行为影响最为广泛的政治文化要素，意识形态在人们的日常生活中具有直接的指导意义。先进的政治文化对社会发展产生积极的引导和促进作用。落后的政治文化则会对社会产生消极的阻碍作用。

马克思主义作为发展成熟并有着强大生命力的理论体系，有着巨大的影响力，任何学科的研究都不能忽视其理论和现实运动。马克思主义美学、艺术论的一贯思想就是以设计艺术的社会效应作为核心和主题，无论是从无产阶级革命事业角度，还是站在人类整体物质文明与精神文明成长的角度，艺术的社会价值的体现是马克思主义强调的重点。包豪斯的设计理念和设计理想，与马克思主义观念步调一致，奠定了西方现代设计的根基，成为人类在理论与实践两个方面探索设计的里程碑。20世纪60年代西方社会发生了重大转折，消费主义掌握了生产世界和消费世界的绝对控制权。后现代主义向现代主义发出挑战，并将"消费社会""后工业社会"等词汇用以反驳马克思主义经典预言。"两大阶级的界限，逐渐被中间阶层（白领）模糊；群众的革命斗志，日益被大众文化消弭；一个吃穿不愁的丰裕社会，在资本主义的框架内'实现'了（至少在西方发达国家和一些国际化大都市），在这里，取代共产主义'按需分配'的是晚期资本主义的消费主义，即'用后即弃'和追新求异。这种新的情况，不仅超出了经典马克思主义者的想象，连生活在'丰裕社会'中的新马克思主义者也一时难以接受"。[90]

马克思主义思想体系对设计与文化的发展具有十分积极的意义。设计发展应强化马列主义、毛泽东思想和邓小平理论的指导，遵循社会客观的发展规律，进而揭示设计艺术发生、发展和演变的客观性，评价其在不同政治环境下的性质、地位和价值，更好地发挥设计的能动作用，为社会实践提供借鉴。

综观近现代设计史，设计艺术作为意识形态的反映，并不是消极被动的。相反，设计艺术的政治性，对社会政治实践发挥着积极的能动作用，在政治革命和社会运动方面呈现了极高的主观能动的价值。共产主义设计艺术更是体现了两大阵营的斗争性，具有潜在的真理性，并在历史的发展中等待革命的不断实践与考验。历史性审视设计艺术的发展，设计在社会主义政治文化发展中的历史作用清晰可见。列宁对艺术创作的基本立场是能够在混乱之中形成新的、为无产阶级政权服务的艺术形式。[92] 前苏联曾创建了以国家管理设计艺术市场的文化政策，设计艺术家从政府领取薪水，他们的设计不必迎合市场和传统贵族，而是作为国家社会成员，进行设计艺术创造。这种文化政策不但帮助前苏联从意识形态的角度创造了举世瞩目的与政治相结合的艺术风格——构成主义，而且设计艺术家以革命和斗争的精神，领导人民取得社会主义国家在第二次世界大战中的伟大胜利和在建设初期的巨大成就。

社会主义是高度的物质文明和高度的精神文明的共生、融合，其优越性就在于两种文明的建设是以"人民"为核心与尺度。无产阶级的政治文化有着明确的政治理想，即实现共产主义，实现全人类的彻底解放。中国设计应发挥与此相应的政治文化导向功能，始终关照设计与广大劳动人民、设计与社会的紧密关联。传统的中国社会秩序都整合于政治秩序，而文化道德秩序也整合于政治秩序。改革开放以来，中国走向了新型的政治体制，设计应紧紧抓住新时期带来的诸多历史机遇，合理、积极地参与到经济、文化、政治等领域的各项事业中，在各个领域内努力助推一个发展中大国姿态的呈现。

由以上分析可知，基于设计与政治的关系而言，政治决定了设计的发展方向和设计价值的侧重。相应的，设计是政治的全方位体现。从这一意义而言，设计问题是政治问题。可以说，设计既是社会经济发展的重要力量，也是政治社会化的重要保障。设计发展应包含更好地服务于我国政治理想的目标。设计生态的研究将促进设计更优地服务于我国的政治理想。

## 3.3 设计生态与生态设计

设计生态与生态设计是既有区别性又有联系性的两个概念。虽然两者均由"设计"和"生态"两个词构成，但在概念、内涵上超越了简单相加之和。设计生态隶属于文化生态、社会生态，是运用生态学、文化生态学、商业生态学等思想和方法对设计与设计、设计与人、设计与社会、设计与自然等多元互动关系进行整体研究，即：将设计作为一个生态系统进行综合研究。而生态设计隶属于设计生态，是绿色设计、环保设计、低碳设计，强调设计与自然环境关系的探索。设计生态包含生态设计，生态设计是设计生态的分支之一。

### 3.3.1 区别

20世纪50~60年代，生态设计萌芽并得到进一步发展。维克多·巴巴奈克在《为真实世界而设计》中就提出设计对保护地球环境具有重要的责任，设计应该谨慎使用有限的自然资源。他认为，以往诸多设计者将注意力集中在美观和形式方面，但是对功能以及其所产生的对环境和社会的双重影响却全然忽视。[7]在其另一部著作《绿色诫命：设计和建筑中的生态学和道德规范》中，维克多·巴巴奈克再一次强调了生态因素在设计中的重要地位。[93]

国内外关于生态设计概念的相关描述有多种，列举如下：

联合国环境署将生态设计描述为"综合生态要求和经济要求，考虑产品开发过程所有阶段的环境问题，致力于那些在整个产品生命周期内产生最少可能对环境产生不良影响的产品。"[94]

SIM VAN DER RYN 和 STUART COWN 对生态设计的定义是：任何与生态过程相协调尽量使其对环境的破坏影响达到最小的设计形式都称为生态设计。[95]

国际著名的生态设计学家 Han Brezet 教授将产品的生态设计划分为四种类型：一是对现有产品进行改善；二是对产品进行再设计，即在保留产品概念的基础上对产品构成部件的深度开发或替代；三是更新产品概念，最大程度的产品功能的呈现方式，如电子函件代替纸质信息交流；四是系统整体变革，如生态农业代替传统农业。①

国内学者李红将生态设计描述为"产品生态设计也就是利用生态学的思想，将环境因素融入到产品设计中，并且在产品生命周期内，优先考虑产品的环境属性，改善产品在整个生命周期内的环境性能，降低其环境影响，实现从源头上预防污染的目的"。[96]

对生态设计相关论述进行分析可以看出，生态设计基于对环境，尤其是对自然环境的关照。产品的市场需求、功能、审美、技术和成本等因素是传统产品设计的重要考虑因素和衡量标准，而生态设计则将对环境的考虑作为中心问题，全面衡量设计行为、设计理念、设计方法等对环境所带来的冲击。从这一意义而言，设计从"人本中心"转向人的需求与环境安全的结合。

---

①作为可持续生产与消费的生态设计，Han Brezet 提出了4种类型的革新体系。该体系涵盖了小到产品的设计，大到系统的规划与实施并建议政府通过具体的计划与项目进行推动。详见 Han Brezet. 生态设计实践动态[J]. 产业与环境（中文版），1998，Z1:20—23.

"现在想象自然世界和人工设计世界交织在一起,在交叉层面上,经线和纬线组成我们生活的织物,但这不是一种简单的双层织物,它是由无数性质大不相同的层面所组成的。这些层面是如何交织在一起决定了其结果将是一种连贯的织物或是一种功能不善的乱结。我们需要获取有效的交织人类和自然的机泵。我们为自己的邻里、城市和生态系统所作的有缺陷的设计主要因不连贯的逻辑和愿景以及缺少对生态系统的充分理解的设计与实践。不幸的是,那些塑造人工环境的人,仍然反映一种 19 世纪的认识论。"[95] 生态设计在设计的每个环节以及产品生命周期的全过程都要考虑可能带给自然环境的负荷,通过改良设计使其对自然环境的负面影响降低到最低程度。

综合而言,高度关注设计的完整生命周期与环境的友好互动是生态设计的核心。另外,生态设计倡导适应环境、适应自然,鼓励在尊重地域文化和场所精神的基础上将本土的材料和技术灵活运用到生态设计实践中。

与设计生态不同,尊重自然、适应自然、保护自然是生态设计的主要考虑因素。它强调在设计中对可再生能源的充分利用,如水能、太阳能、风能等。"生态设计是一种适应性设计,即适应自然条件和自然过程,把人类对自然的扰动最小化,同时满足人类自身生存的需要",[97] 注重设计与自然二者之间的可持续发展。而设计生态强调的是设计作为一个有机整体,在处理设计与人,设计与社会(政治、经济、文化、伦理等),设计与自然等各要素之间的相互关系时,使每个对立因素在动态发展中得到平衡。

### 3.3.2 联系

设计生态与生态设计都与可持续发展的理念紧密联系。生态设计是设计生态的一个组成部分，主要从自然的维度践行可持续发展的理念。维克多·巴巴奈克认为，设计是用来得到一种意味深刻的秩序的有意识的努力，因此设计是有目的地、人为地创造有意义的秩序的行为。①在设计中，尊重自然、适应自然固然重要，同时也需要全面观照社会、文化、道德、经济、政治、文化等其他因素。设想一下，如果设计行为一味适应自然而忽略其他因素会直接影响设计结果的丰富性和设计生态的平衡性，也是设计生态失衡的表现。

设计生态和生态设计均包含了对因设计理性缺失而导致的自然环境破坏的自觉自省。自然界各个生态系统因人类力量的介入而遭受重创——环境污染、资源枯竭、生态破坏、气候恶化等。人类介入自然的宽度和深度随科技的发展而提升，设计作为科技运用的重要形式，已演变为人类干预自然不可忽视的手段。设计生态与生态设计正是基于保护现实世界，建立适宜未来的正义理想。人类应该创造对生命有助益的条件，自然环境保护与拯救首当其冲。

设计生态和生态设计的研究均以生态学思想、理论和方法作为基础。二者均是利用生态学对传统设计的区隔限制进行根本性突破，属于交叉学科的运用；二者均是立足于更宏观层面对设计现状的批判，试图利用生态思想创建新的设计体系；二

---

① 巴巴奈克所言的有意义的秩序包括多个方面，如：道德伦理、责任义务、自然环境、社会文化等（参见参考文献[7]）。

者均是利用生态策略对设计问题更加明确的界定，以便创造一个更加美好、更加持久的和谐社会；二者均借助生态理念的引入，促成设计本质的转变，从设计发展的角度而言，是设计由低级阶段向高级阶段的进化，是设计动态性属性的时代体现。

可见，设计生态与生态设计的联系是二者均借助生态学原理将自然环境因素有机融入设计体系，是生态哲学指引下对自然价值的尊重；二者的区别是自然之于生态设计而言是主要的关照因素，而之于设计生态而言只是多个关照因素之一。概言之，生态设计隶属于设计生态。

总之，设计作为人类文化与人类文明的分支之一，处于不断发展的动态过程。设计研究须紧密围绕其自身的属性与所处的特定发展阶段而出现的具体问题展开。设计生态概念的提出及对其的研究具有多元的依据，既体现了设计自身的属性特征，又彰显了设计价值的动态性修正。

# 第 4 章 设计生态的失衡

## 本章导读

| 分析维度 | 结论 | 论证角度 |
| --- | --- | --- |
| 1. 设计与设计之间 | 设计物种的匮乏 | (1) 基于服务对象的设计审视<br>(2) 基于服务区域的设计分析<br>(3) 基于突发事件的设计质疑 |
| 2. 设计与人之间 | 角色转变 | (1) 服务人到奴化人<br>(2) 对立关系建立与分享精神丧失<br>(3) 制造享乐而非快乐 |
| 3. 设计与社会之间 | 经济独大 | (1) 道德伦理失范<br>(2) 文化自觉缺失<br>(3) 设计成本假象 |
| 4. 设计与自然之间 | 价值剥夺 | (1) 过度式获取<br>(2) 毁坏性反馈 |

在不同的时代，人类社会的发展面临不同的问题，设计的侧重与导向也会因此有所不同。但是就设计的本质而言，为人的美好生活而设计、为人的美好未来而设计是无论任何时代任何阶段都应该遵从的设计原则。

设计不能脱离其所处的社会环境和时代背景而独立进行。作为当今中国社会的重要构成之一，设计在推动中国物质文明和精神文明发展方面发挥的作用越来越大。设计的社会中心性地位得以确立。设计之于外围的影响多元而深入（图4-1、图4-2）。不幸的是，在设计行业蓬勃发展的同时，受消费主义的冲击和控制，中国设计发生异化。设计的消费中心性地位日益凸显，其一表现为设计以消费为"方式"与其他设计、人、社会、自然进行互动（图4-3）；其二表现为设计以消费为"目的"与四者互动（图4-4）。由此生发了诸多超越设计本身的问题。过度商业化、过度奢侈化设计横行、设计欺诈、设计伦理丧失、设计功能过剩、全然不顾环境因素的孤立设计等问题普遍化。基于人与社会发展的维度而言，设计所衍生的负面影响越来越严重。在消费主义的冲击下，中国社会大众的生活方式、消费方式、价值观念等均发生了前所未有的巨变。这一巨变是表象的进步性与内在的腐化性的矛盾统一体。

在消费主义语境中，设计成为消费主义实现其强势扩张和渗透目的的工具。消费主义一方面隐瞒设计在社会中的真实运行逻辑；另一方面将设计在社会中的运行过程简化。前者表现为：资本占有者为设计在社会中的运行披上了"光辉"外衣，声称"设计是对消费者需求的满足"，极力以"消费者需求——设计——满足消费者需求"的设计运行逻辑假象（图4-5），掩盖"资本逻辑——设计——符号逻辑——控制消费者心智——资本增殖"

的真实设计运行逻辑（图4-6 该部分内容在设计生态失衡部分做了更为详细的分析）。后者表现为：消费逻辑主导下，设计对外围的多元影响被主观忽视，即：对于"设计生命"的局部关注，并缺乏完善的评价体系，"设计——生产——消费——消费后"的完整的设计运行过程被简化为"设计——生产——消费"（图4-7、图4-8）。

设计运行逻辑真相和设计运行过程简化，呈现了消费主义语境下的设计的根本目的是资本增殖。基于这一目的的制约，设计本质异化与设计价值狭隘化以及设计价值主体地位降格成为普遍性现象。"为人类美好生活"的设计本质异化为"为资本占有者的利益"，即：设计片面聚焦于消费、市场、利润、经济等（图4-9、图4-10）；人、社会、自然等设计价值的主体同设计一起降格为资本增殖的手段（图4-11）。漠视设计后果，设计的原本价值和本质目的逐渐瓦解和丧失。

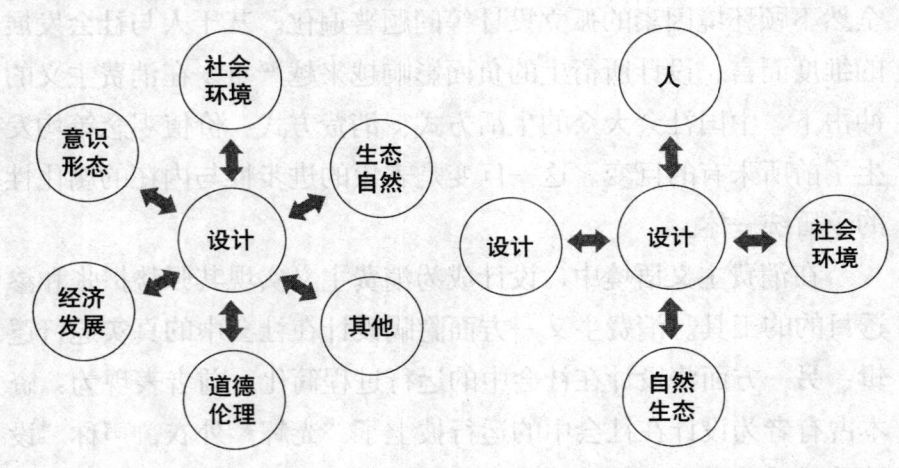

图4-1 设计的社会中心性　　图4-2 设计的社会中心性[①]

---

[①]本文将外围因素归纳为设计、人、社会和自然四个层面，社会包含政治、经济、文化、道德、意识形态、技术等。

第 4 章 设计生态的失衡

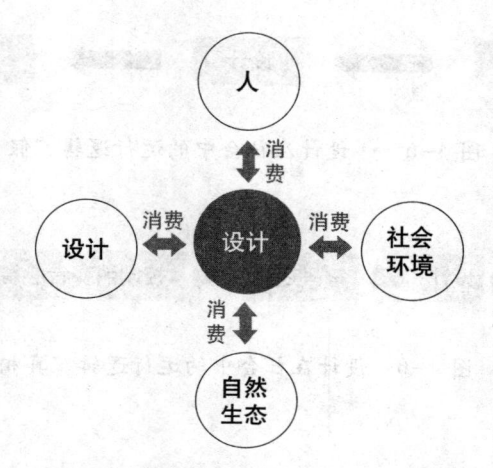

图 4-3 设计以消费为"方式"与其他设计、人、社会、自然互动

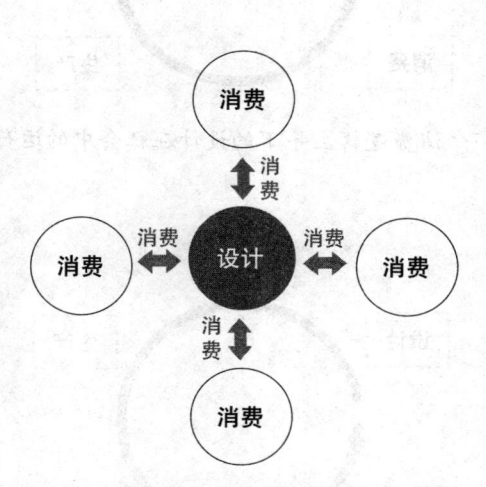

图 4-4 设计以消费为"目的"与其他设计、人、社会、自然互动

消费者需求 → 设计 → 满足消费者需求

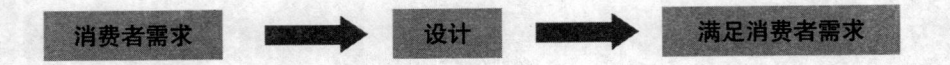

图 4-5　设计在社会中的运行逻辑"假象"

资本逻辑 → 设计 → 符号逻辑 → 控制消费者心智 → 资本增值

图 4-6　设计在社会中的运行逻辑"真相"

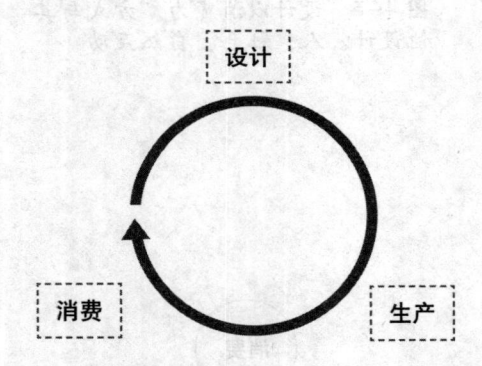

图 4-7　消费逻辑主导下的设计在社会中的运行过程

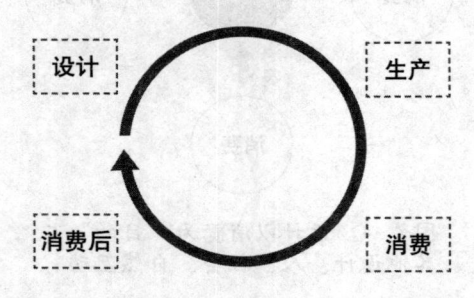

图 4-8　"为人类美好生活"主旨下的设计在社会中的运行过程

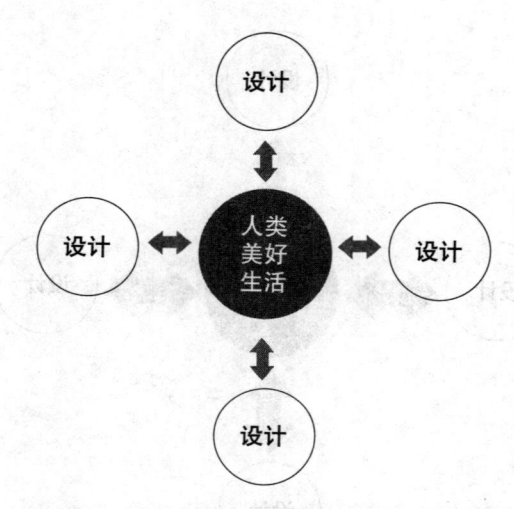

图 4-9 "为人类美好生活"的设计本质

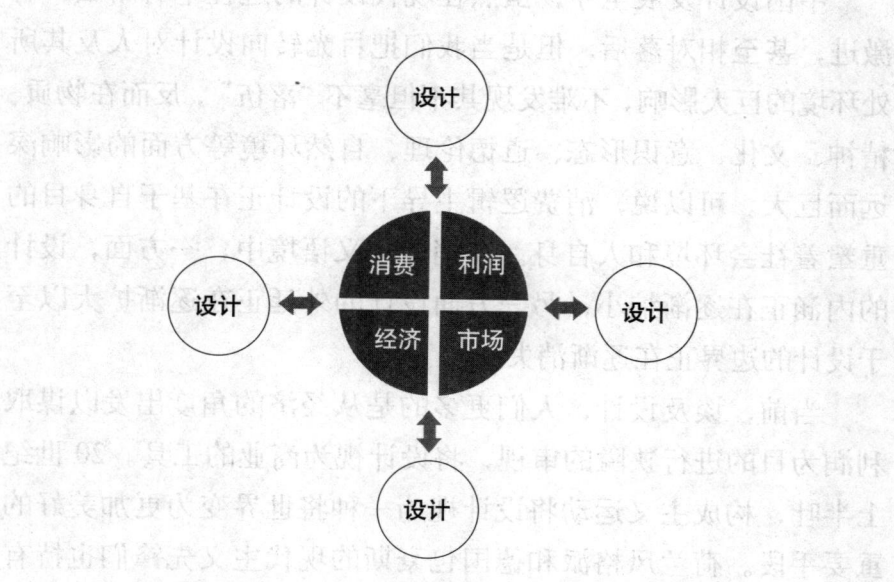

图 4-10 "为资本占有者利益"的设计本质

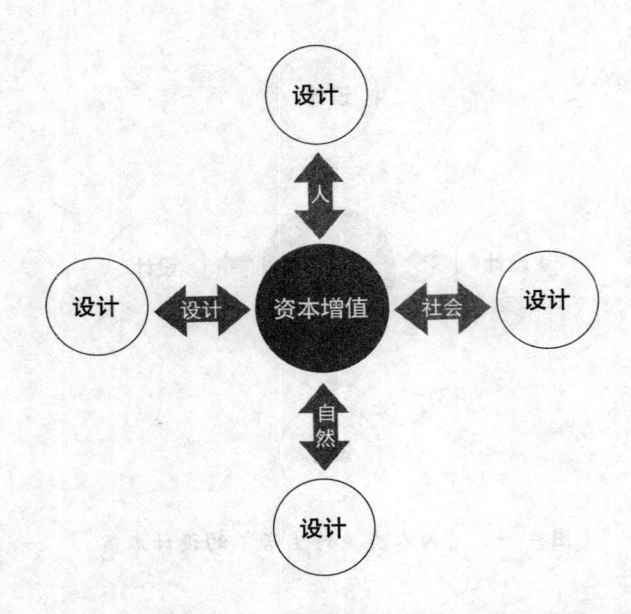

图 4—11 设计、人、社会、自然降格为资本增殖的手段

中国设计发展至今，虽然在现代设计的进程中有断层、有激进，甚至相对落后，但是当我们把目光转向设计对人及其所处环境的巨大影响，不难发现其不但毫不"落伍"，反而在物质、精神、文化、意识形态、道德伦理、自然环境等方面的影响深远而巨大。可以说，消费逻辑主导下的设计正在基于自身目的重塑着社会环境和人自身。在消费主义语境中，一方面，设计的内涵正在逐渐缩小；另一方面设计的外延正在逐渐扩大以至于设计的边界正在逐渐消失。

当前，谈及设计，人们更多的是从经济的角度出发以谋取利润为目的进行狭隘的审视，将设计视为商业的工具。20 世纪上半叶，构成主义运动将设计视为一种将世界变为更加美好的重要手段。荷兰风格派和德国包豪斯的现代主义先锋们也持有相似的观点。到了 20 世纪下半叶，设计在经济和企业发展领域中发挥了极为重要的作用，在此之后设计被贴上了商业的标签。还有很多人认为设计就是造型或装饰，对一些设计纯粹主义者而言，"造型"与"设计"的等同无异于对设计的蔑视和玷污，然而在当今诸多媒体和广告中，二者的确没有差别。[①] 消费主义社会中存在着大量对"设计"的片面性理解。这种片面性理解不但会导致社会结构的失衡，同时会对人们的日常生活品质带来内在的伤害。它们的存在加剧了人们在消费主义语境下对设计的怀疑，以至于人们会认为设计具有欺骗性、不稳定性，并不值得信赖。人们一方面沉浸在设计所构建的现实中，另一方面又不自觉地对设计充满警惕。

在消费主义的推动下，设计在当今社会被赋予前所未有的巨大权力。设计无时无刻不在改变和创造人的日常生活。从一定程度上来说，设计在当代中国消费主义语境中已经成为人生存的母体。在消费主义语境中，设计已经不再以单纯的"物"的形式出现在人们的日常生活中，而是以一种多元的形式与人们的生活产生息息相关的联系，对人们的生活方式、自然环境、社会文化、经济、政治等社会文明结构和人文经验进行全方位的介入，影响涉及各个方面。可以说，设计在构建现实这一过程中承担着极为重要的作用。而这一点可以在诸多设计实践中得到证明。

设计生态提供了解析及评价设计现象与设计本质的新视角与新标准。人类通过设计对所处环境进行目的性的改造与创造，

---

①感官愉悦与视觉欺骗是当今媒体和广告与消费者沟通的主要方式，媒体与广告的现状显示，二者极力对"造型"进行强调与演绎，以此迷惑消费者。从某种意义而言，此举是对"造型"与"设计"二者之间界限的无限模糊。

以物质和非物质的人造产品介入人类生活空间。消费主义登陆中国以来，设计更多地被作为商业英雄来赞扬与追捧——即使我们的设计更多地处于跟随与模仿的状态。从设计生态维度而言，设计应实现"商业英雄"到"国家英雄"的转变。此转变的顺利达成，需对当下的设计做理性的评判，需敢于发现并承认其存在的负能量——消费主义语境下设计的副作用即便不是明示的，也是不言而喻的。

消费主义的强大逻辑生成了服务于其自身的设计原则，并已经接管了设计生态系统。消费逻辑的内在属性与设计生态的平衡发展具有天然的矛盾性，从本质来看，消费主义下的设计被剥夺了其在生态意义上变得健全的可能。设计生态失衡呈现出多样性与复杂性，很难周到地一一分析。因而在接下来的论述中，将以设计生态概念中包含的四个层次——设计之间、设计与人、设计与社会文化环境、设计与自然环境——并参考设计现象，对已经出现的问题进行归纳与提炼，提出一个概括性的纲要并进行阐述。

设计生态失衡的核心表征是：设计与设计之间的失衡：设计物种匮乏；设计与人之间的失衡：角色转变；设计与社会文化之间的失衡：经济独大；设计与自然环境之间的失衡：价值剥夺。

## 4.1 设计与设计之间的失衡：设计物种的匮乏

生态学观点强调：物种越丰富，生态越平衡。设计生态要实现平衡的状态，同样需要设计物种的丰富多样。设计物种是指具有显著差异属性的设计物（有形之物和无形的服务）。设计物种可从四个视角进行理解：其一是基于设计门类的视角，即：产品、动画、建筑、平面、服装、家具等；其二是基于服务对象的视角，即：社会中各个层级的人；其三是基于区域的视角，即：内部具有明显的相似性和连续性，而与其他地区相比具有显著差异性的人类居住区；最后是基于突发事件的视角，即：区别于生活常态的生活构成。设计物种区别于生物物种的自然生成与进化的特点，是属于设计师的创造。因此，设计物种的失衡直接映射了设计师对设计生态平衡的自觉意识的缺失。消费主义语境下的当代中国设计生态的设计物种并非处于真正的丰富状态——从设计门类视角审视，设计物种丰富有余，而从设计服务对象、区域和突发事件的视角而言，设计物种严重匮乏。

### 4.1.1 基于服务对象的设计审视

从服务对象来看，过去几十年的设计一方面是对富人、强势群体高度关心、百般呵护；另一方面是对穷人、弱势群体无比冷漠甚至缺乏人性的时期。设计物种的丰裕来自增殖这一简单经济真理在财政上的一种反映。然而，经济增加的价值已经抵不上设计之善的失去，针对富人、强势群体的设计已经与发达国家不相上下，达到颇高的水准，而弱势群体的设计却处于落后，甚至"荒芜"的状态。放眼人类以往的历史时期，从来没有出现过如此"被鼓励"地明目张胆的不公平。关于当今中国设计的热情主要集中于令人鼓舞的财富、就业和企业发展，而基于普遍服务对象的非人性化的潜在问题仅停留在少数设计专家微弱的呼吁。我们为设计成就感到骄傲，就好像它们是让我们过上幸福生活的天使。但我们害怕看到它们巨大的阴影，设计异化为公平的对立面。"没有任何一个生态学家能够声称对整个生态系统的运作已经充分了解，但他们都赞美其内部的精致细密、管理的经济以及设计得精妙绝伦的交互作用和多样性。"[82]81 生态系统对系统内任何的物种的价值和存在的意义极为公平。然而，设计生态在消费逻辑的主导下却走向了相反的方向。即使意图最良好的设计，不管它的规模有多大，不管它的品质有多高，如果忽视了对普遍性的服务对象的呵护，就不可能实现设计生态的平衡。

当前的设计态度暗含了这样的现实：人类世界存在很多似乎无足轻重的生命体，正在被蔑视。保罗·波拉克关于此问题的描述令人深思："为什么大部分的设计师都会选择世界上最富有的那10%作为服务对象？仅为他们付出汗水和努力，绞尽脑汁地设计出最好的产品和服务？对于这个问题，我觉得威利·萨顿已经给出了回答。他是一个银行抢劫犯，当被问及为什么要如此鲁莽时，他的回答很经典：'因为那里有钱啊！'"[33]309 金钱成为影响设计物种多样化以及人们公平享受设计最大的障碍。"如今，世界上有70亿人，其中的60亿都买不起最基本的生活用品，承担不起最基本的服务。"[33]316 设计师应该深入贵州、云南、西藏等省份的偏远地区，那里有大量的人缺乏固定的收入、稳定的居所和干净的用水。而设计，理论上是最有能力也最有责任解决这些问题的途径和手段，事实上却大范围地忽视了这些人的困境。

如果穷人是因为金钱而失去了公平享有设计的权利，残疾人自己都不知道因为什么失去了该权利。当我们走进残疾人的生活，极易发现那里是设计物种的荒漠——设计师根本没有正视最需要帮助的人，而全神贯注于最不缺少设计的健康的有钱人。西方国家在五十年前对这一困境已开始关注，"1963年11月29日，一群设计师在伦敦现代艺术研究院集结，他们讨论的焦点是'重要之事优先'。"从平面设计师凯·加兰为此行动所写的宣言，可以窥探其目的："我们希望，我们的社会能够厌弃那些只会骗人的商人、身份主义的推销者和潜藏着的诱惑者，如此一来，我们的能力才能够用在最值得的地方。"[33]321 中国的设计界与设计学界必须对正在忽视的设计服务对象问题立即作出回应，设计物种不仅是创造，更是"重要之事""最有价值之物"。

人与动物的根本区别，或者说人的价值的体现，从某种意义而言在于同情弱者。尊老爱幼是我们的传统美德，也是中华文明的体现之一。而今日设计领域"只爱幼，不尊老"问题却异常严峻。步入商场，关于儿童的设计琳琅满目，价格虚高。与此相反，为老年人的设计俨然是稀有物种。曾经为我们生命的降临与成长作出最大牺牲的父母，被设计无情地抛弃。这不仅仅是个设计问题，更是人类文明退步的表现。由社会科学家科特姆创立的Participle曾做过调研，发现快乐而健康的老年生活与钱多钱少没有关系，老年人最希望得到两方面的关怀：其一是一定的人际交往，这个关系网需要涵盖六个熟人，这些人要经常可以见面；其二是老年人不喜欢被生活琐事烦扰，比如修水龙头等。[33]323 由此可以看出，事实上关爱老年人的设计相比奢侈设计、过度设计更为容易，设计成本也更低。但是中国的设计师却极少创造此类设计物种，着实令人震惊。哪怕老年人的生活再如此不堪，似乎也与设计毫不相干。针对这样的设计物种，设计师们也许不能如愿以偿地展示自己设计方面的才华，也不能获取丰厚的经济回报，但是其社会价值和文明价值却有增无减。

西方国家半个多世纪以来一直努力创造的"特殊"的设计物种，将更多的视线聚焦于弱势群体，值得我们反思与学习。这些特殊的设计物种涵盖了多个中国设计生态严重缺失的设计物种。美国设计师埃米莉·皮罗顿创立的 H 工作室以极低的成本为库塔巴艾滋孤儿学校设计的教学与运动功能完美融合的操场，展现了对孤儿的关心。库塔巴艾滋孤儿学校位于乌干达西南部鲁昆吉里区的一个边远村落，学校资源十分有限。因此，操场不仅仅是学生活动的空间，还要承担部分教学的功能。经济条件的窘迫，要求该设计必须成本极低而且耐用度高。H 项目针对这些要求，设计出一种基于景观的数学游戏模型，将 16 个废弃轮胎按照方形网格的方式半埋入沙坑中，这个场所具有了室外教室的功能，学生和老师可以在这里游戏与教学。[33]309-316 此类设计如果以我们惯常的标准进行评价，可能毫无创意可言，但其对人类的价值是不可否认的。这种价值，从某种意义而言，远高于许多"创意高超"的设计。正如皮罗顿总结道：我们既是社会工作人员、教育者、也是政治学家、会计以及当地市民。我们把自己当成这片土地的一员，尽可能地融入当地生活，哪怕这儿地区有点特殊，压力还有些大。但这就是我们的责任，也是人道主义的设计的使命。[33]316

社会科学家柯特姆创立的 Participle 为老年人所设计的"圈

子"（circle），成功地改善了对老年人的关照。该方案是在详细调研的基础上，设计师智慧的结晶。这个圈子涵盖了社区中的1000多位老人，内设门房服务、社交俱乐部、合作性或自助性团体。当新成员加入时，旧成员就会上门，一方面了解新成员的需要，另一方面获知他的技能特长。圈子里的人需要互相帮助：有一位退休的园艺师，他失去了自己的伴侣，又对做饭和财务一窍不通。因此，他需要有人教他做饭和财务，他也可以告诉别人怎么照顾花草。又比如，有的人没有技术方面的需求，只是希望能够在水管工和水电工上门维修时有个人交流，或者学习怎么使用电子邮件和网络电话与远方的朋友取得联系。正是基于这些看似不是设计的方式，圈子里的每一位老人都会获得帮助，也都通过给予他人帮助而结识新朋友，同时获得认同感。诸如此类人与人的相处方式，简单到似乎是常识，但中国的设计师却没有将其融入设计，因为老年人与其他弱势群体从来没有进入我们的视线。设计不应只被用来处理经济问题，更重要的要解决社会问题。柯特姆在总结时说："设计师了解人们的动机、渴望和需求。他们天生就具有的横向思维能力在这样的项目中起到了至关重要的作用，他们的沟通技巧也是获得老年人信任的关键。这个项目从前到后只用到了设计，但却带来了很多不一样的东西。"[33]328

每一位设计师都清楚我国的弱势群体数量之多、分布之广、境遇之糟的实情，但是，他们却不愿意为最需要设计的人进行设计，因为此举无法带来金钱的成就感。可见，消费逻辑有意无意地导致了设计师道德、人格的式微，导致了偏离人类普遍发展价值衡量的设计物种的失衡性制造，导致了设计综合价值的萎缩。例如，农民是我国弱势群体的集中代表之一，而我们却没有专门服务于农民的设计学科和设计师。中国正在实施"美丽乡村"战略,但几乎都是混迹于城市的设计师运用城市化设计的观念与方法进行僵硬的移植。设计师对农村的文化、农民的生活方式与真正需求知之甚少,深层体验更是无从谈起。如果不以农民为本,"美丽乡村"狭隘化于过激的旅游开发、过度的产业开发、过僵的城镇化模式移植,"村味儿"必将丢失,农村将被同化为一个个城市的缩影。那么,我们到底是在为弱势群体(农民)服务,还是在为强势群体服务?

在湖北省孝感市孝昌县王店镇磨山村樊家湾调研的过程中了解到,石艺原本是该村最为重要的生活保障和文化类型,而今天却没有几位村民继续从事这一工作。究其原因,他们有良好的手艺,却无法设计适合于现代生活方式的产品,而过去老化的、粗放型的产品完全没有了市场。樊家湾成了贫困湾。引用当地村民的说法:孝感市最穷的是孝昌县,孝昌县最穷的是王店镇,王店镇最穷的是磨山村,磨山村最穷的是樊家湾。村民讲到这一现状时,能深切地体会到一种引人深思的无奈与无助。设计,这一服务于人类美好生活的智慧,在消费文化的侵蚀下放弃了对弱势群体的关爱。

西方国家服务于弱势群体的设计物种越来越丰富,涉及的服务对象愈发宽泛。H工作室为贫穷的伯蒂地区设计的鸡舍和大卖场,提高了当地贫困居民的经济收入;尼古拉斯·内格罗比特设计的100美元的"人人电脑"(One Laptop Per Child),帮助世界上最贫困地区的孩子拥有学习伙伴;[1]查尔斯·布斯设计的伦敦贫困地图,体现了运用全新的设计策略解决社会问题。[2]此外,麦克·弗莱托与他的朋友克里斯·刘易斯创立的Rose Loves项目,[3]布莱恩·辛格的"街头之家"项目,

④迈克尔·霍奇森与弗莱迪·泽勒的《儿童的奉献指南》书籍，⑤芬兰的设计教育中设置了"福祉设计"专业，⑥这些均体现了西方的设计对弱势群体的关怀。如果以上述案例为参照物进行对比，不难发现中国设计生态系统的设计物种匮乏的严重性。

---

① "人人电脑"作为新的公益组织，致力于开发单价不超过100美元的电脑，力图在100美元的售价内满足一个孩子全部学习需求，以此帮助贫困地区的孩子满足他们学习的愿望。详见爱丽丝·劳斯瑟恩. 设计，为更好的世界[M]. 龚元译. 桂林，广西师范大学出版社, 2015: 331-337.

② 布斯及其团队根据严谨的调查和数据分析，以街道为单位绘制的伦敦地区居民社会经济地位。该地图利用不同颜色表示相应的居民生活情况。这对公共政策产生了一定的影响，政府因这一"直观"的压力，开始着手清理贫民窟，为那里的人提供了舒适的住房。详见爱丽丝·劳斯瑟恩. 设计，为更好的世界[M]. 龚元译. 桂林，广西师范大学出版社, 2015: 213-215.

③ Rose Loves 是一个T恤品牌，该品牌始于"帮助需要帮助的人"这一理念，并将全部收入捐赠给某个特定的人。捐赠采取一对一而非广泛的方式。这些简单的T恤取得了深远的影响，资助过一项墨西哥奖学金、重建过一所烧毁的房屋，为孟加拉一户失去父亲的家庭提供过相当于已去世父亲10年收入的资金等。详见克里斯托弗·西蒙斯. 就是设计[M]. 百舜，译. 济南：山东画报出版社, 2013: 115.

④ 该项目针对的是旧金山无家可归者的问题。辛格利用在垃圾中寻找的硬纸板和手缝字体自制海报，并将他们放置于无家可归者所在的小巷和门道。详见克里斯托弗·西蒙斯. 就是设计[M]. 百舜，译. 济南：山东画报出版社, 2013: 96.

⑤ 弗莱迪·泽勒在14岁时写了《儿童的奉献指南》。她希望向慈善机构捐款，在搜索慈善机构的过程中，发现大多数机构网站的语言儿童看不懂。她尽力将找到的语言翻译成自己的语言，汇编成书，并请迈克尔·霍奇森及其朋友沃德·舒马克帮助设计并绘制插画。这部指南为多位想捐款的少年提供了帮助。详见克里斯托弗·西蒙斯. 就是设计[M]. 百舜，译. 济南：山东画报出版社, 2013: 109.

⑥ 福祉设计是芬兰众多新兴领域中的一个，旨在不断挖掘所有的才能保证大众生活品质的持续发展。详见拜卡·高勒文玛. 芬兰设计 一部简明的历史[M]. 张帆，等，译. 北京：中国建筑工业出版社, 2012: vii.

## 4.1.2 基于服务区域的设计分析

从区域的视角来看，中国设计生态系统中设计物种的匮乏，其一体现在前面论述所涉及的对贫困地区的漠视；其二是区域差异性资源对设计物种创造的合理性、合法性反作用的忽略，即区域设计的缺失。区域设计是指特定的地理区域内生发于差异性区域资源，并与当代生活方式紧密结合的、存在着相同或者相似的设计审美、设计理念的设计。中国由于国土面积辽阔和多民族共存等特点，存在着为数众多的差异性显著的区域。区域内无论从人群、文化、习俗还是自然环境所具有的典型性，本应成为中国设计物种丰富的珍贵资源，事实却在对西方设计文化与设计理念的崇拜中被忽视，甚至被歧视。设计史学家约翰·赫斯克特曾把设计比作语言，认为两者都是"人生而为人的根本保证"。同语言一样，设计应当与区域资源有着天然的关联。此外，设计作为文化的分支之一，必然具有本地性特征。

区域资源是一个地区千百年点滴的积淀，是本地独有的灵魂和内涵，更是该地的品格表征。区域资源规定了区域设计的限制性，而这种限制性定义了区域优势以及该区域未来生活和日后发展的方向。消费主义语境下的中国设计，区域资源的差异性与设计的关联被短视的商业文化切断，区域设计的趋同映射了区域文化的趋同，区域间的差异文化随着时间的流逝将不复存在。依附于西方强势文化的设计的同一性，抹杀了区域资源所创造的设计物种的丰富性。这一过程带有显而易见的强制性——现代设计的传播对当地人既有益也有害，而且对区域化的本地传统设计取而代之，对区域文化是强制性侵略。

区域设计是实现中华文化复兴国策的优势性途径。区域文化是中华文化的优质构成，区域文化的差异性与丰富性的传承与创化是中华文化得以复兴的基础。基于此视角，应高度重视区域设计以及区域设计与区域资源、区域文化的内在关系。我们不能仅仅依赖于文献进行闭门造车的区域设计，区域资源与区域文化一切的生动性恰恰呈现于在地的体验与感受。深入到特定区域，精心地去探索，才能真正建立设计与区域资源和区域文化的血脉联系。由此生成的设计才具备外在的独特性与内在的生动性，才能更好地服务于现代生活、服务于文化传承，中国设计的文化身份才能得以建立，构成中国设计生态的设计物种才会实现真正的丰富。当今具有中国文化特征的设计之所以缺乏感动的力量，甚至流于传统符号的移植，重要的原因之一正是缺乏对区域资源和区域文化的切身体验与感受。

　　不幸的是，当代设计师失去了与近乎完美的生产——消费循环体的反抗能力，彻底放弃区域设计的原本结构，盲目地制造具有历史阴谋特征的消费主义噩梦。区域设计正遭受商业符号与消费图像的统治，而商业符号与消费图像却并非来自于区域资源。基于区域设计的维度，我国传统设计物种的丰富性，远远优于当今单调的、脱胎于西方设计文化的"更先进、更科学、更便利"的设计物种。看似完满的当代中国设计生态，缺少了区域差异性和区分感，实际上反映了人的生活品质的降低。不同区域的旅游纪念品所具有的高度同一性便能很好地证明。我们不能将这一现象简单地归结为现代流通方式的便捷和社会审美的现代化。

　　社科院的施爱东博士在2005年中韩大学生设计联展的座谈会上坦言：如果不看国籍和姓名，要辨识出中国和韩国大学生的作品非常困难。这反映出学生作品的区域文化特征的缺失，反映出学生作品与民族文化血脉的断裂。[98] 该问题在商业设计中体现得更为突出。作为整体的民族文化正是由多个区域文化所构成。今天的设计师不应只是关注商业文化和西方文化与设计的融合，更应对区域文化与设计的内在共通性进行反思与创新。

　　设计的魅力是个性，设计的乏味是雷同。每一个区域设计应承载着区域资源的血脉，而不同的区域资源往往造就相异的设计观和设计物种。正是具有各自差异特征的区域设计文化汇聚为中国设计的文化身份。设计的演进，原本应像竹节生长般有联系地逐层展开。但今日中国的设计发展对区域资源的割裂却是如此得彻底、普遍与果断。对正在加速消亡的区域设计不进行当代性地拯救，意味着设计生态民族文化自我净化与更新能力的蜕化。更加令人不安的是，三十年后中国设计生态的物种丰富性，会因区域资源的割裂变得更加单调。同时，区域资源的差异优势也会在消费设计的摧毁下荡然无存。

## 4.1.3　基于突发事件的设计质疑

　　雨果曾言："下水道是城市的良心。""检验一座城市或一个国家是不是够现代化，一场大雨足以……或许有钱建造高楼大厦，却还没有心力去发展下水道；高楼大厦看得见，下水道看不见。你要等一场大雨才看出真面目来。"[99] 这是龙应台针对城市洪灾的论述。而我们的城市（尤其是新建或新改造过的城市）一次次被淹的悲剧昭示了设计之善的沦丧。2016 年 7

月，时隔 18 年，武汉再次遭遇特大洪灾，约一周内的累计降水量突破武汉有气象记录以来周持续性降水量最大值。全市因此次洪灾交通瘫痪、学校被迫停课。2012 年 7 月 21 日，北京同样遭遇过特大暴雨袭击，造成城市内涝，并导致人员伤亡和财产损失。2007 年的"718"济南水灾所造成的财产和人员伤亡令人惊讶。我们不能将此类事件简单地归结为"天灾"而推卸设计责任。

东京郊区的埼玉县，被称作"保护东京的地下宫殿"，因为其有着世界上最强大的排水系统。该工程历时 14 年，总投资约合 180 亿人民币。工程主体包括总长 6.3 公里、内径 10 米的地下管道，5 处直径 30 米、深 60 米的储水立坑，以及一处人造地下水库，水库长 177 米、宽 77 米、高约 20 米。该工程建成当年，所在流域雨季"浸水"房屋数量从最严重时的 41544 家减至 245 家，浸水面积从最严重时的 27840 公顷减至 65 公顷。[100]

我国的江西赣州也有一处令人称道的地下水利工程——福寿沟。福寿沟设计的独到之处，一方面表征了人类的智慧，另一方面更是人性、良心的彰显。令我们羞愧的是福寿沟始建于宋朝。据称，在其建成近千年来，赣州老城区未出现过大内涝。①

2014 年 4 月 16 日下午，一名 3 岁男童在地铁高碑店站西南口附近草坪中，不慎坠井，所幸井底有木板缓冲，且及时获救，

---

① 2016 年 7 月 5 日，丹江口科普公众微信号推送了一篇题为"一个响亮的耳光 江西赣州因宋朝排水系统无一辆车泡水"的文章，文章对始建于宋朝的福寿沟地下水利工程做了详细介绍与高度的称赞。

孩子无生命危险，就医检查结果为左侧坐骨可疑骨折。[101]为什么我们的井盖是容易被偷的？为什么设计时没有涉及井盖丢失后的安全防范？

大到地震、龙卷风、海啸、泥石流等自然灾害，小到交通、火灾等人为事故，突发事件比比皆是，造成的人员伤亡和财产损失令人惊愕。我国的设计界照样专心于赚钱的"锦上添花"的设计，对于突发事件引发的财产损失，甚至生命安全的"雪中送炭"的设计似乎没有兴趣，这对于设计所遵从的"设计为美好生活"的主旨是一个莫大的讽刺。设计领域正在热衷于的工作，像我国的城市建设一样，更喜欢做看得见的、体面的、赚钱的事情。

彼得·多默在《现代设计的意义》一书中，运用了"界限之上"和"界限之下"两个概念论述设计："在一些政府领域里，有关'界限之上'或'界限之下'的讨论。'界限之上'是指能公开的讨论，而'界限之下'是不能公开的讨论。政府严格执行这种区别，'界限之上'操控着公开的议事；处于'界限之下'的事情是秘密的，要被隐藏起来的。"[102]1-5 总结并引申彼得·多默的论述，可概括如下："界限之下"的设计是消费者看不到的设计，要么是设计确实看不见，要么是设计只涉及产品发挥功能的部分。"界限之上"的设计，在今天被认为是最重要的，因为它决定对消费者的吸引和购买行为的发生。

突发事件因不是生活的常态，基于此的设计因不是"界限之上"的设计而不被重视。汶川地震、玉树地震后，设计界并没有进行相关的设计研究与实践。针对突发事件的设计，可称为应急设计，对其的界定可参考美国的国家突发事件管理系统（National Incident Management System, NIMS）

的内容。①应急设计是指针对不可预知的事件爆发,为使损失、伤害降到最低程度,提升救援效率的设计。应急设计是一套多维层次结构的设计体系,一套有关指挥、控制以及协调的工具,也是稳定紧急状况以便保护生命、财产及环境的系列方法。应急设计应与突发事件的类型、大小、地点和时间高度适应。可从突发事件的三个阶段——发生前、发生时、发生后——进行设计。例如,地震时以及余震期间,基于生命保护和生命抢救的设计;地震后的重建,因为人群的特殊性——灾后心理、家庭成员的变化等——特殊建筑形式、社区样态及产品功能的设计。

"界限之下"的设计——正因为它在"界限之下"——容易隐藏它糟糕的方面,而这些方面可能是最重要的,甚至是与生命直接相关的。因此,应急设计是包含高度责任和善的设计,是事关人们对自己所处的社会文化信赖的设计。基于突发事件的设计物种是中国设计生态平衡不可缺少的内容,是我国设计文化发展的重要标志。

上述论述可知,我国设计物种的丰裕具有内在的缺陷性。设计物种过于聚力于强势群体、经济优势区域和消费性的生活常态。基于弱势群体、经济落后区域、区域资源以及突发事件等维度审视,设计物种的匮乏极其严重,这是中国设计生态失衡的体现之一。

---

① 该管理系统是由美国国土安全部颁布,旨在有效地组织各级政府机构和社会团体高效率地应对各类突发事件,降低损失和伤害。该系统由多个子系统构成,如指挥系统、通讯管理系统、资源管理系统等。详见夏保成. 美国突发事件管理系统对我国公共安全管理体制建设的启示[J]. 河南理工大学学报(社会科学版),2008,02:139-145.

## 4.2 设计与人之间的失衡：角色转变

### 4.2.1 服务人到奴化人

产生于消费逻辑下的当今中国设计，从物的层面而言，其特殊本质已被极大忽略。对于人工制品本质的忽略引起了设计、生产、消费的海量涌现。一个普通的居民占有了系列化的衣服、手机、箱包、家具以及其他大量的物品，相比以往任何一个时期都要复杂而繁多。"我们的文化已经逐渐在一定程度上成为一种基于物质形态的物质文化，在物质数量增加的过程中，物质的身体化使得它以直接、可感与同化的面貌出现，而掩饰了其真实的本质。"[103]3 简言之，人生活于物质文化之中，物质文化塑造着人。设计引导着人们对商品领域的过度关注，商品在多元媒介的助推下成为当今社会占主导地位的社会关系的重要生成舞台。人与物的真实关系被转移出来，进入颠覆的关系空间。

设计成为定义"人"的差异属性的手段。设计的评价始终应是一个充满活力的关系，而非单纯的物或事件。作为个体的人的差异评判已偏离职业、能力的界限，更多地集中于物品占有程度、商品化地位、消费档次等。以家庭室内装修与陈设为例：第一户人家中，购置房屋时的基础设施和简装样态几乎没有被改变，仅是床、餐桌等基本生活用品的配置；而在对面邻居家，整个房间被没有秩序的各类档次的物品塞满；楼上第三户人家的室内环境具有明显的风格，欧式的家具、高档的字画形成一个整体。设计对于三个家庭成员的身份定义和象征意义不言而喻。当今中国人生活的显著特点是对商品无限的兴趣。正如多数学者所言，设计促成了"人的物化、物的人化"——人的真正自我被分离，并与设计物融为一体。人们通过设计物盲目地创造自我的身份，这是消费主义语境下设计的逻辑后果。设计已非物的孤立存在体，而是抽象的人类关系的载体。可以说，设计权利超越了设计自身，映射了人的特征，具有了定义"人"的强大功能。

齐美尔认为主体和客体间的距离代表了欲望。"只有当客体不能立即为我们所享用时，我们才想要客体。"[103]67 设计正是借助其自身的能量不断地制造，并通过多样媒介不断地拉大人们与商品的距离。正如彼得·多默在《现代设计的意义》一书中所言："它（广告）使人感到辛酸，就是美好的事物可望而不可及带来的辛酸。"[102]169 人们由此产生了极力地抹除自我与商品分离状态的欲望，成为消费的主要动机。由此可见，设计不再是"吻合"于人或事，而是对人的奴化与控制。设计和媒介宣传一方面引导消费者失去对真实自我的辨别，建立消费者拥有这些设计的权利。恰如让·鲍德里亚在其"镜子大厅"理论所述：我们越发辨别不出真实的自己与这些虚构广告所表现的我们之间的差异。另一方面引导消费者清晰地辨别这些差异，并极力促成消费者对此"差异"的伤感。彼得·多默对这一点曾做过经典总结：经验告诉我们，我们能辨别出差异（消费者真实的自己与设计和广告虚构的自己之间的差异），而有时候这个差异使我们伤心。[102]169 人们对于设计的这种越权行为已经习以为常，对设计物的认知进入了无意识的行为状态——不再通过理性的思考，而是通过幻想，设计物的真实被忽略，与设计物关系的建立失去了基于个体自身价值的前提。不断地消费演化为当今国人无法抵抗的义务感，这种义务感建基于个体行为与其身份构造的物质化盲从。也就是说每个个体遵照企业设定的一系列高度有组织的、虚假的义务而生活——企业为获取最大化的利润，借助泛滥的设计与媒介宣传维持个体义务感的稳定状态。

设计的巨大增长常常被看作是社会构建新的发展的手段，

而其对人的发展的破坏性遭到无视。反观当今的消费现象,"欲望——占有"不是一个立即满足的封闭系统,而是一个运动的、开放的系统。个体无一例外地被异化为不得不在商品世界决定自己身份、发展的消费者。经过重新设计的家具、汽车、服装等不断地进入"欲望——占有"的系统,并迅速与消费者产生关联。商品的极度丰裕及其构筑的繁杂的符号体系导致了个体不能理性地确立自我与商品的关系。同时,商品的快速增长超过了个体吸收和转化的能力,消费者通过商品的自我投射,将其认作自我构建的必要工具。正如齐美尔所言:"客观精神无限增长向主体提出要求,引起主体的欲望,让他感到个体的不足与无助,将他投入到他无法脱离的全体的关系中,尽管他不能掌握他们特殊的内容。"[103]73 设计的概念之一是:设计是关系的创造。但关系创造的主动权掌握在企业手中。正如许平指出,设计被无可选择地捆绑在商业之上。[104] 从这一意义而言,消费者只是在无限类别的精细的商业关系中被动选择。"如果我们处理的是我们的自我都不能同化的客体,那么我们的自由也是残缺的。"[103]73 由此不难发现,当今设计已无法同化为个人发展的因素,而只是停留于基于消费目的的媒介宣传的肤浅意义,而这种意义对个体结构具有极强的破坏性,如:欲望、奢侈、浪费、攀比、占有等。

消费主义语境下,设计的意义因为设计师意图的表露而显得丑陋且具有强制性。"所谓的意义是由于合乎受众心意而成为意义,即使作者赋予某种设计形态某种理由,那也不是它的意义;尤其当受众无法接受这样的说法时,反而成了对设计的借口或不好的理由。"[28]170 当今中国,本应属于受众的设计意义的赋予权被剥夺。人们似乎习惯于机械地接受设计的广告宣传意义，放弃了自己的解读权利，这一奇特的现象表征了消费者有效需求的转向。这一转向所呈现的设计与人的关系，马里奥·佩尔尼奥做过经典论述：消费者有效的需求正越来越转向由广告所呈现出来的形象；而产品本身被剥夺了它功能方面的意义，转变为它自身的'幻影'，这种转变最终归结于，以产品的形象解释消费它的个体是谁，或者说这个主体在此时是通过他消费产品的方式来进行识别的。[105]82 设计成为表现作者意图的媒体，而非承载受众"心意"的媒介。设计的意义本应因解读受众的不同而具有多样性，这种多样性体现了设计的服务精神及对个体的尊重。消费逻辑主导下的设计过于强调特定的、空泛的意义倾向，并借此将物品细分化，以煽动消费者的购买欲望，换言之，通过此举设计实现了由服务于人的发展到控制人的角色转变。

概言之，在设计与人的关系中，主体的人处于了被动的地位，设计物无限的非理性增长与人的同化和承载能力的有限之间产生了尖锐的矛盾。在此矛盾的处理过程中，人没有运用理性的思维工具，而是被动地接受了设计的改造。更令人担忧的是，设计由服务于人异化为奴役人、控制人，人们却享受其中。

## 4.2.2 人的对立关系建立与分享精神丧失

分享精神是指人的非占有特征的享受、使用、行驶的精神，其体现的是人与人之间的关系，即将人紧紧联合在一起的（但他们的个性不受到限制）是他们对某个人具有共同的倾慕、爱，或者是一种思想、一篇乐曲、一幅油画、一种礼仪，他们甚至可以共同分担痛苦。[106]102 与分享相对的是占有、独享。分享会使人之间的关系变得生动并得以维持。分享精神是人健康发展、社会和谐的重要保证。相反，占有以及占有的欲望，必然导致人与人之间的对立和斗争。埃里希·弗洛姆的研究发现：在绝大多数人身上，同时存在着"占有"——其力量源于人渴望生存这一生物因素——和"分享"——其力量根植于人类生存的特殊状况，源于人渴望通过与他人的联合来克服自身孤独感的内在需求[106]102——两种欲望倾向，社会的结构、价值观和规范决定着哪种欲望占主导地位，也就是说，究竟哪一种可能性会占据上风，哪一种可能性被压制，取决于环境的因素[106]92-99。消费主义语境下，中国设计所创造的环境以及所宣扬的价值观使"占有"的潜能得以充分的激发，分享的潜能变得枯萎。消费主义内在逻辑决定了设计的目的是销售更多的商品，从消费者角度而言，是让其占有更多的商品。从这一意义上，设计必然不断地激发人的"占有"潜能，以"占有"为目标的消费行为同化为当今国人的社会性格。也就是说，设计促成的人对物的占有欲望，最终会转移到人与人的关系之中。消费文化中生发的设计所造成的个体的"自我感觉"建立在"我是我所占有之物"，由此直接导致了人与人对立关系的建立，分享精神的丧失。

设计作为利润获取的工具，仅仅满足人的生理条件限制的需求。例如，饥饿、保暖等，已不再是其追求的目标，而是聚焦于心理上的欲望，虽然这种欲望也是通过身体享用来满足——激发，因为只有这种欲望是无止境的，是实现利润无限增殖的最具灵活性的保证。只要留心一下当今的广告和包装，就不难发现设计所推崇的是对物的无限占有，鼓吹的是人的个体形象与存在价值取决于所占有的物的数量与品位，而品位通常以价格高低为衡量尺度——占有得越多、品位越高，由此构建的个人形象越高大，反之，则是一个失败者、一个可怜之人。为了自我形象的不断提升，人们拼命赚钱，拼命购买新的产品。一个令人诧异，但是不可否认的事实是，人们即使不明确所购之物对自己的价值，甚至清楚对自己没有价值，只是因为别人拥有，也会不断延续自身的购买行为。人们正在借助由设计制造的"系列欲望"的满足，暂时获得心理上的安全感。

"一个社会的原则是获取利润和财产的话，这个社会只能产生以占有为核心的社会性格，这一占主导地位的模式一旦被确立，没有人希望成为一个局外人，或一个被社会抛弃的人。为了避免冒这一风险，每个人都会随大流，而大多数人的共同之处只是他们相互勾心斗角。"[106]94 设计正在披着满足人的幸福生活需求的外衣，激起人的自私的观念与对立的倾向。人们害怕失去，害怕自己占有的比别人少。不停地购买已成为人们的恒定生活方式，但真实原因不是拥有得太少，而是设计催生的更多地去占有和征服的欲望。当前设计界所遵从的法则之一是对个体欲望的挖掘，虽然市场细分建立于不同个体相似需求的基础之上，但在其宣传和营销的策略上采取的是"一对一"的关怀。基于商品销售目的而宣扬的对消费者个体的"溺爱"催生了人们以自我为中心的意识，人的分享精神不断丧失。

分享精神源于人与他人联合的欲望。"人渴望同他人联合的欲望根植于人类特有的生存状况中，人的这一欲望也是人类行为最强的动力之一。"[106]92 埃里希·弗洛姆关于人的联合欲望如此论述。从生活经验中，我们也不难验证人的联合欲望的表现，比如对朋友的渴望、工作团队的积极参与。但当今设计将人与他人之间的联结欲望进行了转移：表征之一是与物的联合，设计物取代人成为个体联结欲望的寄托物；表征之二是人逃离真实世界，沉迷于虚拟世界与人的联结关系的建立。从这一维度而言，设计将人的分享精神降格为经济和商品的奴仆，人与人之间分享精神的纽带被切断了。正是由设计所激发的人对物的过度崇拜，使人以对"物"的观念与方式看待自己与他人，人与人之间生动的分享关系演变为生硬的"利益关系"。在人与人交往中，更多的不是情感的投入，而是类似于商品"交换价值"的体验。人的分享精神演变为设计创造的商业关系的牺牲品。由此，人与他人的关系成为了一种异化了的关系。人的整个身体充满了对立的欲望，就像水充满了海洋一般。

人的对立关系越强烈，分享精神就越少，生命异化的程度就越大。设计借助自身的逻辑剥夺了消费者的人性，以设计物（商品）作为补偿。设计将人的复杂关系简化为"占有"的关系，无限的生产和消费是这一关系得以维持的唯一途径。

当今的中国设计没有立足于人的真正需要，没有立足于鼓励个人积极参与社会生活，而是正陷入一种人性破坏的危险状态。人们并不是作为独立思考者存在，而是作为设计物的附庸、傀儡，人的本体正在枯萎。正如施韦泽强调："人在精神上不应生活在利己主义的小圈子里而脱离世界。"[106]150 设计不应因为经济利益而不断地强化人的对立关系，应借助设计自身的能量提高人的分享精神。英国经济理论家舒马赫，在《小即是美》(*Small Is Beautiful*) 一书中指出："把经济理解为生活的内容是一种绝症……因为无限的增长与有限的世界不相称。"[106]153 人的对立关系的建立以及分享精神的丧失，是消费主义下中国设计的失败，而这种失败是我们正沾沾自喜的设计成功的后果。

设计必须通过创造性的实践，将人恢复到幸福的生活，脱离物质主义的梦幻，摆脱以不健康的人为代价换取的健全的设计体系。通过设计引导每一个个体积极地介入真实的世界——关爱他人和分享精神的积极活动——因为本着分享精神来复兴集体生活是社会进步的必然要求。

### 4.2.3　制造享乐而非快乐

"我们生活在一个'没有快乐的享乐'世界之中"。[106]103 埃里希·弗洛姆对西方发达国家人的生活状态的总结已经极为适合当今中国国人的生活状态。

埃克哈特认为："生动和活力是一种快乐（joy）。"[106]103 埃里希·弗洛姆认为："快乐，就是我们在通向实现自我这一目标的道路上所获得的体验。"[106]107 同时，他强调快乐的获得需要人们以"爱"的方式与世界相联结，"'爱'就是在保持自我的独立与完整的情况下与自身之外的他人或他物结合在一起。"[107]24

按照进化论的观点，人从自然中来。"人从那种标志着动物的存在的与自然的原初的合一状态中分离出来。"[107]22 人在进化的过程中，具有了自我意识、理性以及想象力等独特的属性。按照人本主义精神分析学家埃里希·弗洛姆的观点，由于人同自然的合一状态的分离，由于人的理性、自我意识和想象力，使人具有了一种与其他有生命之物结合在一起的渴望。如果人找不到把他与他的同胞连接在一起的新的纽带，以取代受制于本能的旧的纽带，他就一刻也不能忍受这种存在的状态。[107]22-23

可见，寻找与世界的联结是人的一种本能需要。通常的联结方式在生活中体现为：顺从和统治——顺从于一个团体、组织、上帝，即个体成为某人或某个系统的一份子；也可以运用统治的方式，将他人或他物转化为自己的一份子。然而，这两种联结方式均牺牲了个体的自由与完整性，缺乏积极的、主动的、自力更生的力量，也就是说并非是以"爱"的方式进行的联结行为。[107]23-25

从这一维度审视设计可发现，当今中国设计是个体与世界的联结纽带。然而，设计作为人与世界的联结纽带是不是一种"爱"的联结方式，是不是给人带来了"快乐"呢？接下来对此做分析。首先，消费主义语境下的设计，由于利润逻辑的主导，售卖更多的商品成为其基本目标。分析目前商品及其营销的途径可知，以消费者个体为中心，借助设计所构建的意识形态系统，塑造个体形象和自我认同是其主要手段。在设计所建立的意识形态系统中，消费者处于被动的接受状态——消费者的购买行为并非基于设计物对其创造性发展的衡量，而是基于设计所传递的想象性个体身份的建立。消费者的主动性、理性被抹杀。消费者与世界的联结不是建立于自身的完整性和独立性的基础之上，而是通过商品所承载的符号意义——借助设计的符号隐喻，消费者以幻想的方式完成了从自身认知到他人认知。由此可知，人与世界的联结脱离了"爱"的方式，"快乐"的体验未能真正达成。

其次，设计借助差异化的商品定位，建立了一系列的"团体"和"组织"。不同的档次、不同的价格、不同的品位引导消费者对号入座。消费者成为设计构建的"团体"的一部分，借此体验自我的存在。从本质上讲，设计物与个体的人是一种共生的关系，互相获得生存的力量——这种力量更多源自幻想——满足相互亲近的渴望。这种"团体"由于受控于企业和设计师，随意性变更不断地威胁到消费者的稳定且健康的体验。人们的购买行为遵从于产品快速的更新换代，完好无损的物品因新一代产品的上市而被抛弃便是有力证明。人们的情感几乎彻底地依赖于商品，自身个性的建立与发展更是依附于他所顺从的虚拟且毫无意义的"团体"。可见，也未实现"快乐"的体验。也许有人提出质疑，在上述描述的消费过程中的确有"快乐"的感受。这是因为很多人混淆了"快乐"与"享乐"之间的区别——实际二者具有显著的差异。

享乐（pleasure），是指某种欲望满足的体验。这种满足可能会带来极大享受，但不是"爱"的方式，也不一定需要生动和活力：饮酒作乐、吸食毒品、尽情吃喝、赚更多的钱、占有更多的名贵商品等。埃里希·弗洛姆对"享乐"的论述可以帮助我们更好地理解："为了富有和出名，当然要十分积极才行，这里所说的积极是忙碌的意思，而不是那种'内心的生产、创造'。目的达到了，那他可能会感到兴奋或者一种'深深的满足'，他觉得自己已经到达了巅峰。什么样的巅峰呢？可能是兴奋的巅峰、满足的巅峰，或者一种朦胧状态或纵欲状态的巅峰。在这种状态下，人受激情的支配，这些激情虽然是人所具有的，却是病态的，因为这些激情不能相应地解决人的问题，不能使人变得强大和得到进一步的发展；相反，这些激情或迟或早会使人变成畸形的人。"[106]104 当今中国的设计不正是无限地激发人的欲望，以设计物作为满足的替代物吗？设计不但能够表达人的欲望，而且能够具体描述人的欲望。"一个人或物如何在某个环境中宣示自己的存在呢？对，答案就是通过'设计'"

哈尔·福斯特在《设计之罪》中如此描述设计对人的作用。[108]29 如前所述，设计与媒介共同引导人们对现实的不满，从而产生消费的渴求。但是，极端享乐主义下的消费只会给人们带来暂时的刺激，不会使人的内心充满快乐。享乐的消费模式只会迫使人不断去购买新的商品，这不正是当今国人的消费特点吗？

享乐的消费模式造成人的自恋情节。按照精神分析学说的观点：自恋是与客观、理性及爱相对的另一个极端。关于自恋的人，埃里希·弗洛姆认为，自恋的人不去客观地体验和感知外部世界，也就是说，他不把外部世界当成是按照它自身的运行方式、条件及需要而存在的东西。[107]27 当今中国的设计正在借助符号体系与意识形态系统强迫人们陷入自己的内心活动所决定和塑造成的形象，而理性体验物或人等外部世界的本来样子的能力逐渐退化——不是通过自我的内心、本质，而是通过外表同世界联结。对外部世界的反应，不是依据世界的真实，而是依赖于虚假意义促成的幻想。人已经由创造者降格为被造者。当今中国设计正在造就越来越多的精神不健全的群体。

可见，当今中国设计所宣扬的是人与商品的联结，以及人通过商品与他人的联结。这种看似丰富的联结途径，实际受控于消费逻辑所规定的意识形态系统，其本质上并非是创造性的、充满爱的方式。由此造成人的完整性和独立性的缺失，无法达成人的快乐，只能激发、膨胀人的享乐追求，并最终生成了人的自恋情节。

## 4.3 设计与社会之间的失衡：经济独大

被消费主义绑架的设计以经济作为轴心展开，即聚焦于设计生态中的设计与经济的关系。市场、经济、商业、利润等与金钱相关的词汇成为设计的关键词。设计作为当代社会发展的一种生产力，被作为获得经济利益的手段和资源来经营。经济利益凌驾于设计最终目的——人与社会的发展——之上。刺激消费、提高市场竞争力，使设计追求的目标与商业竞争的手段重叠。从设计与社会的维度审视，设计助推经济巨大发展的同时，导致了社会的多重失衡。本文将从道德伦理式微、文化自觉缺失和设计成本假象三个议题进行论述。

### 4.3.1 道德伦理失范

道德失范具有三个层面的含义。首先，作为一种现象性的描述，道德失范包括常态下的道德失范与转型期的道德失范两类；第二，某种既定价值标准的存在是道德失范所隐含的前提；第三，道德失范显现了社会道德价值缺失及混乱无序状态的生活内容。[109] 在道德失范的背后，是社会精神层面的某种危机和剧烈冲突。简言之，道德伦理失范指道德伦理评价标准的紊乱及由此造成的对社会、个体调节、引导力量的衰竭。任何道德伦理现象都表征了一定社会生活的样态，其产生具有强烈的现实基础。消费逻辑主导下的中国设计催生和助推了道德伦理的失范。

消费主义语境下，设计被雕琢成了向生活和社会提供一系列商品和服务的典范。然而，无可辩驳的优质设计与优秀设计师的评价标准，似乎揭露了事实的某些真相：设计带来多大市场潜力、设计带来多少销量增加、设计带来多少利润提升成为优质设计的衡量；设计师的社会地位、名声与商业设计的成功直接相关；设计费用的多寡取决于利润现实和设计引发的市场空间的大小。与此同时，企业通过多样的媒介与广告策略鼓励人们构建新的生活方式，而构建的手段集中于对设计物的消费。留心生活不难发现，消费者对商品的迷恋已近似于毒瘾——必须持续不断地消费，一次次地重复体验生成了迷幻的生活假象。事实上，人们对真实的自我和身边真实的世界却表现出麻木不仁。

为维持由不断消费构筑而成的生活方式，个人必须加快生活节奏并拼命工作，将自己以商品的形式出售给企业，以便取得满足消费的货币。斯坦福大学工商管理教授柯克·汉森称，"管理者都认为他们必须取得杰出的成就，否则就将面临被辞退的危机。"[82]86 工作的不安全感是笼罩在多数人头顶的乌云，牺牲享受生活的时间，甚至牺牲身体的健康成为暂缓这种不安全感的手段。而联合国的报告则揭示出工作压力的危害是"本世纪最严重的影响身体健康的问题之一"。[82]84 长期以来，社会中的大批人士声称，人们的生活正在商业繁荣的引领下持续改善。人们默认了这样的论调，放弃了对设计所带来的道德伦理的阴暗面的抗议和批判。

在消费主义的冲击下，经济利益至上成为设计的目标和原则。当经济利益成为设计自身和实践主体的唯一价值准则，设计就越来越背离"为人类的美好生活"这一根本目的。设计迷失了正确、合理的道德伦理规范。设计的道德伦理失范在多个层面都有体现，为便于阐述，本文将其简要归纳为设计行业内部失范和由此造成的外部——人与社会——失范两个类别。道德伦理失范主要是对社会生活和个人生活调节、引导的紊乱，因此，论述重点放在后者。

当前中国设计行业内部不时有道德伦理失范的情况发生，主要包括欺诈、抄袭剽窃山寨风行、市场混乱等问题。设计欺诈中以材料劣质、偷工减料、产品使用周期短、质量不符合相关标准与要求等最为突出；抄袭剽窃主要体现在自主创新的能力与意识欠缺，很多设计间接甚至直接抄袭市场中较为成熟的同行产品，盗用各种设计元素，甚至完全仿冒；设计市场中恶性竞争、暗箱操作、费用标准不一等问题层出不穷。设计生产方一边喊着"消费者是衣食父母"的口号，一边全神贯注于道德沦丧之事。借助在"设计—生产—消费"系统中的权力优势和广告的麻醉效力，实行着对消费者的管理。消费逻辑主导下的设计具有隐蔽性权威——经济需要、利润、市场、销售——这些权威如此强大且被所有人接受。设计出现过错，甚至危及人的生命，社会更多认定为行为失误。人们顺从于设计的隐性权威，而这种权威正在破坏道德伦理规范，正在腐蚀道德伦理价值的标准。

设计挑起无限欲望，尤其对个体与社会发展不利的欲望，是道德伦理失范的

表现之一。这种不道德的行为像分子一样弥漫于社会的每一个角落。设计在当今社会沦为商业竞争的手段，不断制造"虚假需求""抽象价值"刺激消费者进行消费。在极端消费主义大行其道的当今社会，作为一种商业竞争的资源，设计的目的和动机被转变成片面地制造消费欲望和满足消费欲望。没有道德伦理约束的设计将人极致简化为一个"欲望—满足"的组合

体。受消费主义的驱使，设计师只考虑如何将经济利益最大化，设计活动和设计成果只是某个商业计划的具体执行过程和具体执行成果。几乎每个设计活动和设计行为的背后都隐藏着单纯经济利益运作。当今中国的设计模式服务于大规模消费的需要，促进了一种新的社会性格在人身上的生成：每一个欲望都必须立即满足。"最明显的例子就是我们采用分期付款的办法购物。"[107]129 这与之前的时代完全不同。今天，你没有足够的钱一样可以购买你需要或想要——不一定需要——的物品。设计激发的人的欲望超过个体自我的控制力。正如思想家马克斯·舍勒和柏格森曾言现代人过于贪图物质，已抵达无力自我约束欲望的状态。生活、工作，甚至休闲、娱乐都为了"欲望—满足"这一极致简化的组合。看看现在我们"节日"的异化，便会清楚舍勒和柏格森的话并不为过。中秋不再是崇尚团圆、端午不再是缅怀屈原，甚至春节期间的家庭团聚也不再是最重要的内容，节日就是购物，节日就是消费，或者说节日异化为消费的堂而皇之的理由。不仅原有节日如此，为了"欲望—满足"创造了"双十一"。可以说，节日成为展现设计"驯服力"的盛大时机。①太多的现实警示我们，无节制的欲望会导致个体和社会的瘫痪，甚至最终的毁灭。我们丝毫没有意识到这一问题的严重性，设计界更没有。"整个世界就是作为我们的欲望的对象的一个大东西：一个大苹果，一大瓶饮料，一个大乳房；我们是些嗷嗷待哺者，是永远在期待的一群，是永远在希望的一

---

① 戴博曼在总结"季节性过度消费"时，曾用"驯服"一词。出现季节性过度消费的神圣赞助人形象，说明了社会文化已将关注于圣之所诞的精神替换为事关市场营销、物质主义，并与挥霍，甚至是与驯服式的压制相关联的特殊节日（参见参考文献 [161]）。

群——也永远在失望的一群。"[107]137 何为正当的欲望？应该以何物满足正当的欲望？应该如何满足欲望？面对这些基本的问题，人们失去了理性。

　　设计导致人们理性的丧失，也是道德伦理失范的体现之一。何为"理性"？我们可以借助埃里希·弗洛姆对"智力"和"理性"的比较阐释进行理解。"智力就是视事物的现状为理所当然，对事物进行综合排布，以方便控制；因而智力被认为是生物生存的需要。另一方面，理性的目的在于理解，理性致力于找出表现象下面的东西，认识包围着我们的现实世界的核心和本质……其功能不在于延长肉体的生存，而在于推动思想和精神性存在的发展。"[107]140 设计正在引导人们脱离现实世界，正在用抽象价值——符号价值和交换价值——隐藏甚至抹杀现实的图景。人们在设计的麻醉之下，几乎彻底失去了理性的判断，跟着广告的节奏过着他人的生活。理性需要个体的自我参与和思考。反观当今国人对设计、消费的现实场景，人们更多依赖于媒体、他人制造的印象、思想、意见、方式而被动地接受，虽然可以对设计进行比较和使用，却无法透过表象判断背后的本质。人类靠聪明才智创造了设计，却失去了对其进行理性控制的能力。消费者也许知道购买什么，却不知道为什么购买，这么购买的目的是什么，最起码站在社会和个人发展的角度是这样的。对于设计及其消费而言，人们呈现出越来越高的智商，而理性却越来越少。基于理性层面而言，消费逻辑主导下的设计导致了人类愚昧的明显增强。

　　设计的道德伦理失范还体现在设计的非公平性。如前文所述：设计为有钱人而忽视穷人、忽视弱势群体，造成了群体间的设计非公平性；设计为城市而忽视农村、偏远地区，导致了区域间的设计非公平性。设计的繁荣从来没有真正关注诸如无家可归、贫穷以及残障之人，因为他们无法代表设计的成功——毫无机会创造商业利润。设计成为个人和群体彰显社会等级的手段和工具，有悖于社会平等和公正。

恩格斯认为，"一切以往的道德论归根到底都是当时的社会经济状况的产物"。[110]133-134设计道德伦理作为一定范围内的意识形态和上层建筑，实际上在一定程度上反映了当前的社会经济状况。当前中国设计道德伦理失范是由目前消费主义下设计片面追求"经济独大"的必然后果。当今社会对设计的道德伦理失范的漠视态度，在一定程度上不利于人的自我意识的发展。"我怀疑、我抗议、我反抗，我体验到了作为'我'的自己，即使我屈服了，认输了，我也体验到了作为'我'的自己——失败的自己。"[107]126人们面对设计出现的道德伦理失范问题所进行的斗争的过程，是自我意识发展的过程。然而在今天，人们面对此问题时，意识不到自己的反抗或屈服。

无论是从人类发展的角度，还是对人类现实生活的优化，抑或是哲学的角度，设计都与全人类紧密连接。设计的基础在于立足于全景式人类社会和人的发展的关照。作为一种具有广泛社会影响的社会活动，设计负有不可推卸的道德伦理责任。

## 4.3.2 文化自觉缺失

文化自觉的概念是费孝通于20世纪90年代率先提出，他将其阐释为生活在一定文化中的人明白其文化的来历、形成过程、特色和发展趋向，从而增强文化转型自主能力，获得在新环境下进行文化选择的能力和地位；同时应具有世界眼光，能够理解别的民族的文化，增强与不同文化接触、对话、相处的能力。[75]129 可见，文化自觉一方面强调本民族文化是文化转型的根基与血脉；另一方面强调以开放的、自信的姿态与其他民族的文化进行互动。设计作为文化的重要分支和载体，同样涉及文化自觉的问题，即设计文化自觉。设计文化自觉可以理解为：设计过程和结果应尊重民族文化，以民族文化为根基，以对民族文化的自信精神正确处理与外来文化的关系。设计文化自觉是一种设计责任，也是一种文化责任，是在全球趋同化势态下维持民族文化生命力和多样性的重要保证。

谈及日本、德国、芬兰、法国等国家的设计，各自特征即刻浮现脑海。其特征不仅限于外在的形式与形态，更是各自民族文化的彰显，是民族文化与国际文化的有机融合。近年来，中国设计界也出现了基于民族文化的当代设计，如吕永中创立的"半木"①品牌旗下的家具，张雷创立的"品物流形"②品牌旗下的家具、灯具等生活用品，鲁普及创立的"格言"③品牌旗下的装饰品与摆件等。但提及中国当代设计，人们对其整体特征的反应是模糊的，甚至是缺失的。特征的缺失表征了中国设计中民族文化的缺失，凸显了文化自觉的丧失。

---

① 半木，2006年创立于上海，致力于本土文化与当代生活方式的融合，以东方文化的智慧诠释经典东方生活。

② 品物流形，以民族文化为设计基因，创作了大量经典作品，其理念是尊重传统，但颠覆传统。该品牌除了作品创作，还致力于中国传统手工艺的收集、整理、研究。

③ 格言，致力于传统文化的挖掘，并进行现代设计的再思考，创作出大量经典的高文化属性的作品。

消费主义与设计产业全球化语境下，反观中国设计文化现状与结构可知："复杂时代成因造成了中国设计对民族文化的倡导不力，对外来文化的包容不善，博大造物文化和精深的设计思想出现了断层。"[75]130 市场经济带给设计的发展，在进入新世纪后产生了放大效应，尤其对于经济的发展功不可没。但从普遍意义而言，我们的设计更多处于借鉴与模仿的状态。诞生于西方国家的现代设计，以形制相近、规格标准、批量生产的方式涌入中国，西方文化借机成为中国设计文化构成的主流因素和权威话语。西方设计文化强势介入导致民族文化在中国当代设计中的遣散与溶解。民族文化面临着因"拿来主义"而趋同，因自信缺失而独立性丧失的危机。

基于设计文化的视角而言，消费逻辑对设计的规定呈现非理性特征。销售和利润等设计的经济指标成为设计的重要衡量。经济目标的快速达成成为设计的原则，拷贝、抄袭甚至直接"拿来"成为"最佳"途径。相较于西方现代设计，中国设计仍处于力量薄弱的童年期。在西方设计文化的冲击下，因经济、利润的单一目的，放弃民族文化而盲目以外来文化为信仰，导致中国设计长期处于西方设计的附庸与跟随状态，并未形成与民族特质、文化传统相调和的设计价值取向。这一点从中国设计批评中民族文化标准的失语状态表露无遗。诸多可以与世界分享的民族文化——"从殷商、西周时期的'器以藏礼''百工之事'与'阴阳五行'；春秋战国时期的儒道文化、墨家造物文化和法家的'厚生强国'；魏晋玄学；隋唐三教、科技文化的交流与传播；宋元时期的理学、科学成就和造物设计理论；明代的实学之兴和巧设山水的园林艺术、简洁合度的明式家具到清代的个性画派、皇家设计风范……中国设计文化的传统始终都是我们民族文化不断前进的基础和原动力。"[111]——被排除在设计之外,这是设计生态的失衡,是立志成为设计强国的严重的责任障碍。

设计在中国是为经济和消费服务的,长期处于急功近利的驱动之下,忽视了文化维度的审视与再造。换言之,消费逻辑主导下的设计,其文化价值被掩盖,身上只剩下商业的标签。设计中民族文化的缺失,将无法引导中国设计进入正确的发展方向。这是所有已知的人类文明发展史给我们的重要启示。

哈佛大学著名教授罗博特·海斯曾言:"15年前,企业靠价格竞争,今天靠质量竞争,明天将靠设计竞争。"[112]这一断言已成为现实。"设计在许多国家成为国策,'设计美国'、'英国可以没有首相,但不能没有设计'、'日本战后的工业设计发展,推动了日本经济,使日本成为经济强国'"[75]139 中国正在实行的创意产业政策,也反映了对于设计产业的重视。然而,对于全球范围内的设计产业竞争,我们必须明确:设计产业的竞争既是经济竞争,更是文化力的角斗。世界各国通过设计的销售推广本民族文化,借助设计的消费进行价值观念的渗透。设计已经成为不同国家拓展民族文化影响力、提升文化竞争力的无法取代的有力武器。因此,中国设计要承担起传播民族文化和创化民族文化的使命。设计及其行为中必须蕴含民族文化基因。设计在当下,是经济革命,是文化战争。目前来看,经济革命硕果累累,文化战争处于绝对劣势:一方面我们的民族文化在中国设计中因自卑而缺席,另一方面我们的民族文化经过别国设计的再造,烙上了西方的印记,由此造成民族文化归属的模糊。这是一个不容忽视的超越设计的问题。

"现代设计中存不存在民族化、要不要提倡民族化、怎样民族化这些都已成为一个必须回答的问题。"[113] 在消费主义语境下，人们极易将"民族化"与设计的"时代性"对立，认为民族文化是过时的，无法满足当代人生活的需要，无法实现经济的快速增长。其实不然，我们倡导"民族化"并非去"时代性"，而是以当代生活方式和价值观念为尺度，从民族文化中汲取优秀的基因，构建民族特色鲜明、符合时代需求的、先进的设计文化。此外，民族文化经过人类共同需求标准的设计再造，可以创造出打破国界限制的优质设计，上升为世界性的文化。日本、中国香港和中国台湾的设计在此方面的成功是我们学习的典范。可见，对设计中民族文化的理解和运用不能简单化。民族文化应与时代精神、人类共同需求、生活方式、世界文化以及多元目的——经济发展、社会和谐、文化创新等——相溶于设计。唯有此，才是中国设计新一轮发展的方向与源动力；唯有此，中国设计文化身份才能得以建立。

消费主义与设计产业全球化重叠，经济上急功近利的目标、心理上对民族文化的自卑、观念上对西方文化的盲从以及方式上的抄袭、拿来主义，导致了中国当代设计中文化自觉的缺失。文化自觉是实现设计良性发展、设计生态平衡以及设计强国的保证。每一位设计师、每一位设计生产者，甚至每一位国人应主动提升文化自觉的意识，这是一种责任，也可以说是一种义务。

### 4.3.3 设计成本假象

当今中国设计发展可谓令多数人自豪。冷静之余，我们产生了质疑：如果当前设计发展机制对人的发展和社会进步真是十分的高效，那么当它影响到自然环境和社会环境时——对于环境的保护和改善，甚至危害程度降低——设计体系为什么又如此地低效呢？答案非常简单：设计的成本仅仅是支付成本——为实现社会目标所发生的实际支出——是一种成本假象。

设计无论是为人服务目标的实现，还是利润实现以及消费的达成，必须通过"市场"进行交易，探讨设计成本必然分析当今市场的特点。目前，市场善于定价，但是对真实成本却缺少应有的明确认识。"今天，我们的自由市场对自然界和人类社会都造成了危害，原因就在于这个市场没能反映出产品和服务的真实成本。"[82]59 自由市场作为设计交易的场所与机制，只有反映设计的真实成本时，才对人类有益。当成本遭到人为缩减时，则会对环境与社会造成伤害。

在中国（乃至世界多数国家），汽车成本未能包含尾气污染、雾霾和拥堵造成的时间浪费的成本。中国的书籍几乎是世界上最廉价的，但这个价格却未能反映其真实成本：因树木砍伐造成的水土流失、造纸污染了河流与地下水以及难以降解的印刷油墨对环境的污染。塑料材质对设计产品的美观、轻便甚至功能——耐高温塑料是制造汽车引擎的材料，20世纪80年代，以新型碳纤维和其他合成物的形成的新型塑料，开始取代飞机里的一些重要金属部件——它的改进功不可没，在很大程度上降低了产品的市场价格，然而，这个成本同样没有包含上百年才能降解所造成的环境污染和土壤破坏的成本。

审视当前的市场机制可知，为促进交易的顺利达成，市场在一定程度上独立于社会规则或文化信仰之外。中国基于经济发展的需要，推行了市场经济，将更多的权力交于被奉为通往财富的直接保障的自由市场。设计在自由市场的机制下获得了极大的自由。在我们的观念中，设计自由至关重要，所以我们经常把设计产生的错误行为想当然地看作一种失常的个别现象而不以为然，哪怕是危及人健康的毒奶粉、毒家具、毒服装。我们清楚地知道当今中国设计因消费逻辑的主导而具有了贪婪、唯利是图的属性，但是我们还是期望在设计自由不受侵犯的情况下，更多地由市场的力量进行平衡。在消费主义的强大力量面前，平等、公平、诚信或财富分配让位于自由市场下的设计自由。

　　审视当今中国的设计现象，不难发现因自由市场庇护下的设计自由助推了市场垄断、不公平甚至反社会的发展——设计自由可以免除部分社会责任。设计最大的自由就是可以不断地增长，设计产业化便成为自然而然的要求。随着设计产业化过程的深入，设计的规模效益就变得越加清晰。几乎所有的与人类密切相关的衣、食、住、行、用领域的设计均向产业化进军。设计产业化，尤其是规模化，基于成本和效率的角度而言，对于生产者和消费者的利好是十分明显的。但是对环境、社会，甚至生命安全，也隐藏了巨大的隐患。以发生在宜家的"夺命抽屉柜"系列设计产品事件为例：2016年6月29日，宜家同意在美国召回包括畅销的马尔姆（Malm）在内的几个品牌的抽屉柜——因宜家此前收到了41起涉及马尔姆抽屉柜的倾覆事故报告，这些事故造成3名儿童死亡、17名儿童受伤。但此批被召回的同系列产品仍在中国销售，此行为被业内人士广泛认为存在"双重标准"。7月12日，该事件持续发酵，在遭多部门约谈后，宜家中国决定即日起在中国市场上召回近170万件马尔姆等系列抽屉柜。然而，令人啼笑皆非的是上述召回产品仍然在售。宜家中国相关负责人声称"召回不等于停售"，并表示此次召回将给宜家带来"暂时无法估算的影响"。[114] 截至 2016年8月19日,还没有相关处罚的决定。根据以往的处罚经验,最有可能的是缴纳罚款和诉讼费。然而,处罚费用与巨额的利润相比不过是一笔"经营费用"。类似的事件在我国不在少数,甚至发生在食品、药品行业。

从上述事件可以看出,超大型设计规模的自由意味着公司甚至有违反法律的自由,尤其是不法行为赢得的利润远远高于罚款和诉讼费时。设计自由已经逐渐地意味着丧失责任的权力集中。

设计作为满足消费的最重要的手段,目前并不承认所带来的破坏和浪费,因此,在其设计成本中并未包含全部成本——环境破坏、社会损害甚至生命安全等。在中国,我们极难找到设计全部成本研究的案例或数据。诚然,关于此类成本的具体数目的确定极其困难,但也反映了当今设计与设计研究领域的极大缺陷。下面以加利福尼亚大学旧金山分校的一项研究为例:该研究是关于加利福尼亚人负担的与吸烟有关的成本问题,换句话说是香烟的支付成本与全部成本的问题。该机构通过研究发现每年的支付成本之外的成本数额达数十亿美元,主要表现在失去的工资和更高的保健费用上。这相当于为在加利福尼亚州出售的每包香烟支付3.43美元。也就是说,虽然是个人吸烟,社会却共同分摊了这一费用。[82]62 对于几乎所有的设计产品来讲,情况都是这样——设计成本并非全部成本——社会为设计产品承担了巨额的成本。

经济学家关注着设计的交换价值,生态学家却发现了设计造成的生命系统的恶化,社会学家看到了设计对于社会的危险。从可持续发展的维度而言,设计在满足一代人需求的同时,不能危及子孙后代的同样需求,如果一种设计机制正在造成环境和社会的伤害,它还是我们应该推崇和引以为豪的吗?设计的额外成本必须被整合到设计的成本之中。转译保罗·霍肯的观点,有两种成本需要内化于设计。第一种是由一种设计体系对另一体系、人或地区造成的实际伤害。经济学家赫尔曼·戴利称之为"外溢效应",即虽然可能无心,但却是造成伤害。如一家企业因排污造成下游鱼的死亡与毒害,使相关人减少收入,因吃鱼而生病。第二种成本更加难以衡量,却同样至关重要,水土流失、森林砍伐、土壤侵蚀、地下水污染等。英国经济学家A·C·庇古在其《福利经济学》一书中,曾提出征收"纠正失调税"的方式解决相关问题。虽遭到环保主义者的反对——认为征税不会停止破坏——但可以激发我们对这一问题的关注,并设计更优的方案。

也许有人会对设计的全部成本的建议提出反对意见,认为这将会使更多的费用被转嫁到消费者身上,并导致经济增长放缓。实际上,消费者从未因目前的成本构成方式有所获益。除去直接的支付成本,消费者被动地通过其他形式承担了衍生成本。例如,相关医疗费用和保健费用;清除有毒废弃物处理场的污染所需的费用;丧失经济产出;环境恶化导致资源费用上涨(如北京准备征集拥堵费)。可见,以支付成本作为设计成本更多源于企业利益的最大化。从消费者整体开销审视,全部成本并不会增加社会消费者的经济负担。相反,成本归其本位利于消费者的理性购买,利于企业的创新力提升,利于社会的有序发展。

总之,忽略人的健康、环境破坏和社会损伤的虚假设计成本,对我国的可持续发展埋下巨大隐患。设计成本的构成机制必须及时作出调整。设计真实成本——全部成本——机制的推行，可能会阻力重重，但不排除借此激发设计、企业和设计机制创新的可能。

## 4.4　设计与自然之间的失衡：价值剥夺

马克思在《1857—1858年经济学手稿》中提出：资本创造了一个普遍有用性体系。自然成为这个体系中的构成因子。"占有"成为处理与自然关系的唯一选择。"只有资本才创造出资产阶级社会，并创造出社会成员对自然界和社会联系本身的普遍占有。由此产生了资本的伟大的文明作用；它创造了这样一个社会阶段，与这个社会阶段相比，一切以前的社会阶段都只表现为人类的地方性发展和对自然的崇拜。只有在资本主义制度下自然界才真正是人的对象，真正是有用物；它不再被认为是自为的力量；而对自然界的独立规律的理论认识本身不过表现为狡猾，其目的是使自然界（不管是作为消费品，还是作为生产资料）服从于人的需要。"[115]这段话揭示了资本的属性对自然环境、生态环境所产生的影响。

马克思反对资本主义的原因除了资本主义本身促使一些人残酷地剥削另一些人，造成人与人之间的不平等，另一个重要原因就是资本主义同时促使了一些人对自然无止境的盘剥，造成人与自然之间的对立。马克思的这段话一方面指出了资本的效用原则，其重要属性就是把一切都变成有用的体系。另一方面，资本的属性也无可避免地对自然产生重要的影响，即自然变成资本普遍效用关系中的一员，一切对象都服从于生产，"纯粹的自然"逐渐变为"人化的自然"。

马克思指出，资本的效用原则所决定的金钱对整个世界的价值剥夺，是对人的价值和自然的价值双重剥夺。[116]人与自然界失去了平等关系。在资本的效用原则下，人的价值和自然的价值都被作为"有用物"接受资本的权衡。自然的价值被剥夺，出现"自然界的异化"。

消费主义下，设计成为对自然的价值剥夺的武器。本文将从"获取"和"反馈"两个维度进行阐述。选取这两个维度缘于它们是设计作用于自然的主要方式。

## 4.4.1 过度式获取

获取，指设计从自然中获得资源和能量。与自然生态系统中生物仅仅消费可再生资源——树叶、种子、野草、昆虫、水、菌类物等——不同，设计既获取再生资源，也消耗不可再生资源——石油、天然气、煤等。从理论上理解，不可再生资源的损耗无法复原，无法永久持续。同时，消费逻辑主导的设计对可再生资源的获取超越了自然生态系统的自身回复能力，即所谓的过度消耗。可见，当今中国设计繁荣建基于对地球储备资源的过度剥夺。引用三个数字加以说明：每天，全球经济生产所烧掉的能量是这个星球用1.3万天时间才能创造出来；自1975～2005年之间，全球森林减少了6.08亿英亩；我们每年都因退化而失去1200万～1700万英亩原本富产的农业用地。[82]19

也许有人将这种获取和损耗的责任归结于生产,但我们不能否认的事实是:设计是生产的内容,也就是说,设计什么就生产什么,而且设计正在激发消费以扩大生产。

三十年来,我国设计发展与自然环境的负面变化是同步的,大批的自然资源正在急剧减少。我们看到设计指数不断攀升,但这只是从经济角度的衡量。实际上,我们还没有形成一个公认的、完善的指数来表示这种设计发展所造成的自然资源和能量损耗的代价。借用生态学的术语来说,当今中国的设计体系并不是一个完善的生态系统。中国设计正在环境科学家戴维·沃恩所评价的美国选择的发展道路——"说起来可能会让我们的国民观有点不好受,但是现在的美国文化仍然是一片光秃秃的田野,充斥着四处扩张的野草,它们挣扎着想长成某种更复杂、更息息相关和更永久的东西。直到现在为止,我们顽固选择的一直是一条最没有抵抗力的耗费资源的道路"[82]17——上前行。我们的设计模式对自然充满了侵略性和破坏性,就像极力扩张自己地盘的野草。社会只对设计的无限增长和持续消费感兴趣,而对自然资源保存和多样性丧失置之不理。为了一时的利润和物质自由,设计打破了人与自然的关系中固有的限制和纪律。另一方面,通过设计手段所进行的资源分配处于极不公平的状态。国外有一组关于资源分配的数据:正在被开采和利用的大量资源的分配又如此严重不均,使得全球有20%的人长期处于饥饿状态。而另外大部分位于北方的占全球20%的人口消耗了全世界近80%的资源。[82]2 从我国设计分配不均的现状,可以清楚地想象资源分配的状况。因为这种分配是以设计为主要内容的商业活动的形式进行的。

张夫也在谈及美术与设计的差异时曾言:"美术可能关注

的是当代或者过去，但未来很少涉及。设计则不同，设计更重要的是关注未来，引领未来的生活方式。"[117]未来，其一指向"我们"的明天，其二指向"后代"的今天。不断膨胀的物质消费自由的设计，如果说是对"我们"的关爱与尊重，那这种情感与行为是对"后代"享受自己生命的能力和权力的剥夺。从人性的角度而言，这是其他任何物种都不会出现的对自己种族的灭绝行为。"永远扩张的富裕并不是一个建立在科学、历史或自然基础上的理论。它完完全全建立在自私自利的基础上。"[82]⁹ 无论当前的设计是因为对无知的坚持，还是厚颜无耻的虚伪，瞧一瞧我们对后代资源的榨取，这应当引起设计起码的道德责任感。不可否认，进步意味着尽可能多的造物转化，但我们对资源的过分掠夺不仅超越了国界，而且超越了时代。设计正在用我们后代赖以维持生命的资源和能量"美化"我们的生活，为了今天的过度消费，支取了百年后人们的资源甚至生命。消费主导下的设计模式如果不进行改变，资源短缺将在速度、数量和影响力上达到前所未有的程度。

当然，不否认设计界对此作出的改变：调整设计策略、绿色产品设计、更环保的制造方法、可回收的材料运用等。然而，相较于整个设计行业，这些举动充其量是点式的微调，况且，有的的确出于良知，有的只是为了逃避法律责任，还有的仅仅是品牌文化和公众形象构建的伎俩而已。

## 4.4.2 毁坏性反馈

反馈，指设计将获取的自然资源和能量转化后，形成的对自然环境的影响与回馈。为清晰设计对自然环境的反馈，有必要简要总结一下当今中国设计模式所引导和决定的人造物生命系统的属性。人造物在世界的生命过程按"设计——生产——消费——废弃"顺向展开，消费后的人造物并未重新进入设计系统，也就是说，自然资源和能量的终极产物没有被设计循环利用。因此，当前设计模式所引导的人造物生命系统属于线性的系统。这一特征与自然系统存在根本不同，自然是循环的系统——自然界的废弃物几乎无一例外是其他生命系统的食物。可能有的人会提出，人造物也可以成为其他生物的食物，但现实状况是当今设计所创造的人造物对于其他生物而言不具备食物的属性，甚至是致命的、难以被大自然分解的。

设计在过度获取的同时，相应地，必然存在过度废弃。向空气释放有害气体，向河流和海洋排放有毒废水，向大地堆放各类垃圾，向人和其他动物体投射致病性化合物。与自然系统产生的废弃物不同，设计带来的废弃物对其他物种或有机体没有任何价值，相反，常常是危及生命的。的确，自然具有吸收废弃物并转化为无害物质的能力，但是，如所有生命某一方面的能力始终是有限的一样，自然吸收废弃物的能力是有限度的。自然已经用自己的方式给予人类以报复，因为我们对自然的有害反馈过多了。借用美国人丢弃废弃物的数据做说明：每个美国人大约每周消耗 36 磅重的资源，而为了维持这种消耗，却要丢弃 2000 磅的废弃物。这些废弃物无所不包，从纸张到二氧化碳，从农业废弃物到废水，从包装材料到氮氧化物。[82]31 中国关于消耗与丢弃关系方面的数据未能找到，但是根据国人的生活状况可以想象，即使我们的消耗和废弃减半，这个数字也是惊人的。按照2015年统计的城镇人口74916万人计算，每年反馈于自然的废弃物是一个可怕的天文数字。同济大学环境科学与工程学院李光明表示，到2031年微型计算机的理论报废量将达到1.5亿台，主要家电产品报废量将达到5.16亿台，计1300万吨。[118]网络购物的迅速崛起，给快递业带来发展机遇，但给设计提出了新的挑战。如何利用设计解决当前快递业务发展带来的海量废弃物排放问题刻不容缓。据台湾"中央社"网站3月29日报道，北京印刷学院青岛研究院副院长朱磊说，以2015年的快递业务量推算，初步预计去年大陆消耗了塑料编织袋29.6亿个、塑胶袋82.6亿个、包装箱99亿个、胶带169.5亿米、避免撞击的缓冲物29.7亿个。[119]

我们进入了一种将自然资源转变为垃圾的设计模式，这种转变具有快速、过度、浪费和破坏的特征。设计对自然的价值贪得无厌的胃口以及在对其消费过程中相伴产生的浪费被设计生产方异想天开的生态演讲所掩盖。"别为购买了太多的包装、太多的塑料或产生了太多的废弃物担忧。我们将通过回收和清除来解决这个问题。"[82]87世界是在沿着如他们所言的方式前进吗？我们身边存在的许多令人发指、震撼人心的垃圾场给出了答案。在非洲国家，以加纳为例，其首都阿克拉一个名为阿博布罗西的垃圾场堆满了来自欧洲、北美发达国家的计算机废件。除了一些铜、铝或锡金属制成的残片会被附近拾荒的群众捡取、回收，其他垃圾则最终走向统一进行焚烧的终点。事实上，不止阿博布罗西这个垃圾场采取了这样的做法，几乎每一个垃圾场均采取相同的方式处理大量设计垃圾。产品在这里走向终结，设计师的心血也随其付之一炬。重要的是，在未来的几十年以内甚至更长的时间里，这些焚烧的产品废件将对这片土地产生不可估量的持续的严重污染。为保证经济利益的持续增长，设计生产方制造了"美丽的童话"：设计垃圾可以通过新的技术与垃圾填埋场清理干净。这个童话具有极大的迷惑性，因为它效仿了家庭垃圾处理的行为，"把废弃物装袋，放在屋外，让市政部门拖走，让市政部门去操心。"[82]32 但是，我们不仅质疑：家庭垃圾可以从一个小的私人空间转移到一个大的空间——自然界，那么自然界如何转移堆积如山的垃圾呢？

蒂姆·布朗在《设计改变一切》中记录了这样一个事件。IDEO 设计团队为欧乐 B 公司成功设计了一款销售情况良好、深受孩子们喜爱的儿童牙刷。然而有一天，这款儿童牙刷的主设计师在墨西哥与加利福尼亚半岛的海滩上散步时，却在沙滩上发现了一支被潮水冲上岸的牙刷。当然，这并没有对环境产生毁灭性的危害。但是，这让他们意识到重视海洋废弃物的确是一个不容忽视的严重环境问题。以太平洋为例，"太平洋垃圾漩涡"的面积远远比美国德州的两倍还大。儿童牙刷的设计本是出于善意，在通常情况下也不会被人们当做破坏环境的产品。事实却是的确在污染环境。这款牙刷的设计团队应该承担怎样的环境责任呢？多数设计师会认为，设计师的职责是创造一款安全、实用、能够得到孩子喜爱的牙刷，并且让孩子愿意每天使用这把牙刷保护口腔健康，舍不得换掉。[33]242-243 在这些设计师看来，产品出售以后的一切情况不该由设计师负责，这是制造商和零售商，甚至是政府应该考虑的问题。这同样是中国设计观念存在的严重问题。如果所有设计师都以这样的态度面对自己的创造实践，那么从设计构思到设计完成，设计师都会从主观上毫无负担。从这个沙滩上意外出现的儿童牙刷可以给予我们很多反思和改进的机会，例如，设计产品是否由可回收材料制成？设计产品是否可以被环保地回收？这款牙刷的生产过程中消耗了多少水？这款牙刷的生产过程是否对环境造成污染？这款牙刷是否足够小巧？是否存在过度包装问题？包装材料是否是环保材料？回收过程是否会对环境产生负面影响？一款简单的儿童牙刷的背后所反映的问题都直指一个根本问题——设计师能否在设计实践中采取行之有效的措施预防产品投向市场以后可能引发的环境问题？能否通过设计将对自然的破坏性反馈最小化？

众所周知，人类的自然反应是避开废弃物，这种先验到本能的举动保护我们不受废弃物的侵害。当今设计也千方百计地隔离和避开废弃物，只关注"生"，却完全忽视了"亡"。设计的概念只强调"创造"，这是对"全球公民权"——绿色公民权，基于生态而非政治的权力的剥夺，是极度错误的。设计师崇高的责任理念不应仅专注于消费，自然应该在该责任理念中有一席之地；设计师的义务应该是吉尔·利波维茨基所强调的责任感的新高度："人的义务超越了那种将其限定在即时的人际间范围内的传统伦理范畴。"[120]241 消费主义下的设计借助现代技术的有效介入，导致了各种人类未曾遇到的、灾难性的结果，以至于改变设计伦理原则成为了一种必须。设计伦理需要一种吉尔·利波维茨基所说的具有长远责任感的"未来的伦理"，"面对足以摧毁生活的诸多威胁，我们只需要一种新的绝对命令，而不需要其他的东西，即'为了人类在地球上能够生生不息，决不能损毁环境'。"[120]242

当今设计采用"生命周期调节策略"和"形象引导换代策略"，

体现了对功利性个人主义的宣扬，对大众自然环境意识的削弱。消费主义语境下，以消费自由、享乐消遣为价值观的个人主义观念的提升使得自然价值失去了尊崇，获得物质利益成了人们的集体性愿望。换言之，当今的自由愿景和道德秩序都垂青于无限消费。这种即时的物质享受麻痹人们对生态权利的集体热情。大众的"优质生活品质"漂浮于污浊的空气、污染的水源、消失的森林上空。伴随着自由意识的提升和对环境责任观念的隐没，设计及其消费进入了不同于以往历史时期的阶段，人们依照自己的兴趣自由的选择。面对设计对自然的损害，几乎所有人采取了纵容的策略，整个社会进入到既无约束也无惩罚的道德的状态。维克多·巴巴奈克提议：设计必须坚持自己的独立性，它不必关心国民生产总值。[7]261 这一提议也许会激起民愤，但目前来看，设计的确与经济的关系过于紧密与单一了。中国的设计正大踏步行进在"经济发展建立在多买、多消费、多浪费、多丢弃的假设之上"[7]261 的道路上。

　　谈论设计生态中设计与自然之间的失衡，并非要停止设计，因为我们还没有发现其他更优的方式能够替代"设计"来服务于人类；也并非像极端自然和动物保护主义者所提倡的一切要以自然和动物为先，神圣化非人类的义务，因为这会导致对人类非责任化的倾向，使设计走向另一个极端。需要强调的是：消费逻辑引导下的设计与自然产生了严重的对立，这一对立无论从"获取"还是"反馈"都体现得淋漓尽致。假如设计是为了人类更好地生活，那当今的设计模式对自然价值的过度剥夺就必须改善。

　　设计生态失衡并非是单纯的设计问题，而是人类如何发展的问题，是文化再造的问题，也是一个社会重构的问题。

在消费主义的冲击之下，中国设计的社会本质、作用均呈现出不同以往的、偏离其原初价值的特征。借设计生态失衡的阐释引发对消费主义语境下设计的社会本质的适时解读和设计价值的反思，不仅可以挖掘其隐藏的危机和引发失衡的深层原因，同时为平衡的设计生态构建寻找切入点和具体路径。

# 第 5 章　设计生态失衡的危机

## 本章导读

| 分析维度 | 结论 | 论证角度 |
| --- | --- | --- |
| 1. 设计的危机 | 设计功能失度<br>设计审美异化<br>设计民族文化<br>身份丧失 | 功能数量、质量、本位<br>自身、大众、价值、现象<br>设计文化随意性变更、民族文化本源 |
| 2. 人的危机 | 本位脱离 | 设计师：批判精神、价值、反思<br>消费者：幻觉主义者身份、占有性生活方式、霸权意识 |
| 3. 社会性格的危机 | 非理性权威<br>抽象化<br>疏离 | 隐性剥削、自由发展权利<br>数量、品牌<br>人与物、人与自身 |

# 第 5 章 设计生态失衡的危机

基于设计生态在当今社会发展中所具有的重要地位，设计生态和谐与否不但对设计行业本身的发展具有直接影响，与人们日常生活的各个方面甚至未来的社会图景均关系密切。设计的目的原本在于为人服务，为人更加和谐、合理的生活而服务。设计生态出现失衡所带来的危害具有多面性。不但导致设计本身走向异化，同时设计也会成为人的异化的帮凶，对人全面自由的发展、对整个社会的长远发展带来不可逆的危害。全面而理智地分析设计生态失衡所带来的严重危机是平衡的设计生态构建的基本前提。

## 5.1 设计的危机

消费逻辑要求一切物品以商品的形式进行生产、流通和消费。由此，设计不得不从"为人类更美好的生活"的圣坛上走下来，与其他商品一起汇入消费为指向的世俗洪流中。

不可否认，设计在汇入世俗洪流的过程中，给社会发展、人类生活的改善带来了积极的影响。正如马克思所言：产品在消费中才最终完成。设计亦然。借助生产、流通、消费的完整过程，设计所蕴藏的审美意义和社会意义才得以完成，设计的价值才得以彰显。然而，消费主义下的设计生态失衡带来的设计危机同样不应被漠视。被消费主义缠绕的中国设计已被"金钱""市场"的毒液侵害，设计已经脱离应属的轨道、背弃应负的责任、丢弃应有的目的，给设计自身带来多重危机。

## 5.1.1 设计功能失度

设计功能失度既是消费主义发展的结果，又是消费主义壮大的手段。设计，作为行为是对功能和意义的创造性活动，作为结果是功能物和符号物的融合。设计功能是设计中针对人类行为的具体呈现，是对人们在特殊事件的当前需求和将来需求动机的满足。消费主义是以消费为主旨的"日常生活"，消费的日常性特征的建立，要求社会能够提供足够丰裕的可消费之物。丰裕，表征之一是可消费之物的数量，是生产力发展水平的体现；表征之二是可消费之物的种类，是设计发达程度的彰显。消费主义下的消费物是设计之物并非自然物，即商品。商品种类的丰裕一方面借助符号的融入，另一方面依赖商品功能的更新。由此可见，消费逻辑主导下的设计功能突变为激发消费、谋取利润的暴力手段。

设计功能的失度是消费主义内在要求制约下设计目的转向的结果。"为人类更美好的生活"曾被每一位设计师尊为设计的不二目标。设计功能是实现上述目标的基础。自设计诞生以来的历史进程中，设计功能指向更大程度上围绕"实用""适用"展开。时过境迁，设计在中国社会运转中的角色表现出巨大变化，其与人、经济、社会、文化、环境的反复渗透与多层互动是其权利和地位优势确立的表现。设计作为改造社会的可能性手段的作用愈发显现，设计从边缘角色骤然具备了社会中心性的特征。同时，恣肆消费盘踞了设计目的的中心。设计的社会中心性和设计的消费中心性势必带来设计目的多元化和模糊性。由此必然导致设计功能隐含功利性和贪婪性，实用性和适用性被预谋的商品周期性推翻便是见证之一。设计功能的原本规范被破坏，功能尺度变得抽象而没有约束，设计功能失度便不可避免。

设计功能失度的表现之一是功能数量的失度，即功能过剩。通俗地理解功能过剩就是设计中包含脱离用户需求的、有效性低的功能。直观的废品率增长带来的显性浪费，容易被关注，而功能过剩造成的隐性危机却极易被忽视。一个产品的功能根据用户的需求程度可分为主要功能和次要功能，其总体数量并非越多越好。Martina Ziefle[①]曾对手机功能复杂性与效率的关系做过实验，结论中包含了复杂的界面会增加使用难度和引起更多的误导操作。然而，激发消费为目标的设计要求其功能转化为产品短期更新换代的手段，常常采用单项次要功能叠加的方式，推行其宣扬的"以多为美"的观念，实现产品的差异化、增加销售额度。例如手机，通过不断叠加通话、信息等主要功能之外的其他功能，以示新一代产品的诞生，由此产生的结果是为数众多的功能很少甚至从未被用户使用，即：并未实现用户购买手机的最大功能价值。过多的次要功能叠加带来如下弊端：第一，基于产品的功能界面及体积有限性层面，增加用户对主要功能的寻找与使用的难度，降低使用的准确率，提升失误率；第二，基于功能与用户的关系层面，对功能的了解与掌握需要用户花费更多的时间，如果负的学习成果生成或学习过程受挫，将导致用户对该功能的闲置与弃用；第三，基于成本层面，因功能的不断叠加带来生产成本与消费成本的提高；第四，基于设计层面，阻碍设计水平的提升和现代设计方法的创

---

[①] 详见 Martina Ziefle.The influence of user expertise and phone complexity on performance,ease of use and learn ability of different mobile phones. Behavior& Information Technology,2001(21),303—311.

新；第五，基于品牌层面，当用户发现被迫购买了过多他们不需要的功能时，会影响品牌的忠诚度。由此可知，基于消费目的的非理性地叠加与用户关联度较低的功能，不但未实现其应有的价值，而且造成用户使用障碍、设计创新停滞、品牌形象受损和社会资源浪费。对美国学者丹尼尔·贝尔所言进行反思，设计界的确应该摸索一种语言，它的关键词须包含"限制"①。[121]

设计功能失度的表现之二是功能质量的失度，即功能拙劣。功能拙劣是设计中因盲目地引入新技术而缺乏精心设计导致的未达成熟、完善的产品功能，是设计中技术与功能把握失衡的结果。消费逻辑主导下，产品快速的差异化是企业发展的重要法则。通过新技术缔造新功能本应是值得肯定的理念与方式，但受制于"时间就是金钱"原则，大量产品出现了远未实现其效能的功能。正如唐纳德·A.诺曼所言："很少会有厂家在生产出某种好产品后就止步不前，或是听任产品进行缓慢的自然演变。每年厂家都必须有'新的改良过的'产品问世，而且新产品的性能通常不是建立在旧产品的基础上，这就给消费者带来了灾难。"[122]214 技术转化为有效的功能需要反复而严谨的实验，而快速占领消费市场的动机造成技术转化功能过程中浅尝辄止的功利性现象。拙劣的功能借助令人神往的符号意义和诗张为幻的视觉外衣迷惑消费者，这势必带来其价值的风险，而此风险借助企业"以新为美"的观念，在信息不对称的状态下

---

① 丹尼尔·贝尔曾说"我们正在摸索一种语言，它的关键词汇看来是'限制'；对发展的限制，对环境开发的限制，对军需的限制，对生物界横加干预的限制。"详见丹尼尔·贝尔.资本主义文化矛盾[M].赵一凡，蒲隆，任晓晋，译.北京：生活·读书·新知三联书店,1989:40

转嫁于用户。设计功能的质量失度造成如下危机：一基于消费者层面，因功能的现存情形与期望情形的巨大差距，造成其身心的创伤；二基于技术层面，短视行为致使设计师不潜心于功能的研发，造成技术在设计中的发展缓慢甚至停滞；三基于设计层面，表面的产品功能个性的塑造，其实质是设计进步的伪意识，遏制了现代设计理念的更新和设计本质的体现。

设计功能失度的表现之三是功能本位的失度，即功能篡权。功能篡权是指设计中的功能由服务性角色异变为控制性角色，是功能与人的关系的异化。设计功能的本质是改善人类生存状态、提升人类生活品质，但在消费为导向的时代，功能与人的关系变得微妙而复杂。商家为赚取更多的利润，势必建立用户对功能的"超级依附关系"。这种"超级依附关系"的建立通常借助功能的丰富化、功能的强化和功能间的联系性加强等设计方式。功能的丰富化是指同一产品的功能数量的不断增加；功能的强化是指单项功能吸引力的提升；功能间联系性的加强是指某一功能的实现需依托其他功能的结合。"超级依附关系"下的设计功能在给人类生活带来改善的同时，成为人类发展的一种限制性因素，引发人类对丰富而强大的设计功能的"依赖危机"，或说实现了功能对人的控制。例如手机，无限创新的强大功能已使其超越通讯工具的服务性角色，利用极具诱惑的娱乐功能和虚拟世界的构建引发手机一族的现代心理依赖疾病。饭前饭后玩手机、睡前醒后看手机、人前人后耍手机，甚至开车、过马路、学习、工作时也抓住一切机会摆弄手机，手机没电、没网后的无聊与惊慌失措无不反映了功能对人的控制。据统计中国已有超过七亿的智能手机用户，因手机引发的交通事故在上升，因手机导致的工作学习效率降低在出现，因手机造成的身心健康问题在增加。另外，功能间联系的不断加强导致了产品功能圈的脆弱。例如计算机，一个单向功能的故障，会给计算机使用者带来部分工作结果的消失。功能篡权带来如下危机：一、在功能与人的对应关系中，人的主体地位逐渐丧失，人受控于功能而被"物化"。庄子曾对物与人的关系做过论述：人类要避免"丧己于物"，主张"物物而不物于物"，功能篡权却体现了当今时代的人被功能"奴化"的现状。二、造成人的主体能动性的降低、思维方式的僵化以及人体机能的退化。"傻瓜相机""傻瓜汽车"等产品昵称的出现，值得深思。三、造成人与人之间关系冷漠与信任危机。人类时时刻刻主动逃离充满人情味的现实世界，进入功能编织的"虚幻世界"，乐此不疲，俨然自己是世界的中心、世界的主宰。这种虚无的寄托强化了人类内心的空虚与孤独感。不难得出，如果人们把情感的交流过多依赖于产品的功能，便会造成人与人之间距离的疏远、造成社会关系的冷漠。

## 5.1.2 设计审美异化

审美属性作为设计的本质属性之一，体现着人类的生存态度，担负着消费者精神需求满足与引领的重任，是社会意识形态领域的重要构成要素，其合理的审美指向对设计价值的实现具有举足轻重的作用。"审美功能不仅直接提供了消费者在使用产品过程中的某种精神愉悦的满足，同时成为传达产品功能的目的和整体的价值的一种表现手段。"[123]2 消费属性是在设计的功能属性、审美属性、社会属性等基础上形成的，是消费主义的自然生成。审美属性和消费属性的冲突和不对称的结果表现为：在消费主义洪流愈发强大的作用下，设计的消费属性占据压倒性优势，并已形成对其审美属性的排挤、篡改和毁坏。设计的创造、传播、流通和消费无不以其在市场的"差异化卖点"的确定为出发点，围绕激发消费者的欲望和实现最大化的利润回报展开，即：设计审美必须按照消费主义的强大逻辑来革新自身，以适应环境的改变。被商业目的绑架的设计审美总是以被过度压制或过度附加的方式呈现，造成设计审美体系的功利性和工具化转变。

首先，消费逻辑造成设计的平庸审美。平庸审美是指审美过于关照"感官快感"，而忽略其"反思性"特征——传达具有伦理意义的美学思想。康德认为审美是"非功利性的"，不服务于外在"利益"和"目的"，其"自主性审美"的论点虽然引来众多历史学家、社会学家的质疑，但其"审美艺术是把反思判断作为标准"的观点为设计审美的衡量提供了重要依据[124]79-82。服务于消费的设计审美演变为一种市场策略，设计审美不得不受制于以市场定位为中心的多元因素。为了实现售卖目标，通常以刺激、愉悦大众感官为手段，或迎合或诱导大众的基础审美甚至低俗审美。如何吸引更多人的关注、如何制造新的消费需求，成为设计审美的重要环节。受制于市场利润牵绊的设计审美需要考虑消费者基数，舍弃"伦理意义"而找寻与大众消费群体相匹配的"感官快感"，同时顾及设计投入的成本因素和利润因素，由此造成设计审美理论主旨、话语方式和评价机制平庸化的现状。平庸审美虽然从某种意义上体现设计的包容性和民主性，但由其造成的审美低劣问题就会出现。"随着商业的发展，大众市场很快成为质量差、设计丑的产品的倾销地。"[125]111 设计师在设计实践中针对审美的思考被市场大局过度压制，被迫进行调和、折中，这是一方面。另一方面，调和、折中所形成的平庸审美进而将消费者置入被动、单调的审美境地。设计审美的恶性循环既不能较高程度地满足消费者精神愉悦的需求，也难以促进设计审美的提升。

其次，消费逻辑阻隔了大众审美水平的提升。大众消费者对更高水平设计审美的自主选择权直接左右大众审美水平。消费主义的自身逻辑迫使大众消费者获取审美体验的途径集中于市场，而从整体而言，目前我国市场所呈现的审美水平较低。消费者对设计审美的自主选择权被无形压缩，只能被动地对商业化的、充满"铜臭味"的异化审美进行极为有限的选择，依据相对的满足程度对号入座。从主体性角度而言，消费主义下的设计审美决定了即使消费者面对符合自身审美需求的商品时，此种审美满足也是源自于商业利润的实现策略，是与正常伦理价值需求的偶然对应。设计审美的目的不做根本调整，这种局面便难以扭转。虽然以自由设计师为代表的设计群体意欲通过努力，在设计中融入更多的个性化、艺术化的审美附加值，但因制作手段和审美呈现方式所限，设计作品不能被大批量生产，且其与"利润最大化"的商业宗旨相背离，因此难以广泛地进入市场，消费者更高水平审美需求的获取途径被最大化割裂。例如，具有手工艺特征的设计，因其手作方式和审美呈现方式所限，只能微量生产，对于大众而言仅为审美调味品。长此以往，社会审美水平、国家审美水平的提升将成为空谈。

再次，消费逻辑导致设计审美转化为商业化的工具理性。表现之一：商业环境的全球化导致设计审美的国际化追求。客观上讲，不同国家、不同地域、不同民族的设计审美被移植到设计概念，是设计审美畸形地演变为工具理性。其根本目的是借助文化形式推动营销的商业策略构建和视觉风格再造，以此激发消费者盲目的欲望满足和感官享受。例如，"欧美风""法国浪漫风情""英伦风""波西米亚风"等。此种设计审美的置入往往表现为肤浅的快餐式，误导消费者的虚荣跟风，同时造成对本土文化的轻视与自信的缺失，从根本上讲是设计伦理的脱离。表现之二：设计审美变身为造假者的帮凶。认知经验是人类认识事物的重要途径，设计审美被用来表征使用功能，控制消费者对使用价值的"正确性"设想。"商品美学越过使用价值——用途的图景，通过将商品的图景与那些设想相'匹配'，而影响着购买决定。"[126]169 在设计活动中，设计师对消费者认知经验进行分析、过滤和强化，然后反哺到消费者对商品的设想。例如，通过有毒甚至致癌成分的化合物实现"高品质产品的典型色泽"的食品安全事件——苏丹红鸭蛋、墨汁粉条、染色花椒、硫磺熏制生姜、极速染色草莓等便是有力的说明。引人注目的审美展示和商品造假之间的界限总是灵活的，这一特点在消费主义盛行的中国表现得尤为强烈。

最后，消费逻辑招致设计审美被过度附加。中华民族历来崇尚礼尚往来，但却有其限度和合理性。《礼记·曲礼上》："太上贵德，其次务施报，礼尚往来，往而不来，非礼也；来而不往，亦非礼也。"当今的商家却将"礼节"主观曲解为"礼物"，异化为"礼上往来"，片面利用和歪曲消费者"爱面子"的文化情节，利用过度设计审美误导和强化消费动机。设计迅速背离了"真、善、美"的天然来源，在当今无信仰的、浮夸的、自满的消费至上的社会变成了人们自恋式交往的产物。例如，礼品的开发不是在质量上改善，而是以包装的变革为重心。高档的材料、精美的印刷、特殊的工艺，甚至包装附加物的添加（如红酒装入月饼包装）使包装的价值等价或高于产品价值，导致过度包装的产生。这种妥协于商业投机的设计审美造成资源浪费、消费成本提升，并将错误的消费方式根植于消费者的消费习惯。罗斯金曾对艺术家呼吁："艺术应该表达人类共同的信仰，应该让整个人类参与到善与真中，而不仅仅是用审美的优雅来取悦观看者。"[124]86 设计何尝不是呢？"伦理意识淡薄的设计艺术，难免会成为商业主义的附庸，以无谓的创新为不顾子孙后代的浪费型消费推波助澜。"[127]2

## 5.1.3 设计民族文化身份丧失

身份，原指人的出身、地位或资格[128]14。身份立足于身体感觉和行为的个体差异性，又指向特定人群的共通性[129]138。文化身份则是"反映共同的历史经验和共有的文化符码，这种经验和符码给作为一个民族的我们提供在实际历史变幻莫测的分化和沉浮之下的一个稳定、不变和连续的指涉和意义框架。"[130]209 它是特定群体在历史长河中集体文化观念的积淀。

设计既是物的创造，更是文化的创造。关于设计文化的探讨逐渐成为设计领域的热点。马瑞佐·维塔在谈及设计文化时曾指出：设计文化是"一个略显模糊但并不虚幻的概念"，尽管体系化的设计文化理论没有形成，但是"人们感受到了对它的需要"，同时，设计师也被激发去关注设计实践中的文化问题。[5]28 1989 年，围绕"文化身份与设计"主题，乌尔姆设计学院召集国际会议反思世界设计，试图创建新的设计评价机制以便促进设计文化身份的建设[129]138。

设计的文化身份,即设计的文化身份属性。清华大学美术学院李砚祖教授在谈及设计文化身份时,认为设计作为人类价值创造的活动、解决问题的过程这一意义指向上,"设计本无所谓文化身份可言。"但因为设计自身具有的"地域性、群体性(族群、企业、团体)、个人性、物性等诸多特性决定了设计与生俱来的'身份'。"[128]15 设计的文化身份具有动态性和开放性的特质,"变异是文化的本质特征之一",[128]16 这一特质在消费主义中国的设计领域表现得尤为突出但令人失望。设计目标、社会环境、社会意识形态的变化均可带来设计文化身份的变更与转换。消费主义在中国的兴起,对中国设计文化身份的冲击显而易见,消费性成为其整体特征。消费文化成为当下中国设计文化身份的核心凸显设计文化身份危机。

设计降格为消费目标达成的手段,导致设计文化身份的"随意性"变更。消费群体、消费目标、消费区域的差异,决定设计中不同文化的被迫置入;产品的功能性淘汰让位于情绪性淘汰,而消费者的情绪被企业掌控。设计文化身份的随意性变更引发设计师和消费者个体的文化身份确立的困境。对于设计师而言,其身份的建立依靠设计的过程和结果——设计师所属的民族文化、创作思想及设计信念均包含其中。由此可见,设计师对自身文化身份具有一定的选择性和自设性。但基于消费逻辑的设计实践致使设计师的文化身份转变为商业哲学的傀儡。消费主义语境下,消费者的个体文化身份确立依赖于消费和扔掉的商品。在这一意义上,设计师借助设计缔造了消费者的文化身份,可见,消费者在个体文化身份确定中的主体权利被无限挤压,将一切希望寄托于"他物"和"他人"。在自我与商品的实践关系中，消费者不但无法形成稳定的文化体验，而且导致异态消费文化身份的生成。例如，个体消费愉悦的体验限于付款的时刻。可见，正被更加坚持不懈的随意性变更的中国设计文化身份揭示了设计师和消费者个体文化身份被动建立的无奈。

文化身份的变异实际上是文化的变异。从历史和理论的角度审视，文化的变异呈现两种不同的走向：增益和耗散。某些文化演变呈现不断增益发展的特征，属于本源文化的创化性扩展；相反，某些文化的演变呈现耗散式蜕变，属于本源文化的式微。民族文化是设计文化身份的核心，而民族文化总是以具体的文化形式（艺术文化、设计文化等）和内容构成。在这一意义上，设计文化身份随消费导向而恣意变更显现了当下民族文化的弱势地位。消费主义源于资本主义，其语境下的设计文化内含了西方强势文化，伴随着消费哲学在中国社会的毛细血管系统的传递，中国民族文化本源因素在传统文化和外来文化的冲突中出现了加速度式式微。全览当下中国的设计领域，"民族文化身份弱化甚至消失，取而代之的是西方设计的文化身份成了中国设计的某种表征。"[128]17 美式设计、欧式设计、日式设计、意式设计成为设计师和消费者追逐的目标，事实上，这正是中国设计文化身份中民族本源文化的失落，体现了对民族文化自信的缺乏。

将设计置入文化生态链，当代中国设计应发挥对传统文化的传承和对民族文化的创新发展的双重职责。优秀的设计应当合理运用本民族文化特色创作出符合其文化语境的产品。事实却令人沮丧，"最终形成以'相似性和连续性向量'的弱化甚至退场和'差异和断裂的向量'为主导的结果"。[128]17 如不尽快制止消费文化在设计文化身份塑造中的权利滥用，一个有着数千年历史的民族文化将继续断裂。法侬曾言："民族文化是一个民族在思想领域为描写、证实和高扬其行动而付出的全部努力，那个民族就是通过这种行动创造自身和维持自身生存的。"[130]223 冯骥才面对国人对民族文化的轻视，奋力疾呼：文化似乎不直接关系到国计民生，但却直接关系到民族的性格、精神、意识、思想、语言和气质，抽掉文化这根神经，一个民族将成为植物人。[131] 设计界应依此为方向和信念，脱离消费逻辑的控制，将民族文化本源和民族文化身份与当代人的生活方式和生活经验有机融合，"中国设计的文化身份"才得以确立，中国设计才能从世界设计的边缘跃入中心领地。

当今社会，设计与消费具有某种内涵的共通性。消费逻辑助推了设计产业的发展，设计产业的繁荣带动了消费文化的盛行。历史给予设计的既是机遇，也是挑战。面对日益丰裕的设计成果，设计师有责任反思表象下深藏的危机。功能失度、审美异化、民族文化身份丧失等设计危机的清除或缓解才能恢复设计的本质，优化设计的价值。唯有此，才能达成设计与消费、设计与人、设计与社会、设计与文化、设计与环境的和谐共进。

## 5.2 人的危机

纵观历史，人的危机始终伴随人类社会的发展进程——奴隶之于奴隶主而言是会说话的工具、封建社会的农民被困于地主阶级和土地、资本主义社会的工人沦为资本的赚钱机器。当今中国，消费主义兴起，设计与消费、商品、利润、市场深层交织，成为社会的重要特征。设计生态已成为人生存的母体，但消费主义强大逻辑控制下的设计生态发生失衡。设计带给人们巨大进步的同时，正导致人的严峻危机。

设计正在以丰盛的商品形式和语言符号系统作用于日常生活的每一寸空间。从设计作用内涵和影响程度而言，其对人们所产生的作用和影响超越了以往时代。换言之，设计及其消费正在重构人类的文化理念和精神价值。人类学家玛丽·道格拉斯和经济学家巴伦·依舍伍德认为"对人的理解必须考虑到消费"，开创了"消费人类学"研究思路[5]28。消费是对设计的消费，因此，透过设计之镜可以解析人的存在状态和发展向度。

设计作为人类智慧的缔造，在消费主义时代被特权阶级发展为一种具有统治力特征的工具理性，以资本增殖为主旨的消费主义理性价值把人看成统治、剥削的对象，把一切有效的设计手段发展成为技术理性建构的极权主义统治形式。设计生态失衡下的人的危机，整体表现为人的"本位脱离"——失去或超越应有的地位、权利、责任——是资本占有者将设计蜕变为一种关于人类日常生活的工具理性统治形式的必然结果。消费主义语境下，设计生态构成中人的因素主要包括：设计师、消费者和资本占有者，资本占有者在此关系中处于主动的优势地位，而设计师和消费者则相反，因此，设计生态失衡造成的设计师和消费者危机的研究尤为关键。

设计师的"本位脱离"主要表现为：设计师批判性思想文化言路的阻断、价值偏离、设计文化与伦理反思的缺乏；消费者的"本位脱离"主要表现为：幻觉主义者的生成、占有性生存方式的建立、个体心理损伤和霸权意识的形成。

### 5.2.1 设计师的危机

设计师批判性思想文化言路的阻断。明代计成《园冶·兴造论》释"三分匠，七分主人"之谚语时也强调"非主人也，能主之人也"。这"能主之人"亦即"能创之人""主创之人"。[132]借此反思，设计师在设计活动中的创造属性和主体地位应得到尊重。然而，中国设计生态中却呈现了令人困惑的局面：设计的地位被肯定、提升，而设计师的地位却被排挤、压缩。作为消费主义下的设计由对产品的关注转向导致设计发生的一系列行为的关注——从生产到流通再到消费及使用——设计的中心性地位被确立；同时，中国设计师的主体地位却逐渐消失，其角色价值因资本逻辑的掌控更偏向于经济利益的集结。例如，设计活动中，长官意志左右专业策略、甲方专断取代优势互补是每一位设计师遭遇的困境。无论设计师是造物者还是环境的创造者①，无论设计师作为"创物者、创生者、创符者"还是"创和者"②，创造是其工作要义。设计的创造是由现存状态到未来状态的实现，本应具有批判性思想。

批判性的英文是"critical"，由"kriticos"和"kriterion"

---

① 亚伯拉罕·莫莱斯认为设计师不再是物的而是环境的创造者。详见维克多·马格林. 设计问题[M]. 柳沙，等译. 北京：中国建筑工业出版社，2009：13.

② 翟墨认为："设计的要义是创物—创生—创符—创和，即创造真的日用产品物品、善的生态智态环境、美的视觉传达符号，以利于人类的和谐同存悠久共存。"详见翟墨. 中国设计忧思录[J]. 美术，2007,11：86—87.

两个希腊词根组成，前者意指判断，后者意指标准。从词源而言，批判性是指"基于标准的、有识别力的判断力"。批判性思想正是设计得以产生与发展的保证，正是万物"和谐共生、悠久同存"设计理想实现的保障。设计学科领域的"发现问题""问题意识""合理的解决方案"以及"生活方式的更新"等理念与方法无不内含着批判性思想。设计物无论是从"无"到"有"的创造，还是对已有物的再设计，也正是设计师批判性思想作用于现状的结果。设计师正是主动运用批判性思想不断创造有用且令人愉快的物品，营造出富有生机、朝气蓬勃的社会景象。然而，消费至上的设计逻辑切断了设计师批判性思想文化的言路。

资本占有者发现设计具有有效激发资本增殖的魔法，随即将设计师"文化精英"——具有批判社会现实的个性、具有拥护人文关怀的精神——的身份转变为利益集团内的"技术官僚"[1]。这标志着设计师的职业保证需以商业化设计为基础，即：必须与统治阶级共同维护商业逻辑对设计事务的支配以便自我利益的实现。当急功近利成为设计师的特征，设计师作为设计主体的责任与权力销蚀于商业进程，失去批判性与自律性的设计师的设计行为围绕"企业抢救"和"利润涌现"展开。针对设计服务于少数权力群体还是全人类、服务于个体物欲还是社会文明的问题，设计师表现出选择性失明。"创意是创造生意""过度包装""一次性产品""即用即弃""定期废止"

---

[1] 马克思·韦伯认为个人逐渐失去对自己所参与事业的控制力的原因之一是较高的功能专业化。详见费多益. 现代设计的人文反思[J]. 自然辩证法通讯, 2008, 03: 1-6+110.

等普遍设计现象，无不显现出设计师批判意识和批判能力的"被退化"，致使自己的设计逻辑让位于商业逻辑。著名设计师吉安弗兰科·扎凯认为：设计师在设计过程中，放弃了多面手的角色，而听从市场专家的指导[4]7。设计师不再对自然、社会、美学、人性、人文等含义做深入的理解，结果导致世界"契合"关系①在生活中呈现下降趋势。可见，消费至上语境下，设计师设计能力的运用并非是自由的，而是被深深镶嵌于消费主义的强大运作逻辑之中。多样化的设计行为和设计结果背后隐藏的恰恰是设计师话语权的丧失和本质价值的偏离。

作为日常环境改善的工作者，设计师的最终职责是创造"适宜生活"的空间。在这个空间中，不只是能够生存，而且应传承和发扬人类的文化精神。"适宜生活"涉及一种复杂的存在条件——自然环境和人工环境，而非降格为物质、欲望、消费、符号的无秩序组成。当下中国的现状却令人失望。设计的极速发展带来的环境迅速恶化已经倾覆了先前与"适宜生活"所指意义的文化。在过去的三十年里，科技、资本、设计的联合，使设计师以更加广泛和透彻的方式参与生活环境的再造。不可否认，这一过程消除了很多传统的生活障碍。然而，这种"成就"催生了设计师自我价值理解的偏离：创造更多的盈利商品。设计师为实现自身价值的最大化，摆脱在消费主义社会关系中的劣势地位，通过自我的行为呼吁消费者："个体民主"的实

---

①哲学家艾伯特·伯格曼认为设计的职责是要将世界"契合"在一起，其含义是维系人类与现实之间的对应关系。详见理查德·布坎南，维克多·马格林.发现设计：设计研究探讨[M].周丹丹，等，译.南京：江苏美术出版社,2010:30.

现需要对商品的自由占有，"个体价值"的凸显需要商品带来的社会地位区分。前者是借助极端的形式民主曲解个体民主的本质；后者是错误价值逻辑生成的个体价值偏见。人的物化、物的人化以及物的价值的快速丧失（商品卖出的时刻正是商家准备让其废弃的时刻）无不反映设计师价值偏离所带来的恶果。

伊齐奥·曼齐尼总结数量众多的无价值、缺乏文化意义、用完即弃的物品进入日常生活时说：这使得我们产生了一种一切都很短暂的感觉，导致了感官体验的枯竭，以及人们与产品之间相互关联的缺失；我们势必看到一个用完即弃的世界；一个由不会在我们的脑海里留下任何痕迹的、没有深度的产品所组成的世界，它给我们留下的只是日益增大的垃圾山[4]222。设计师价值偏离，必然导致设计师失去对文化、伦理的合理选择。

设计师所遵从的现有的设计文化显然无法调节产品与环境的多层冲突。若要建立新的设计文化，设计师必须关注人类环境的局限性。该局限性主要体现在两个方面：其一是物质处理能力的局限性。现有设计文化并非立足于产品的全部生命的维度，而是过于关注"生"（创造）而忽视"存与亡"（产品在社会的存在过程与废弃）的局部文化。环境的物质局限性已通过自身的抵抗方式表明：如果抛开产品的全部生命（设计、生产、消费、使用、废弃）和环境的广泛关系，孤立进行设计活动是极其危险的[4]222。其二是信息处理能力的局限性。符号制造、意义生产是当今设计师处理生产与消费关系的金科玉律。新的符号空间随着商品的诞生而形成，其秩序性与增益性受制于商业逻辑。基于这样的现实，人们面对由含义混乱、丢失、扭曲等垃圾符号所塑造的生活空间已经表现出极度不满与恐慌，却无能为力。设计师面对环境局限性所需要的产品稳定、持久的特征和符号意义的积极性价值，并未采取实际行动进行设计文化的反思，并未从设计后果的维度推进一种更合理的伦理与道德的选择。正如伊齐奥·曼齐尼曾言：我们并不要求对所有需求都进行回应，但从所有的结果来看，这却是一种道德的选择[4]223。设计的意义何在？设计师面对如此简单但核心的问题，答案中忽视了设计对生命最终意义的认知与践行。

消费主义下设计道德的力量实质是"消费"民主思想。设计师"创造美好未来"的愿望在西方行为文化和消费文化的合力冲击下，已经演变为具有颠覆性、破坏性的实践行为。今天，设计师必须用批判性的眼光反思中国三十年设计的快速发展，反思以物品的数量尺度来判断人类幸福、社会进步带来了正负两面影响：人人可以自由消费，人人可以随意浪费。乔治·贝特森认为此类问题的根源在于人类目的性的行为，尤其今天机器（科技）越来越有效地执行人类的意识。据此判断，基于消费民主思想下的设计师目的性行为，导致了全部结果的获得——有益的和有害的，而且压制了智慧可能性行为的发生。"现在目的性的意识正在扰乱我们自身的身体、社会和生物界的平衡。"[4]226

实现设计活动与文化转换、人工社会组织的目的性高度契合，能恰当地映射出设计的意义。设计师本质价值的回归、批判性思想文化言路的通达、文化与伦理的合理选择，才能有效发挥日常生活赋予设计学科的权利。否则，适宜生活空间的塑造如何实现？

## 5.2.2 消费者的危机

消费者的危机，强调消费主义语境下人的这一新身份因设计生态失衡所内含的危机。"消费者"这一人的新身份标签表征的是人在消费活动中的主体性和主动性。今天，消费文化现状所呈现的消费者主体性和主动性内涵已被资本占有者掏空，演变为自我安慰的假象。诺贝尔和平奖得主阿尔贝特·施韦泽向全世界发出呼吁："我们应该勇于正视现实。人已经变成了一个超人……他具有超人的力量，却没有相应的超人的理性。结果，我们一直不愿意承认的事情终于暴露无遗了。随着其力量的不断增强，超人也日益成为一个灵魂空虚的人。我们已经从超人变成了非人，这一点我们必须要认识到，而且早该认识到。"[106]3 消费者危机的探讨并非对其权利的回归，而是理性的反思，为人的自我理解、认知及解脱带来启发。

消费本应是追求幸福的一种手段，"消费活动是人类具有创造性、赋予人性、有重大意义的社会活动。"[134]17 但设计生态失衡下的消费产生异化。异化，通俗理解是自己无法控制，而被其他力量操纵。异化消费是消费脱离原本目的，消费者失去对消费目的、行为的控制，反被消费统治。转译萨特关于"异化"的观点进行理解：消费者为物而存在，便是朝向客体性的沉沦，而这一沉沦就是异化。①消费者将自身的能量寄托于外在的物，而外在的物是由他人设计的，由此导致主体性丧失而转化为外

---

①萨特关于"异化"的观点是：我为他人而存在便是朝向客体性的沉沦，这一沉沦就是异化。详见安东尼·肯尼.牛津西方哲学史[M].韩东晖，译.北京：中国人民大学出版社，2006:218-219.

在力量控制下的木偶。消费者对商品价值的反思理性被商品表象的感官魅力和虚假意义取代，沦落为"幻觉主义者"。

幻觉主义（illusionism）原属于绘画领域的概念。柏拉图《理想国》中有一个知名的故事：古希腊画家宙克西斯画了一幅以葡萄为主题的作品，其如此逼真以至于鸟儿飞下来啄它。该故事表达了"幻觉主义"的魅力，即"欺骗眼睛"：使观众将图像误认为真正的事物[124]12。消费主义缔造了新时期设计领域的"幻觉主义"。设计师依托迷人的视觉外象和魅惑的意义内涵建立商品与受众的直接利益相关性，由此造成消费者将大量无用商品误认为是自我真正需要之物。此类相关性是对以往功能为主的相关性范畴的拓展和相关性边界的模糊，相应的，消费者对设计物的选择偏向于对商品的视觉感受和意义联想，形成"以观看绘画的方式看待设计"，即：将其当作"一幅幅图像，而非一件件物品"；同时，消费者对商品的消费演变为"自我文化"的构建，而非真实需求的满足，即：人们只是在"饮用着波浪""驾驶着地位""穿戴着荣誉""吃着贵族气质"。产品外象与意义舍弃功能而建立起直接关系，其真实性被任意有吸引力的不确定性侵蚀。奥特玛·约翰在介绍本雅明的演讲中说："物品的实质消失在表象中……因此，根据表象的商品概念，看上去欺骗的迷雾围绕着物品，在迷雾之中和迷雾之后，可以猜测意识形态批判下的物品，很久以来就已经提升为物品的性质了。"[126]254

消费者关注的不再是商品的功能和使用价值，而是将商品作为社会关系中的元素，该元素所具有的所有意义指向的能量源于资本占有者和设计师的塑造。米歇尔·亚格认为，在马克思将商品作为使用价值和交换价值的双重用途外，应该加上隐喻的用途，并将此形容为"神话般的消费需求"——除了使用价值的利益之外，还有其他的自利性因素；也就是所谓的对于神话般的消费的需求……尽管到目前为止这种需求一直被否定……今天神话般的消费是迫不及待的[126]253。米歇尔·赛荷对此描述为"物质的终结"[126]254。转译沃尔夫冈·威尔士关于媒体世界的观点：失衡的设计生态正在运用超越于现实的模拟来替代现实①，并将其尊奉为控制消费者的基本原则[126]253。幻觉主义消费，在其本质上体现了消费需求的泛化，是异化消费的表现之一。消费者成为幻象的自我，其与真实自我、真实世界相脱离，这是个体的异化。

埃里希·弗洛姆认为，异化的个人同自身相脱离，认知自己的方式是借助事物的认知，即使运用感性和理性思维进行判断，也难保持自己与外在世界紧密联系应有的方式[107]97-142。异化消费蔓延到个人的日常生活领域，消费脱离了作为个人生产与生活的实际手段的范畴，蹿升为终极目标，由此引发了人的生存方式的危机。

消费与人的生存方式高度关联，消费内容、消费方式、消费目标的不同直接反映个人对生存方式的选择。同样，个人生存方式的区别决定了以上三者的变化。重存在的生存方式是人健康发展与和谐社会建立的基本要求，其对消费的规定是合理性消费，即：商品成为个体积极主动的发挥创造性的工具，并助推真正独立、自由的人的生成。弗洛姆对"存在"曾做过生

---

①威尔士将"用超越于现实的模拟来代替现实，理解为媒体世界的基本原则"。详见沃尔夫冈·弗里茨·豪格.商品美学批判：关注高科技资本主义社会的商品美学[M].董璐,译.北京：北京大学出版社,2013:253.

动论述:"我所说的'存在'(being)是指一种生存方式,在这种生存方式中,人不占有什么,也不希望占有什么,他心中充满欢乐,拥有创造性地去发挥自己的能力,以及与世界融为一体的愿望。"[106]7 失衡的设计生态是"微笑的法西斯主义"。人的生存方式由重存在的生存方式转变为占有性的生存方式。人的消费注重的是占有权利的彰显,而非真正的需求。消费者通过各自的消费习性使自己与众不同,差异商品的占有是其极力地显示与他人生存方式的区隔。环顾家里的物品,不难发现我们购买了大量需求度极低甚至为零的物品便是最有利的证明。占有性消费对于物的价值衡量脱离了人的角度,而取决于由设计所控制的市场上的流行程度。因失去相对稳定的价值判断标准,消费者沦落为"鲁莽的杂食动物",进入消费的动荡期。为占有而购买的人们丢弃了理性批判的武器,放弃了人类特有的智慧行为。占有性生存方式是对消费主义剥削权力的屈服——"认同侵略者"(弗洛伊德)。

我国的消费呈现出马尔库塞(Marcuse)对资本主义消费所描述的状态:资本主义消费实践代表了一种虚幻的审美乌托邦形式,它们利用了受众的"快乐意识"。资本主义消费模式是自由的模拟而不是自由的实现。这种情境是一种虚幻的"积极性",一种虚伪的优雅状态,一种无信义的乌托邦承诺,一种虚假的对地狱的摆脱。[124]136 消费活动不再是人的主观能动性发挥的有意义的体验,从这一维度来看,消费不但没有带给人幸福,而且抹杀了人的创造性、能动性——将消费者丰富的创造力弱化为机械的购买行为。在日常生活中,人们越来越漠视关于本质和表象之间的关系,为消费主义赢得了更大的发展空间。异化消费所推崇的带有自由主义色彩的"乐趣社会"正将个人的生存方式挤到"安乐死"的边缘。

"占有"既是消费主义物化人的欲望的本性体现，也是其对人改造的结果，畸形的生存方式必定造成个体心理的损伤。

消费心理可以被看作个体心理的延伸，将其置入精神分析理论的框架进行分析，可发现设计生态失衡下的异化消费带给消费者个体的心理伤害。精神分析把人类的精神世界（人格结构）区分为本我、自我和超我三者。"本我"由本能、欲望构成，决定感官需求，"只是追求满足，无视社会价值"①；"自我"遵循现实原则，决定理性需求，"通达事理，与激情的本我相对"②；"超我"由道德、文化、理想构成，决定情感需求，"为自我规划理想"③。三者是相互影响、相互依存而非个体精神中相分离、相孤立的构成部分，"它们必须同时协调、同时满足，如果三者不能平衡协调，那就意味着这三者在某种程度上都遭受了损害。"[4]25 当前的设计便是对三者的不平衡处理，主要体现为：一、聚力于对"本我"的刺激，即欲望的激发。借助商品的"想象性""象征性"魔力的注入，使得商品具备了特殊的感官吸引力和激发幻想的特征，并且总是以"舞台中央聚光灯下的主角儿"方式展现，去对应、挖掘个体的本能需求的黑洞，误导消费者通过想象与幻想将设计物与自身发生关联。二、歪曲对"自我"的认知。通过设计策略强化消费者对现实不合理与不平等的认知，制造社会中的群体区隔，并虚构"理想自我"

---

①详见弗洛伊德. 弗洛伊德的心理哲学[M]. 刘烨, 译. 北京：中国戏剧出版社, 2008: 46—47.
②同上.
③同上.

的形象。设计物的价值承诺成为欲望的现实呈现,成为"现实自我"过渡为"理想自我"的有效工具。"我们选择一些产品有时是因为它们与现实自我相一致,而另外一些时候则是因为它们有助于我们达到理想自我的标准。"[135]130 三、忽视"超我"的存在。众所周知,个体的欲望和想象总会受到社会、文化的制约,并非是绝对自律和自由的,这是社会存在与发展的需要。而追逐利润涌现的设计将社会、文化、道德进行主动隔离,引导消费者相信个人欲望的满足是人生的价值和意义的全部体现。过度消费、奢侈消费等不仅是本我、自我、超我三者的分离,更是人的深层霸权意识的激发与霸权观念的无意识形成。

假如对物的占有还不能完全突显作为消费者的人的危机的严重程度,随着反复的物的占有行为的展开,所激发的人的霸权意识和霸权观念则异常可怕。消费主义语境下,决定设计生态发展的问题不再是什么对人有益,而是什么对经济系统的增长有益。资本占有者极力地将消费与人的价值观进行剥离,并促成消费者利己主义的生成。英国古典经济学家大卫·李嘉图运用"占有""贪婪""敌视""欺骗""毁灭""剥削"等词汇来表述利己主义:利己主义的意思是说,我想把一切都据为己有,能够给我带来欢乐的不是分享,而是占有;我不得不总是那样贪婪,因为占有就是我生活的目的,我占有得越多,我就越是我;我对其他所有的人都抱一种敌视的态度,我想欺骗我的客户,毁灭我的竞争者以及剥削我的工人。[106]7 可见,处于失衡状态下的设计不仅创造物,而且是对人进行整体的全新设计——从发型到着装、从肉体直至大脑和心脏——上帝创造了人,设计创造了人的灵魂,使得个体感觉像国王一样威风八面。设计通过对生活方式的权威作用而拥有物种改变的力量,而且是沿着与和平相悖的方向。历史上所发生的阶级剥削、殖民掠夺、战争霸权均是霸权观念所致。霸权观念隐含了将物和他人幻化为屈服于自我权利的僵化客体，催生了人与人之间异己、对立关系的生成。人与人之间成为利益驱使的工具甚至统治的对象，平等与民主随之消失。设计生态失衡将会引发新的形式的剥削、压迫、统治、掠夺、霸权，将人与人的关系推向不利的极端。设计与消费的繁荣表象下隐藏的是独立、自由的人类理想渐行渐远。

作为人的生存母体的设计生态，因失衡造成人严峻而深层的危机。设计师与消费者本位的回归具有多元的意义：既是设计价值的彰显，也是设计生态平衡、健康、合理运行的外在体现与内在要求，更是人健康发展的根基。设计生态失衡所造成的人的危机不被关注并肃清，社会的和谐发展是难以想象的。

## 5.3 社会性格的危机

设计生态的失衡给中国的社会性格带来严重危机。正如埃里希·弗洛姆所言：要正确地把握社会性格的危机，就得研究社会的"生产方式的特殊情况及我们的社会和政治组织对人性的影响，必须了解生活及工作于这种环境中的一般人的个性。"[107]63 设计作为当今中国重要的生产方式，对人性的改造及重塑产生了巨大影响。接下来将对此问题进行论述。

社会性格指的是，"在某一文化中，大多数人所共同拥有的性格结构的核心,这与个体性格截然不同,属于同一文化的个体的性格彼此有别。"社会性格的概念与内涵并非"指某一文化中大多数人的性格特征的简单总和,从这个意义上讲,社会性格的概念不是统计学的概念。"[107]63 每一个"社会",都有其独特的社会结构,并且按照独特的且相对稳定的方式运行。社会运行方式决定了每一个人(社会成员)的行事方式。社会性格的功能正在于对社会成员的能量进行引导和激发,"社会成员的行为是否遵从社会模式并非出自有意识的决定,而是他们想要按照他们必须遵从的模式行动,与此同时,他们也在按文化要求而行动的过程中得到满足。"[107]64 社会性格正是借助对于人的能量的引导与激发,实现社会持续运行的目标。

设计品格影响社会的属性。[4]44 当今中国的社会性格表征为:设计以史无前例的控制力对人进行掌控,激发及引导人的消费能量,以实现其目标的达成。人被改造成具有强烈且无限消费欲望的特殊"社会成员":每个人拼命地工作、赚钱,而目的是消费行为最大程度的自由化。消费处于人们生活方式的中心性地位。借助设计与媒介构建利于人们消费的意识形态体系,使人们对当前的消费模式认为理所当然。由此可见,社会所创造的社会性格,对于生活其中的国人而言,所有追求是内在的和固定的。消费逻辑主导下,设计引发的社会性格危机可归结为非理性权威、抽象化和疏离。

### 5.3.1 非理性权威

"任何社会制度中,如果全体成员中的一部分人受到另一部分人的支配，尤其当后者是少数派之时，这种社会制度必定建立在一种强烈的权威感的基础之上。"[107]77 从社会关系的角度而言，权威是一种人际关系。"在这种关系中，一个人把另一个人看成是比自己优越的人。"[107]77 埃里希·弗洛姆在《健全的社会》一书中谈到，权威在社会中存在两种具有根本区别的具体形式：一种可以称之为理性权威，另一种是起抑制作用的非理性权威。[107]77 前者是指优势地位帮助服从权威的人的成长，权威呈现消解的趋势，如教师与学生；而后者，是控制甚至剥削的条件，会使双方的差距不断加大，如奴隶主与奴隶。[107]77-83

消费主义语境下，中国设计被特权阶层掌控。诸多的设计及其消费的现象反映出设计是一部分人群对另一部分人群行使非理性权威的工具，换言之，设计具有了非理性权威的属性，由此生成了中国社会性格中非理性权威的特征。消费者服从设计的权力，出让自我的主体地位，设计对人表现出抑制发展的作用。

鲍德里亚及其他部分学者所言的设计造成了人的物化，从本质而言，设计所激发的人的过度欲望使原本充满活力的人丧失了在当今社会的中心及主体地位，其位置被设计物和商业取而代之。人的发展不再是设计的尺度，相反，设计却成了人的尺度。当前中国的设计体制虽没有像封建社会和资本主义社会那样"显而易见"的剥削，但只要转换认知的视角，不难发现当前的设计也是对人们劳动所得的一种榨取，无非通过其在社会的强势地位进行了形式的转换——由强迫到主动消费、自由消费——这种转换被社会及各个阶层认为道德上是正确的。这恰恰是当前作为社会生产方式的设计模式最可怕之处。每个人都追求自身的物质利益成了社会主流的行为指导准则。设计几乎摆脱了所有的限制——或者说用金钱击碎了几乎所有的限制（如前文所提到的宜家抽屉柜事件），利益至上原则成为调节社会和重塑社会重要的机制。每个人自认为是根据自身意志和个人切身利益行事。实际上个人却身受无形的设计机器法则的控制而不自知，并且无法摆脱。每个人拼命地付出精力，甚至牺牲生活时间，更多不是他想这样，而是不得不这样。因为消费能力弱就意味着被他人轻视、被社会淘汰。社会——设计环境塑造着当今国人的人性，剥夺了其自由决定的权力。我们无法选择属于自己的生活方式，无法选择自己的未来，我们被推着前行——设计机制将人作为它的附属物和自我运转的奴隶。

　　基于人的健康发展的目的和需要不应是主观随意的，而是相融于整个社会发展的目的和需要。可见，"人自身所要求的尺度具有社会普遍性。"[75]68 当今中国设计对非理性权威的过度塑造，实际上导致了人们"主观随意性"自由意识的生成。

　　在当今社会——设计环境的影响下，人的自由在某种意义上是一种自我幻想。个体只是看到了选择设计、消费设计、废弃设计的自由，却没有意识到背后神秘力量的控制——并非通过类似雇佣关系的契约约束，而是设计塑造的社会性格的引导——这种神秘力量全部的目的都是利润的获取。源于当今设计的利润动机，许多社会性格的非健全属性被有意无意地制造出来——我们的设计及其生产并非为了人的发展和创造性的发挥，也并非为了健全的社会性格的创造，而是为了通过投资获取最大的利润。个人通过对设计物的消费与所获得的回报之间严重失调的比例，已经不是个别现象。这种比例失调带给人道德与心理上的创伤。这种创伤的体现之一是人们因欺骗感而导致幸福感的缺失；其二是为了获得满意的回报而持续上涨的过度消费欲望。可见，消费逻辑主导下的设计，构筑了人们新的"信仰体系"①，实现了对消费者的控制，人的自由已经被他人或者设计所宣扬的"个体形象的建立离不开设计"的理念所剥夺。

从人的发展的角度而言，"设计过程要与适当性原则结合"。[4]65 然而，当今设计与人的利益具有强烈的对立性。设计的生产方想要得到更多的利润，就要损害人的发展，因为消费者对促进自身发展的设计需求相对有限且具有理性。设计生产方必须通过设计支配原本拥有理性思维和创造力的人，力求达成"物"的地位高于人。换言之，设计必须削弱，乃至切断消费者的理性判断力，培养其顺从的品德，使其不断接纳新的事物和价值。社会上对年轻人的评价，从一定程度上反映了这一目的的有效实现：现在的年轻人有个性，但缺乏独立思考和自我判断的能力。

艾德莱·史蒂文森曾简明扼要地指出资本主义社会性格对人的危机：我们不再有成为奴隶的危险，但有可能成为机器人。[107]82 当今设计注入中国社会性格的非理性权威对人的塑造远比"机器人"更令人不安，因为其造就的是"思想的植物人"。当今社会，人们看似生活在自由意志之下，不受任何公开权威的威胁与恐吓，只需顺从个人意愿进行选择。然而，这多元选择的背后却尽是需要人们谨慎提防的匿名权威。非理性权威使

---

① 爱德华·德·博诺认为信仰体系是人们必须的：大脑必须形成一定的信仰体系，因为没有信仰体系，我们所有不同的经验就没法相互连接起来。详见爱德华·德·博诺. 我对你错[M]. 冯杨, 译. 太原：山西人民出版社, 2008：19.

我们在全然不知的情况下心甘情愿地失去了自我——我们的理性与自我意识丧失殆尽。

## 5.3.2 抽象化

近三十年来，中国社会一个显而易见的事实是：超大型公司几乎实现了对相关产业与市场的控制，小型公司和个体经营者生存愈加困难，并开始与大型公司合作。小型公司和个体经营者要存活下去，就要依赖大型公司的恩赐，这必然导致大型公司的利益是小型公司和个体经营者利益的基础。这一事实所传达的不仅仅是经济发展，权力集中同样值得关注。这种权力集中一方面是资本与社会权力的集中，其二是设计权力的集中。设计权力集中为实现对消费者的控制奠定了基础。设计权力集中的过程正是设计对社会与人的生活影响加深的过程便是最好的证明。权力集中使得超大型企业有足够的实力支撑广告及营销的巨额开支，而广告和营销等影响人的心理的多元方法极大地刺激了人的消费欲望。无论是当今的消费现象，还是相关的消费统计数据都显示中国创造了一个个消费奇迹。当今社会如果还能找到影响消费奇迹继续升级的因素，恐怕只剩下钱了。但是，消费奇迹暗含了严重问题。正如埃里希·弗洛姆所说：越来越多的人有钱不是为了购买真正的珍珠，而是为了得到虚假的东西：看起来像卡迪拉克牌的福特牌汽车、看起来值钱的廉价衣服，以及百万富翁和普通工人都吸的香烟。[107]88 权力集中造就了社会性格的抽象化特征。

另外，企业要实现最大化的利润，就必须对人——企业内部人员和消费者——和物进行有效的管理。由于管理的人和物过于繁杂，就难以以个体的独特性展开，因此，塑造设计的抽象化价值就不可避免，即：构建特定的"物品与消费者的意识形态关系"。[102]175-176 设计的抽象化价值是管理人和物的专家。抽象价值成了起决定作用的因素，这一因素左右设计在社会中的运行机制与形式，决定人的行为方式。我们的社会性格取决于抽象价值对人影响的规模与深度。

抽象化在社会中有多重呈现方式，本文主要从与当今设计密切相关的数量和品牌两个角度进行分析。

首先是数量。本文多次提到设计的消费应该有助于人的发展和创造性的发挥，这是设计应有的目标，是设计的"质"——实用性、功能性、美观性等设计的具体性质的体现。然而，当今中国设计的相关行为将设计的"质"让位于设计的"数量"，整个社会聚焦于设计物的数量、消费的数量以及价格的数量（高低）。对于数量的关注映射了设计与人、社会真正关系的偏离，设计价值因此变得肤浅，甚至毫无意义。现代企业为获取最大化利润的基础是拥有数量众多的设计产品，甚至企业在经营过程中，数字的意义远大于设计自身的性质。年生产量5000万瓶的饮料企业、200万件的服装企业、500万个的手机企业，这是关注设计数量的例子。对消费数量的关注在社会中更为普遍。每个人（尤其年轻人）看看自己拥有的衣服、鞋子、箱包的数量，便不辩自明。价格数量的青睐从日常生活的描述中凸显无疑：我们习惯说一个3万元的包、一件2万元的外套、一双5000元的鞋、一辆1000万元的汽车等。用数量的方式进行描述，不仅仅反映了设计生产与消费过程的语言交流形式的改变，而且凸显了社会关注点和人们生活出发点的转移。从这些日常的描述中，我们并非完全否定了设计的"质"，但的确反映了数量更被关注。数量方式的描述体现的是设计的具体价值次于抽象价值——交换价值、符号价值——由此，人对设计的体验发生了改变。埃里希·弗洛姆曾引用格特鲁德·斯坦对这种抽象形式的抗议的名句——玫瑰就是玫瑰就是玫瑰——进行分析："对大多数人来说，玫瑰并不是玫瑰，而是一种适应某些社交场合、能在某个价格区间内购得的花；即使是最美丽的花，假定它是野生的，不花任何钱就可得到，同玫瑰相比，也不那么美了，因为它没有交换价值。"[107]93 当今国人的确更关注设计的交换价值与符号价值，因为人们认为抽象价值能提升个体自身的形象。

其次是品牌。谈及设计，品牌不可忽视。品牌是每一个企业所极力追求的目标，其一源于品牌对销量的保证；其二是品牌具有自身的附加值。当今社会，人们将品牌看作一个鲜活的、具体的事物，忽视了其抽象化的影响。品牌成为一种自身个性的标志，[①]一种简洁、隐晦的价值观代表，[②]一种不同世界观之

---

[①]乔·达菲谈及品牌时说：每个品牌都会成为一种标志，无论是在你的冰箱、储藏室和壁橱里，还是在其他什么地方，你都能感受到这种标志，那些我们选择的品牌就展现出了我们自身的个性特点。详见黛比·米尔曼. 像设计师那样思考（二）品牌思考及更高追求[M]. 百舜，译. 济南：山东画报出版社，2012：128—136.

[②]玛格丽特·扬布拉德认为品牌正在以一种简洁隐晦的方式表现着我们的身份、喜好和价值观。随着世界变得越来越混乱，人们对一件事物的持续关注时间越来越短，品牌的这种作用就显得越发重要。详见黛比·米尔曼. 像设计师那样思考（二）品牌思考及更高追求[M]. 百舜，译. 济南：山东画报出版社，2012：137—144.

间联系的替代品。①每一个品牌都从气质、性格、精神等人格的层面进行塑造，都具有自我独特的价值观。时尚、科技、地位、权利、荣誉、爱等是品牌的不同追求，通过品牌的塑造与传播，其内涵转化为设计的符号意义。爱马仕的包、宾利的车、卡地亚的珠宝、古驰的服装等的消费，已远远超越了设计的具体价值。几乎无一例外，每一个品牌的塑造并非建基于设计的具体特质，这一品牌构建原则直接作用于人们的消费原则——人的消费并非基于具体特质和具体情境的激发，而是品牌精神和设计的符号意义所构建的想象性力量的驱赶。

可见，人们应对设计的维度是数字和品牌的抽象层面，这必然超出了个体已有的任何具体体验的范围。换言之，当今设计并非基于适合人类评判的维度，而是进入难以掌握和观察的、易变的参照系统存在。人们与物的联系通常可以运用两种方式：其一是与具体的、实在的物进行联系，这一方式表征了此物所特有的性质——没有其他的物与它完全一样；其二是运用抽象的方式与物进行联结，表征的是同一类事物共有的性质。那么，基于人的发展与创造性发挥的联结方式应该如何呢？对此，埃里希·弗洛姆给出了答案。人同某一物体发生的创造性的、完全的联系包含着这样一种对立——既看到了物的特殊性，又看到了物的一般性，既看到了它的具体性，又看到了它的抽象性。[107]92

---

①赛斯·高汀指出：品牌是一种替代品，替代的是人们的期望、体验、不同世界观间的联系以及公司的产品或服务承诺，同时品牌也是这些东西的一种委婉说法，是一种简化的表达方式。详见黛比·米尔曼.像设计师那样思考（二）品牌思考及更高追求[M].百舜，译.济南：山东画报出版社，2012145-155.

消费主义语境下，人与设计的联结过于偏重抽象性，而具体性、独特性被忽视。社会中许多真实的情形说明了这一点。完全不同性质的设计——服装、汽车、手机等——却对人拥有相同的抽象属性及作用——地位、时尚、荣誉等，而且这种情形的普遍性在以往任何时代都是难以想象的。对抽象的过度关注，从一定程度上反映了人对具体现实的疏离。"我们生活在数字和抽象物之中，由于没有什么是具体的，也就没有什么是真实的了。"[107]97 的确，一个设计成为任何事物都是可能的，因为我们聚焦于"设计意味着什么"，而几乎完全忽视了"设计做什么"。[102]141 设计定位很好地体现了这种可能——同样一件衣服可能成为时尚之物，也可能成为文化之物，还可能成为爱国之物——设计不再像之前那样具有相对固定的位置，而是以设计师和企业所希望的景象展现在人们面前。对于消费者而言，评价设计的参照体系的具体性和确定性正在消失，也就是说，人们与设计没有任何一种稳定的、具体的关系。

总之，抽象价值的追求为社会性格的疏离提供了充足的条件。因为抽象化社会性格的引导，人们关注的不再是设计的真正属性，而是"人为属性"。设计、人以及二者之间的关系呈现的不再是稳定性和具体性特征，而是一种脱离原有参照体系的疏离关系。这种疏离关系一方面体现在设计与人之间的联结，此外，已渗透于人与自身的疏离。

## 5.3.3 疏离

以上对于非理性权威和抽象化的分析，将把探讨引向社会性格危机的第三个议题：疏离。

所谓疏离，是一种感知方式。在这种感知中，人感到与他人、物，甚至与自身的疏远。本质上而言，属于对自我与外物以及自我完整性的非理性感知，是一种自我缺陷的体现。例如，人们对名牌设计的喜好达到了崇拜的程度，是潜意识中认为自己缺少某种品质或能力，而某些设计蕴含了这些品质与能力，通过消费以实现对自我完整性的补充。疏离造成个体与自身及外界之间存在于非创造性的关系之中——借助外物对自身进行肤浅的弥补。

马克思曾经用"异化"表达"疏离"的含义：人本身的活动对人来说成为一种异己的、同他对立的力量，这种力量压迫着人，而不是人驾驭着这种力量。[110]295 弗洛姆认为：疏离不妨碍人在具体事务上理性地行动，但它本身却是社会铸就的最严重缺陷之一。[107]98 疏离表征着人们参与世界方式的根本性改变。

消费文化引导下，人们对具体的、实在的设计特质的漠视，既显示了人对设计的理性与思辨意识的弱化，又引发了人与设计的疏离。人对当今设计符号价值与交换价值的关注，超越了设计具体的、实在的价值，势必造成设计对于人的创造性发展的制约，势必造成人与设计关系的变异。如前文所述，人们消费进入了数量追求的模式，人与所购之物所建立的关系短暂而肤浅。"就很多东西而言，我们甚至找不到使用它的借口。我们得到这些东西是为了拥有它们。"[107]108 概言之，我们满足于非实在的购买。我们可以列举非常多的例子。家庭中很难再找到像以往时代使用几十年，甚至几代人的物件，这些物件在满足人的创造性需求的同时，见证了人与设计亲密且深入的关系。在这种关系中，不仅映射了设计物的良好品质，更重要的是体现了人们对待设计的真实的情感以及对真实自我的关照。彼时的设计是人们生存于世的"同胞",助推着人们自由思维和自由行动的权利,工作和生活变得简洁而生动,生命正在被肯定,人对理性、创造与独立思考的运用得心应手,这一切的必然结果是人们充满了热情与友好。

  今日的设计文化以及对人的引导却走向了"实在而友好"的反面。人们购买食物,营养和味道不再是首要的衡量,而是迎合了消费者对财富和身份的幻想——品牌如此知名、包装如此精美、价格如此昂贵。"实际上,我们在吃一种'幻想'",[107]108 这样的形容并不为过。人与物如此的联结方式,将人的味觉、身体——真实的人的体现因素排除在消费行为之外。我们喝的也不例外,喝的是一种自我想象,一种被广告塑造出来的并非属于自己的想象性感知,至于味道如何,似乎不再重要。关于其他物品情况更加糟糕。越来越多的物品的使用并非取决于具体的、实在的价值,而是幻象、他人评价,甚至他人的目光(鲍德里亚、保罗·霍肯等的理论中相关论述颇多,当今中国的消费现实也足以证明)。物品的丢弃不再取决于是否可以继续使用,而是是否过时、是否有了新一代产品,大量完好无损的设计因他人的引导而被废弃。爱丽丝·劳斯瑟恩称为"物品的快速失宠"[33]5 有钱的人正在这样做,没钱的人正在努力赚钱跟随。那么真实的消费原则应该是什么呢?其一,消费行为应该是具体的人的行为,应包含身体需要和真实的感觉;其二,消费行为应以所消费之物具体的、真实的价值为核心。其三,消费行为应当是一种有情感、创造性和理性判断力的经验。由此可以得出如下判断:人与作为某种独特的、具体的设计相疏离,而这种疏离是企业与设计师通过设计与媒介宣传,导致人们对设计感知错乱的结果。疏离的消费方式必然导致无限消费的产生，因为此种消费并非基于真实具体的人对真实具体的设计的消费。正如埃里希·弗洛姆所言：只要人的生活水平低于能使他感觉有尊严地生存的水平，人自然需要更多的消费。[107]109

人与设计的疏离，是当今设计基于自身目的的、对人们感知方式的有意识行为的必然后果。这种疏离恰恰呈现了人们对设计抽象意义和抽象价值的崇拜。正是这种抽象价值崇拜导致了人与自身的疏离，自我疏离表征着人们以外在事物呈现着自身的生命力。

作为人类"自由、自觉"活动的设计，正是通过创造性不断地使"自在之物"转化为"为我之物"。[75]63 然而，消费逻辑主导下的中国设计正逐渐丧失"为我之物"的特质，与此过程相伴而生的是消费者正在成为"为物之我"。人们消费设计，更多的不再注重设计带来的真实价值，而是陷入对抽象意义和抽象价值的崇拜。从这一意义上讲，设计——尤其是奢侈品和时尚流行产品——成为人们偶像崇拜情感的载体。例如，苹果手机每次新品发布前，人们彻夜排队，等待拥抱新生儿的热情；购买某一品牌的奢侈品之后爱不释手的举动；甚至经济不那么富裕的消费者省吃俭用，为了购得自己心仪已久的设计物。生活中太多的情形勾勒出人们对设计的崇拜之情。人们将自己的爱和理性的力量投射到设计身上，因为他感觉这些设计具有自己不具备的特殊力量——让自己看起来强大、有能力、地位高，让自己看起来是社会的上流阶层。这正反映出人们把设计当成了一个优秀于己的、高高在上的对象，而自己只能在顺从和膜拜中得到满足。这种对抽象价值的依赖，表征了人们不再体验到自己是一个现实的人、完整的人，有着创造力的活生生的人。

脱离真实需要的设计无法为人创造更加美好的现实生活和未来图景。设计本应是帮助人们构建幸福生活的有效途径，但是现在却成了目的。当前人们着迷于更好，尤其更新奇的设计，而自己体验到的设计的真正乐趣则处于次要位置。换言之，人们被设计控制，成为一个与真实自己相疏离的消费者——人的非正常欲望驱使他无法体验到自身的丰富性、完整性，无法体验自己真实的样子。

我们还可以从人的本质的维度进行考察。"所谓人的本质，就是在一定的社会关系中所进行的自由、自觉的实践活动。"[75]63 其中的"自由"包含了创造性。人的本质的具体表现是"人类的自由的创造活动、智慧、才能、思想、品格、感情等本质力量。"[75]63 现实生活中，人对设计的消费模式呈现了他的自我意识不是源于一个能创造、能爱、能理性思考的个体的行为。"人不再感到他是自己的力量和丰富品质的主动拥有者，他感到自己是一个贫乏之'物'，依赖于自身之外的力量，他把他的生存状况投射到这些外在于他的力量上。"[107]100 设计成为人们信赖的力量，却不把自己认定为一个主动的作用者和力量的拥有者。对设计抽象价值的崇拜使人失去了更多的自我感——"我是我的经验、我的思想、我的感情、我的决定、我的判断，以及我的行动的主体"[107]117——不再感到自己是一个独特的、熟悉的实体，而是一个陌生人。设计机制不做根本性的改变，人与自我的疏离将更加严重，社会性格的疏离属性将更加固定而深刻。

中国设计生态失衡造成多方面的危机。本文选取设计的危机、人的危机、社会性格的危机进行阐述，缘由是：设计是该研究的本体，设计生态研究的首要目的是理性澄清设计危机，为中国设计的良性发展提供借鉴；人是设计创造的主体，也是设计服务的主体，设计应有效地服务于人的创造性发展；社会是设计与人的存在环境，当环境危机四伏，当社会性格遭遇严重危机，设计、人将无法健康发展。设计生态失衡对自然环境也造成巨大危机，相关的研究较多，也较系统，因此，本文未做重复探讨。

　　"人的目的和需要是被人的本质和规律决定的，而人的本质是'一切社会关系的总和'，因而人的目的和需要也不是主观随意的，它受到整个社会发展的目的和需要的支配。当然，前提是要有利于社会的进步和发展，所以人自身所要求的尺度具有社会普遍性。"[75]68 当今中国设计对抽象价值的过度强调，实际上具有"主观随意性"。设计生态失衡是消费文化主导下设计发展的必然后果。我们必须高度重视失衡带来的危机。设计生态失衡所造成的设计危机、人的危机和社会性格的危机处于动态、相互的作用之中，三者形成的破坏性合力强大而具有隐蔽性。要最大程度地减弱其造成的危害，需构建平衡的中国设计生态。因此，对设计生态失衡的成因进行剖析，便成为下一个需要探讨的议题。

# 第 6 章　设计生态失衡的成因

## 本章导读

| 分析维度 | 结论 | 论证角度 |
| --- | --- | --- |
| 1. 资本逻辑 | 失衡的内在驱动力 | (1) 效用原则：设计的工具性转化为资本运行的工具性<br>(2) 增殖原则：设计转化为制造消费的机器 |
| 2. 符号逻辑 | 失衡的外在推动力 | (1) 聚焦于符号消费与符号价值制造<br>(2) 导致人、消费、设计的异化 |
| 3. 自由主义 | 失衡的重要原因 | (1) 个人主义<br>(2) 权利优先于善<br>(3) 国家道德中立 |
| 4. 人类中心主义 | 失衡的重要原因 | (1) 高估人的理性<br>(2) 缺乏道德关怀<br>(3) 生成利己主义文化 |

设计生态失衡的表现和影响呈现多样化的特点，同样，失衡的成因也难以归结于某一点。本研究的限定语境是消费主义，探讨中国设计生态失衡的原因，需紧密围绕其进行。学界对消费主义根源的探讨，主要从经济学、政治学、心理学等角度入手，侧重于不同学科的研究。经济学认为消费主义促使生产力的高速发展及财富的快速增长，从而形成了消费主义的生活方式；政治学认为消费主义是政府为解决因消费不敷而引发的经济危机所推行的政治策略；心理学认为消费主义形成的原因是人们在消费中能获得自由和平等的心理需求。另外还有一些学者将消费主义的兴起归结于广告与现代传媒的激发。以上视角在一定程度上触及了消费主义兴盛的缘由，但并非消费主义的根源。作为西方资本主义的产物，要厘清消费主义的根源，必须将研究视角转向资本逻辑。基于消费主义生成于资本主义社会而言，消费主义与资本逻辑存在本质关联，这是理解消费主义的根本。此外，从本质而言，符号逻辑是披着时代外衣的资本逻辑，同样与消费主义具有不可隔离的内在联系。不难判断，消费主义在中国的出现与兴起必然与资本逻辑和符号逻辑在背后的主导有不可割裂的关联。

基于此，对消费主义语境下中国设计生态失衡根源的挖掘必须回归到对资本逻辑和符号逻辑的深入剖析。此外，消费主义在中国的兴起与社会思想流派就具有必然的联系。自由主义和人类中心主义对当今中国社会的影响不容忽视，故二者也成为本研究对中国设计生态失衡成因重点剖析的对象。

## 6.1 资本逻辑：设计生态失衡的内在驱动力

马克思认为资本逻辑是现代社会一切现象的动力、核心和灵魂。马克思资本逻辑是辩证逻辑，指资本的人格化在现实生活中的运行规律，表现在资本作为价值、作为关系、作为运动、作为权利支配和组织整个社会过程，并与矛盾各方对抗的一种生产、交换原则和体系。其逻辑在于在经济方面，对利润的无限追求和对劳动的最大剥削；在政治领域，对权利的攫取和控制；在意识形态领域，通过对传媒的占有从而实现对思想的控制。[136]

随着社会主义生产力的发展和经济全球化的深入，作为资本主义社会产物的资本逻辑在当前的中国社会得以产生和发展。诚然，社会主义社会的资本逻辑与资本主义的资本逻辑相比具有不同的产生原因。马克思商品经济理论、三大社会理论和人的发展理论是社会主义社会的资本逻辑的理论依据[136]。以上三个理论论证了资本逻辑并不是西方资本主义的专属，同样也是社会主义社会的必然产物。另外，社会主义社会市场经济的发展和中国社会主义现代化建设的伟大实践则为社会主义社会资本逻辑提供了现实依据。

资本逻辑与社会主义制度相结合虽表现出与资本主义不同的形式和特征，但其内在属性决定了对设计生态破坏的必然性。寻找设计生态失衡的根源并采取有效的措施进行调整和修复，必须清楚设计在社会中的运行逻辑和社会角色的真相——消费如何被激发、被膨胀，是"设计迎合了消费"还是"设计创造了消费"。消费主义语境下的设计在社会运行中被披上了"虚伪"的外衣。消费主义将设计置入高尚的地位，宣称"设计是消费者需求的满足",即：消费者需求——设计——满足消费者需求。通过这条线索，我们可以看到，消费者需求是设计的缘起和中心，设计处于服务于消费者的角色。由此可见，消费主义语境下的设计生态失衡的原因似乎在于"消费者需求"。此逻辑是对设计在消费主义社会运行逻辑的错误理解。在消费主义语境中，设计在社会中的运行真相是：资本逻辑将特定的意识形态注入设计，并借助设计建立特定的符号，通过符号逻辑的运作，进而控制消费者的心智，实现资本增殖。资本掌控设计，借助设计将特定的意识形态注入相关载体，创造出符号体系，达到获取最大利润的目的。不难看出，在消费主义语境下，设计是一种控制的手段，其控制者是资本逻辑，即：资本逻辑——设计（特定的意识形态）——符号逻辑——消费者心智——资本增殖。可见，资本逻辑才是设计的起点和服务的中心。在消费主义语境下，设计在为资本逻辑服务，这种服务是通过符号体系控制消费者而实现的。从精神分析的个体心理与群体心理的视角而言，设计创建了一种服务于资本逻辑的群体心理。在这种群体心理的作用下，个体的特定习性、行动表现出与他的性格以及习惯完全相矛盾的特征。个体的服务于自身发展的差异化消费被满足欲望的消费所湮灭，因为欲望消费是设计构建的群体心理的核心。

　　资本是特定历史时期的社会存在方式。在消费主义下，资本对人类社会的发展具有决定性作用。这种作用是由其内在的基本属性所支配的。因此，要厘清资本与设计生态二者间的互动关系以及资本对设计生态的发展所带来的巨大影响，必须回归到对其基本属性的分析。

## 6.1.1 效用原则：设计的工具性转化为资本运行的工具性

马克思在《1857—1858年经济学手稿》中对资本的属性及该属性对整个人类社会的影响做过较为详细的论述。资本有两大内在属性，其一是效用，其二是增殖。资本的首要属性就是创造出了一个普遍有用性的体系，极力将社会中的一切变为这个体系的构成部分。世界上所有事物都被纳入资本所创造的这个普遍有用性体系，成为该体系的"体现者"依附于资本，即资本的"效用原则"。设计最初的诞生是为了人类更美好的生活，但是被消费主义所操控的设计并没有逃脱被资本控制的命运。资本同样站在有用性的角度理解和运用设计，并对其绝对占有。设计因此偏离了其本质意义，蜕变为资本普遍有用性体系中的一个环节，沦为资本的附庸。

不可否认，资本逻辑对设计的进步具有一定的积极意义，但是也产生了巨大的"副作用"，即设计生态的失衡。设计被资本掌控，像其他被掌控的对象一样，成为资本的有用性的工具。因此，设计生态失衡的背后的驱动力是资本逻辑。无论设计与设计、设计与人、设计与社会，还是设计与自然的冲突甚至对立，都只是设计生态失衡的外在表现。资本逻辑对增殖和剩余价值的最大化无限追求的根本特性是隐藏在一切设计生态失衡现象背后的始作俑者。资本的效用原则，从一定意义上来说就是"金钱原则"。资本逻辑把一切关系都变成了纯粹的金钱关系，资本眼中的效用就是不停地赚钱。在该原则的推动下，设计变为资本赚钱的手段和工具。一旦设计被这样的目的控制和利用，其自身的价值随之逐渐丧失。因此，设计生态失衡并非源于设计自身的贪婪与盲目，也并非始于消费者的需求和欲求的主动增加，而是因消费主义的推动，设计的角色转变为资本的"有用物"，成为实现其追求利润和金钱的工具。在资本效用原则的驱使下，资本将设计异化。

其一，设计目的的转移，从"为了更美好的生活"转向"为了更多的利润"；其二，设计的服务对象范畴的压缩，将设计"服务于全人类"转化为"服务于资本占有者"；其三，设计物的偏离，不是创造"需要之物"，而是制造"欲望符号"。"为了更美好的生活""服务于全人类""创造需要之物"这些耳熟能详的设计价值，实际上成为资本逻辑运行中"为了更多的利润""服务于资本占有者""制造欲望符号"的一种口号和假象。借助设计，资本不断刺激人们的欲望，使人们形成对设计物的幻想性依赖。因此，设计愈发地经济化、政治化，更甚为意识形态化了。这种意识形态是资本为了其统治地位所做的选择与创造，影响范围更广泛，更加难以拒绝。消费者的意识个性消失，受制于资本逻辑借助设计所制造的"暗示"，并将"暗示"得到的观念转化为盲目的消费行动。在效用原则的干预下，设计师和消费者成为不再被自我意志所控的"自动装置"[①]。这是资本逻辑效用原则的成功。

　　资本的效用原则导致了社会关系的物化，导致设计生态的失衡。消费主义盛行下的世界，物化关系是最为普遍的社会"关系"。社会差异被"物化"，或说"物化"了社会关系。资本在不断追求有用性的同时，是对整个世界的价值的剥夺；不仅对设计，而且通过设计对自然、人类、环境、道德、伦理、文化等的价值也进行了榨取和异化。现实世界中，设计与金钱为伍，

---

① 自动装置是弗洛伊德在阐述群体心理作用于个体时，援引的勒邦的用语。原话是"他（个体）不再是他自己，而是成为一个不再被他的意志所指导的自动装置。详见弗洛伊德.弗洛伊德的心理哲学[M].刘烨，译.北京：中国戏剧出版社,2008:51.

不惜破坏环境、背弃道德，置伦理与文化于不顾的行为都是对资本"效用原则"的直接反应。在资本"效用原则"的作用下，设计沦为一种资本运行的工具，其自身价值在资本对其控制和利用的过程中被剥夺殆尽。

## 6.1.2 增殖原则：设计转化为制造消费的机器

资本的增殖原则大大加重了设计的工具化。当今中国设计生态失衡的现状是资本的效用原则和增殖原则共同作用的结果。

"在中世纪的拉丁文中，'资本'这个词用来指涉牛或其他家畜，因为那时家畜被视为额外财富的来源，被看作实现价值增殖的存在物。由于家畜圈养的成本低廉、便于计数，能够自如活动而易从危险地方转移开，更重要的是家畜能够把价值较低的物质转化成一批价值较高的产品（如牛奶、皮革、羊毛、肉等）且可以繁殖。因此，当人们用'资本'这个词指称牛或家畜时，'资本'一词开始便具有了两重基本的潜在含义——表示资产（家畜）的物质存在和它们实现价值增值的潜能。"[137] 追求资本增殖，是"资本"与生俱来的属性。从某个角度来说，资本和增殖可以划等号。资本占有者总是把资本增殖作为一切行为活动的根本出发点。追求最大的利润是资本的唯一动力与目的。

除效用属性外，增殖是资本逻辑的另一内在属性——无限地、最大化地追求资本增殖。资本逻辑追求纯粹的物质需要和财富，这一目的的实现依赖于大量商品的设计制造与销售，即：

资本增殖依赖于购买、生产、销售三个阶段的通畅运行，"资本运动的任何一个环节若有不畅，就会阻塞资本的运行通道，从而损害到资本的增殖目的。"[136] 简言之，资本要实现增殖就必须做到：大量生产并把生产出来的大量商品卖出去、消费掉，甚至快速垃圾化。市场现实让资本占有者清楚地认识到，当前获取利润最为关键的是销售阶段，即广阔的消费市场的获得。市场中一个不争的事实是：同质化的商品过剩。资本占有者必须找到合适的方式倾销这些过剩的商品。"第一，要求扩大现有的消费量；第二，要求把现有的消费推广到更大的范围，以便造成新的需要；第三，要求生产出新的需要，发现和创造出新的使用价值。"[138]391 在此过程中，设计成为资本实现增殖的工具和手段。在商品过剩的现状下，资本对设计的利用，并不是停留于基于功能的物质形态的设计与制造，而是转向于无形的抽象层面——商品符号化。资本只有通过设计创造出强大的符号体系才能挖掘和制造人们无尽的消费欲望。符号体系诱惑并帮助人们完成"想象中的生存"，让人们"想象着"这个商品和其他商品不一样，"想象着"需要这个商品，"想象着"拥有了这个商品生活就等于拥有了幸福。在资本增殖的内在需求下，设计大显身手，通过各种手段引诱人们去满足其的"虚假需求"，去消费更多并非真实需求的过剩商品。这就是消费主义下诞生的"不顾一切的生产""为消费而消费"，是背离了真实需要的浪费，同样也是对人自身的背离。资本的增殖原则造成了世界的本质的颠倒，使资本世界的增殖同真实世界的贬值同步进行。同理资本的增殖原则导致了设计生态的运行秩序混乱。因此，只要在国家和社会中资本逻辑对人们的思想和行为还处于统治地位，势必形成"过度生产——过度消费——

过度破坏"的图式。

基于逻辑属性的要求,在消费主义下,资本必须存在于无休止地巧妙地利用设计上。通过无止境地创造符号体系,无底线地异化人实现增殖的目的。资本创造的符号体系,其目的性决定了对人、社会、自然等的选择性忽视。其一,通过设计对物品重新界定。手机变身为时尚,衣服变身为地位,就连一个箱包也变身为一种荣誉,这样的扭曲界定在日常生活的各个领域正在且持续发生。其二,物品类别边界的模糊。手机已经不是单纯的手机,是手机、游戏机、照相机,甚至是理想生活的集合体。这种边界的模糊造成了消费者所拥有物品的功能的重复,形成一种浪费。其三,以科技的名义宣扬不需要的功能。例如,手表可以精确到百分之一秒的功能在现实生活中对绝大多数消费者来说并没有实际意义。不难看出,资本增殖要求消费主义下的设计与过去不同,整个设计的过程就是制造消费、创造符号的过程。同时,设计、大众传媒和新的文化传媒人通过意义联想与时尚制造对大众日常生活进行监控。

概言之,资本在其自身的逻辑上有两大内在原则,"效用原则"与"增殖原则"。资本的"效用原则",必然在"为我性"上控制设计,使之成为工具;在资本"增殖原则"的作用下,资本通过对设计不择手段地操控和利用来达到获得更多利润的目的。

## 6.2 符号逻辑：设计生态失衡的外在推动力

基于激发消费、实现增殖的目的，资本逻辑需针对消费主义的特定语境创造更有效的策略与途径。资本逻辑借助科技、信息和媒介等力量创造出相较于以往时期更加广阔的力量空间，呈现出一种全新的表现形式，即资本逻辑的符号化。作为资本逻辑的当代出场，符号逻辑是资本逻辑在消费主义背景下发展的必然结果。

中国正处在生产主导型社会向消费主导型社会转型的历史时期中，进入一个与以往时期所完全不同的、以"消费"为主的转型时代。近十年我国城乡居民人均收入均呈现逐年增长的趋势。早在 2003 年，中国人均 GDP 达到 1090 美元。按照国际上的已有经验，人均 GDP 超过 1000 美元是消费结构升级的临界点，这意味着中国消费增长空间巨大。[139] 消费水平和消费能力的提高改变了人们的消费方式。由自我积累性消费向信贷型转变，消费模式已由趋同化向多样化转变，消费结构也由生存性向享受型、发展型转变。[136] 根据马斯洛需求层次理论，随着中国经济的发展，当大众从基本的生理需求、安全需求的控制下解放出来时，人们自然会产生满足社交需求、尊重需求和自我实现需求的愿望。这在客观上为符号逻辑在中国的产生提供了现实基础。

随着消费主义在我国的快速兴起，符号逻辑在中国出现，并成为影响我国社会的重要因素。符号逻辑的产生以人们价值观的转变作为前提，后者为符号逻辑在中国的产生提供了时代背景。

新的消费时代的来临意味着与之相适应的价值准则与道德

规范的出现。然而，新的价值标准和道德规范因原有衡量体系的失效和新衡量体系的缺失而缺乏公认的尺度。随着消费时代的出现，人们开始追求个性、崇尚自我，享受生活变得合法化，这与我国传统社会勤劳节俭的美德是全然不同的。另一方面，拜金主义、享乐主义、奢侈腐化等消极现象也开始逐渐出现。消费成为人们自我实现最快捷的方式，而这种对消费的狂热喜爱和追求也使得人们不断产生新的消费需要，进而使消费具有无穷的动力。

传统的消费观正在被符号逻辑所构建的消费文化取代。消费者消费的目的不再是商品的使用价值，人们不再满足于实际客观需求，而是聚焦于被符号价值所制造、刺激而产生的欲望的满足。消费主义使人的物欲极度膨胀，人被赋予了无限占有和挥霍物质财富的合理性。根据一项调查显示，57%的人表示"敢用明天的钱"，48%的人称自己不会因为负债消费而担忧。[140]对于"符号消费热"，64.2%的人认为其缘于"虚荣心作怪"；57%的人担心这会使"社会更加物质化"；42.2%的人认为，符号消费行为属于"非理性消费"。21.7%的人认为符号消费是正常现象，"无可厚非"。[141]面对当今中国的消费主义狂潮，受利益的驱使，设计也不免卷入其中，因此出现了大量背离设计伦理、阻碍设计生态和谐发展的设计理念和行为。

不可否认，商品的符号价值成为人自我身份和地位的象征，这一现象表征了符号价值对人的更高层次的精神需求的满足。但是，我们应该理性地认知社会主义下的符号逻辑具有的双重性质。一方面，符号逻辑的出现体现了人们对更高生活品质的追求。人们不再单纯满足于对生活必需品的需求，除了设计物的基本物质功能，越来越关注其在实现高品质精致生活的过程中所扮演的"精神导师"的角色。另一方面，符号逻辑也是消费主义价值观作用的直接结果，体现着资本逻辑的内在属性。因此，能够被人们消费并带来利润成为设计的唯一目标与动力。在设计的鼎力协助下，消费成为人的本质属性，"人"和"消费者"之间的界限和区别已经模糊，逐渐变为同义词。可见，符号逻辑对设计最直接的消极影响就是设计生态的失衡。

### 6.2.1 设计本质偏离：符号消费与符号价值的制造

符号逻辑是符号作为支配和组织社会生产和生活的过程。符号逻辑是资本逻辑的当代出场，是资本逻辑内在属性的时代要求，是资本逻辑向经济、政治、文化等领域的全面进攻。因此，符号逻辑同样体现资本逻辑的本质。符号逻辑是资本逻辑借助完全掌控设计——产品、包装、广告、品牌等多种具体设计方式进行的以扩大消费为目的的新体系。从这个意义上讲，设计同样受控于符号逻辑，为符号逻辑服务，符号逻辑是设计在消费主义下的新掌门。

符号逻辑的核心是符号消费。在消费主义下，消费已经突破了单纯物质层面的行为运作，转向对商品意义充分融合的实践。所谓符号消费是指消费的目的不再是单纯对商品使用价值的占有，更是对个人身份认同、社会群体认同和社会地位的追求。个体属于哪个阶层，不在于知识水平和职业区别甚至拥有财富的多少，而在于消费了何种商品，甚至扔掉了何种商品。消费不再是对应于生产的概念，而是人与人、人与物、人与社会多元关系的建构与呈现。受资本的绝对利用和控制，设计所创造和引导的符号消费本质上是资本自发寻找和建立更广阔的市场，而不是帮助人们实现真正的生活意义和获得社会地位。符号消费本身就具有非常强的煽动性，借助一系列人为创设的符号，鼓吹通过消费行为便能快速、便捷地获得社会认同，以此来刺激消费者的"虚假需求"、消费的激情与欲望。消费激情和购买欲望的激发是符号逻辑的首要任务。为满足符号消费的需要，达到符号逻辑的目的，设计需要不断地创造差异化的意义，并利用各种媒介与渠道将这些虚假的意义渗透到社会生活的各个领域。这种渗透是对人、社会、意识形态的主动塑造。设计不停地从社会功能、文化功能、伦理功能等角度重新塑造消费主义的商品，将个体的身份地位和社会认同的意义要素注入特定的商品。通过对设计的巧妙操控和利用，资本悄然无息地将增殖的本质意图隐藏在消费者对商品符号价值的狂热追求中，进而实现对人的完全控制。"在马克思的资本时代，资本对人的物化还可以看见，但是在符号逻辑下，人的物化形式已经从显性发展到隐性，让人毫无察觉甚至深陷其中乐此不疲，而且集体处于无意识状态，这构成当今社会对人的最大的异化。"[142]符号消费导致了人的本体特征的消失。

符号价值是符号逻辑的主要内容。鲍德里亚认为：符号价值就是指物或商品在作为符号被消费时，不是根据该物或商品的成本或劳动价值来计价，而是按照其代表的社会地位和权力以及其他因素来计价的。在消费主义下，符号价值在商品的价值构成中占据主导地位。符号价值从本质而言，是基于资本逻辑自身的判断尺度，对欲望制造与满足的价值。符号价值直接创造的是"欲望消费"的模式。国内学者万俊人教授认为"欲望消费"就是"为欲望而欲望"的消费，即基于"欲望"的消费。[143]

从目的性角度分析，消费有两种基本的模式。一是基于生活"需要"的消费，二是基于"欲望满足"的消费。需要消费是人们为满足生活基本需要而进行的必要消费实践，是一种社会行为；而欲望消费则是超出生活需要的消费行为，个人的主观性评判尺度在其中占据主导，缺少甚至丧失社会的价值尺度。欲望消费具有极强的随意性和非理性，因此造成人与人造物之间的关系是短暂性的和冲动性的。当消费的目的不再仅限于对商品使用价值的占有，消费便不再只是一种单纯的个人经济行为，而是转变成具有广泛影响力的群体行为和文化行为。在消费者进行消费行为的过程中，也构建了自身的生活方式。设计为了实现符号价值，将更多的设计关注度倾向于虚无意义的建构，而忽略了对物质功能的研究。"至20世纪末，设计的首要职责变得清晰起来，即在日常生活背景下创造和反映意义。"[2]11 符号价值体现的是差异逻辑，在同质竞争的时代，设计因此走上了玩弄造型和编造意义的歧途，背离了其本质功能和意义。当设计脱离功能一味游走在内涵的捏造，设计的根本目的也就偏离了。当今社会出现了大量的丑陋的设计，功能缺失的设计。"物品的象征性内容可以成为设计最重要的方面，甚至因为象征而影响了使用（但不能影响安全）。"[102]173 为了将这些设计售卖出去，设计师就将精力放在了编故事、玩弄消费者的情感上。更严重的是当这样的设计大量进入人们的生活，将误导大众的审美取向、价值观念和道德尺度。简言之，符号价值的追求造成了设计对使用功能的忽视，造成了设计中心的错误的转移，长此以往，设计不但不能实现让生活更美好，而且人类会被带入一种劣质的生活状态。

## 6.2.2 人、消费、设计的异化：符号逻辑的"创举"

符号是资本逻辑基于自身的需要借助设计所做的一种创造，其目的是向社会生活的各个领域主动渗透，进而开拓和建立有利于自身盈利的更加广阔的市场。资本逻辑向符号逻辑的转化符合资本的外在普遍化、整体化的要求。符号逻辑升级为资本逻辑的统治工具，一方面对社会群体划分出等级，另一方面鼓励被统治者接受这种等级划分。简言之，符号逻辑具有确立差异与区别的特质。符号逻辑扩展了资本逻辑的功能，"从社会功能看，个人的身份地位和社会认同的差异是由符号消费决定。从文化功能看，以符号消费为标志的当代消费文化使人的生存和发展发生了改变，带来了不利于人自身发展的消费文化模式。从伦理功能看，消费主义成为大多数人信奉的行为标准，消费关系伦理和炫耀性消费强化了身份伦理的价值取向，压制了人的自主意识。"[142]

符号逻辑造成了人、消费、设计的异化。在符号逻辑的强势运作下，人们不仅被商品所包围，而且被各种符号所笼罩，被囚禁于各种虚假理想之中。生活中，与人们发生紧密关系的是符号，是由资本操控下的设计所创造的虚假意义，而不是人本身。人们乐此不疲地游荡在各式意义中且进行着选择与占有，这种惯性消费把对"虚假意义"的占有看作是对幸福、地位、个体价值的体现，已经把真正的伦理、道德、情感、正义与责任束之高阁，陷入了符号逻辑所编织的囚笼。设计所创造的商品的符号含义不需要人们去理解，也不需要人们去学习，而是让人去想象，是一种语言性话语的经营。这种超乎寻常丰盛的符号环境，使人们在一次次的消费中没有实现主体性的呈现，却转换为符号的奴隶。在符号逻辑的统摄下，设计不再关注人们真正的需求，而是专注于符号的创造，背离了自身的本质。符号按自身逻辑运作触发消费动机与行为，极大消解了人们辨别消费的真正目的的能力，形成了为消费而消费，为想象而购买的生活方式和消费观念。可以说，设计与符号在不知不觉中实现了对人的控制。商品借助设计符号化，本质上讲是物的"人化"，大量"人化"的物将人"物化"，因此，在符号逻辑的统治下，"物的人化"与"人的物化"交织进行，造成了人的异化、商品的异化、消费的异化、设计的异化共存的悲惨世界，这对设计的发展、社会的运行以及人类的进步必将带来巨大的损害。

　　符号逻辑加强了符号与商品的联系。符号逻辑在消费领域乃至整个社会占据了统治地位，这并非是对商品物质层面的抛弃，符号意义的创造不是目的，而是手段，是售卖商品的新权术。消费主义下的符号逻辑无法脱离商品而孤立存在，相反，两者关系更加紧密才能达到其目的的实现。因此，在消费领域，伴随着每一种"虚假意义"的被接受，就意味着对更多商品的消费。藏匿于背后的是纯粹的为利润而设计。关于人对人造物的适宜关系，墨子主张"节用、节葬、非乐、非命，在生活方式上建立一种实用健康的行为法则。"[15]然而在符号逻辑与设计控制下的人，将个体的价值及生命的意义过多地与所占有的商品和"虚假意义"作直接的关联。符号逻辑创造并引导人们沉浸在对"虚假需求"的追逐之中，个体感觉上的满足超越了对人赖以生存的自然环境和社会环境的眷注，这势必造成多方面不良的教化。消费方面，物欲膨胀、心理攀比及浪费式消费；人的塑造方面，身心病态、自我缺失及虚荣式成长；生态方面，资源浪费、环境恶化及自毁式生态形成等。当前出现的拜物主义思想、炫耀攀比消费、产品以样式主导的定期废止、环境生态危机等在很大程度上是符号逻辑运行的后果及设计生态失衡的具体反映。

可见，符号逻辑从最大程度上激发了人的欲望。回顾历史，没有任何一个社会阶段如此鼓励人的欲望并满足人的欲望，而且是以物质的形式去满足。符号逻辑的登场，其真正的历史使命并非帮助人类寻找价值的实现与生命的意义，其本质上是消费主义下资本逻辑在新的时代环境中借助设计所创造的一种全新增殖方式。符号逻辑所宣扬的一切只不过是诳骗消费者的"虚假意义"，是以资本增殖为唯一目标的欲望制造机器。

## 6.3 两大思想流派对设计生态失衡的影响

### 6.3.1 自由主义

当今中国，日常生活方式、经济生产方式、社会价值观念、意识形态等所有层面均已与所谓的"西方"世界有着千丝万缕、无可避免的联系。早在20世纪上半叶，自由主义的影响力已经在严复、胡适等精英分子群体的思想中得以体现。新中国成立后的三十年中，自由主义在中国本土一直处在被批判的境地中。在近二十年的发展历程中，自由主义逐渐实现本土化发展，渗透到社会公共领域，对社会大众产生了深厚的影响，成为中国当代社会的重要构成因素。刘擎指出，作为自由主义实现中国本土化的重要因素，平等主义的价值诉求、自我理解的个人化和生活理想与信念成为中国发展历程中的突出趋势。[144] 平等主义、个人主义与多元主义这三个自由主义的重要构成因素已经成为中国当代社会的基本特征。自由主义、新左派及古典派在当代中国的思想局势中各据一方，是目前中国影响最大、传播最广的三大思想流派。三大流派均对中国当前社会出现的诸多问题进行了分析。然而，当"道德信仰危机"的成因成为备受关注的议题时，自由主义被新左派和古典派不约而同地推上了审判台，自由主义更是被视为当今"道德信仰危机"的罪魁祸首。

那么，备受批评的自由主义对设计生态失衡负有什么样的责任呢？

周枫在《自由主义的道德处境》中指出，自由主义为坚持个人主义而削弱了共同体归属感；对权力优先立场的坚持而淡化了人们对美德的追求；国家在道德中的教化作用因自由主义对国家道德中立的坚持而受到抑制。[145] 本文以这三个方面为出发点，试分析自由主义对设计生态的冲击和破坏。

#### 6.3.1.1　个人主义

自由主义所宣称的"个人主义"坚持个人选择的权利。但凡涉及信仰、情感、嗜好、思想、学说等个人事物，"不强加于人"是自由主义的基本原则。个人有权选择自己的"善"和个人生活方式。除非个人自愿接受，来自外部共同体所提供的"善"不得强加于个人，否则强迫即为最大的恶。自由主义充分信任个人对道德的承担力，充分信任个人对社会进步的推动力。

就设计生态维度而言，个人主义促进了个体对更丰富的设计价值的追求、对更多设计可能性的探求。设计师被赋予更多的自主性，受众被赋予更多元的选择权。然而，这种个人对"善"的自由选择权带来的直接后果是道德规范对个人的启迪与指导的弱化，人们正在自由主义的庇护下释放出更多的"恶"。面对"善"与"利"，设计师、设计活动乃至整个设计生态面临着巨大的道德考验。由于受到个人自由思想的涤荡，设计道德被逐出设计边界，甚至被视为一种虚伪或是一种社会压迫。个人主义自为的和自私自利的文化占据设计生态的主导地位，这势必造成设计责任感的缺乏和设计良知的沦丧。这种设计文化以自命不凡的姿态第一次出现于中国社会，第一次对影响其自由的所有戒律进行自我废除，第一次对律己、克己的思想不加判断地抑制。与此同时，这种设计文化却对人们即时的欲望、自我意识的萌动以及人们对物质与精神享受的追求给予最大的鼓励和支持。[120]4 设计行为不再因循社会责任和共识的道德规范，而成为单纯追求利润实现的快乐和行驶激发消费者欲望的自主权利的固化习惯。设计表象呈现了对他人和社会负责，实质却是只对自己的主人——资本占有者——负责。可见，借助个人主义的鼓吹，设计道德处在完全自发的地位。

设计生态不但反映了设计行业及其受众的道德现状，也折射出整个社会的道德现状。我们可以通过设计体悟到不同个体和群体的人生观、价值观、幸福观等各种道德形态。从道德维度而言，设计生态的功能可以划分为道德建构功能和道德消解功能。从积极方面来看，设计生态的道德建构功能首先体现在调节人际关系上，其次对公众道德系统具有一定的调节和维护作用，最后是传递信息、实施社会控制、维持社会秩序。从消极方面看，设计生态的道德失范会损害甚至是破坏社会道德体系。例如，扭曲社会价值观的设计对人们的精神生活带来腐蚀作用；失信的设计对诚实守信的社会道德规范造成冲击；环保意识淡薄的设计对自然形成严重破坏等。

"个人主义以两种截然不同的面孔到处招摇：对大多数人来说，他是独立的、自成一体的、有驾驭力的且是可变通的；但对于不幸的少数人而言，它则是'不可理喻的'、癫狂的和无前途的。"[120]8

### 6.3.1.2 权利优先于善

自由主义主张不能以"善"的名义侵犯权利。这为个人创造了一个充足的空间，保证个人能够从事自己"愿意做"的事情。只要个人不伤害他人，权利就赋予个人完全的自由，个人在自由主义的屏障下做什么，他人无权干涉。正如上文中论述的个人主义为个人提供的庇护，他人不得将"善"强加于个人，个人是否选择"善"、选择什么样的"善"，他人无权干涉。

当今社会，设计被作为商业竞争和资本增殖的手段。人们对设计的经济作用的重视远胜于其他。自由主义赋予设计充分的权利空间，无权干涉设计在经济利益最大化和本应承担的社会责任之间作何选择。作为带有强烈商业气息的社会活动，设计游走在权利和道德的边缘，设计主体总是希望获取利益的最大化。自由主义为设计师只追求经济利益而置道德伦理和责任于不顾提供了依据，为设计作品欺骗受众、引诱消费、破坏环境等行为提供了可能性。反观当今设计领域，设计权利的提升建基于社会责任感的尽失，自我标榜的责任感虽到处可见，但奉献与关爱却无迹可寻。我们面对的是这样一种设计生态的文化，隔离社会监督和约束，颂扬享乐与情欲，赞誉消费自由和废弃自由，权利优先只相信社会对于个体的无痛原则。设计煽动人们相信消费是自己利益免收损害的途径，人们无需理性思考，只需在人生价值和即时狂欢、幸福生活与物质利益、美好未来与眼前安乐之间进行功利性选择和调整。

权利优先折断了责任这杆大旗，膨胀了现代社会的个人权利，丢弃了社会发展必不可缺的纪律思想和自主意识。从这一意义上，中国设计生态中民族文化身份的缺失正是这种思想作用于设计的后果。虽然权利优先并非设计生态失衡的唯一原因，但必须清晰，权利优先在自控和设计生态约束机制的解体过程中的确起到了推动的作用，对自由主义在设计和消费层面恣意妄为具有不可推卸之责。设计现实最能说明这一点，社会影响日渐普遍且深入的设计系统出现了越来越多的危及人健康与生命的设计。这些设计几乎涵盖了每一个人的每一个方面，不仅涉及成年人，而且涉及儿童、老人甚至孕妇；不仅出现在日常物品，而且出现在了食品、饮品和药品中。设计一面宣扬为人类美好生活，一面尊奉不准他人干涉；一面扛着提升人们生活品质的大旗，一面破坏着生存环境；一面提倡个人理想与人生价值，一面塑造着拜物主义和拜金主义。美好、品质、健康、理想与劣质、虚假、毒害、污染混杂在设计生态系统中。

### 6.3.1.3 国家道德中立

约翰·斯图尔特·穆勒在《论自由》中论述道："在一个文明社会中，对任何成员在违背个人意愿的情况下行驶权利，只能有一个正当的目的，那就是防止其对他人产生危害。他自己的利益，不管是身体的还是精神的，都不构成足够的理由。"[146]依据这一设想，国家不应当怀抱去处理国民道德这样的问题。国家（政府）对公民所追求的所有"善"的生活观念和方式不应加以评论或指责，而是应该平等地宽容。国家的职责与任务在于通过制定相关的规则、维持一定的秩序以使公民能够有足够的空间和自由做他们想做的事，过他们想过的生活，追求他们自愿接受的"善"。

中立的前提在于不同的"善"不存在对与错的分别，而仅仅是不同生活方式的表达。自由主义总体上不相信何人能确定何为真正的"善"，更不相信如何可以把"善"安全而又明智地灌输给其他人。

如前文所述，当前中国设计行业并没有形成普遍认同的道德伦理规范。由于缺乏统一的道德规范的外部约束，设计师的道德行为完全来自内心的自觉。自律和他律是道德主体在实际社会活动中发挥其作用的基本途径。自由主义赋予设计师充分的权利，充分信任设计师的"自律"和对道德的承担力。当"自律"受到诱惑和干扰时，政府的中立态度为设计师的不自律提供了一种可能性，其伦理价值观就有可能发生扭曲，不道德的设计随之出现。当外界诱惑大于个人行为规范的内驱力时，自由主义充满信心的"自律"并不能作为一种强制手段去规范设计行业的行为。智慧可以被用来做坏事或实行自私行为，这种境况一般在个人层面发生。然而，国家道德中立思想下的设计正在发展成为集体层面的社会破坏行为。也就是说，这样的设计模式已经祸及社会，造成社会发展的不平衡，使人疲于物质欲望的应对，并使自然和未来受到拖累。没有国家道德的无形制约，设计的人类服务精神将驻足于空洞的形式。为了实现利益，设计道德标准一变再变、一降再降，对金钱的诉求逐渐成为社会的合理行为，在这种社会风气下，设计系统为自私的欲望和陋习平反昭雪，甚至认为这是实现社会共同进步的工具。

设计行业也需要政府制定一种有效的良性管理机制。在商业经济的大环境下，相关法律、行规、条款等的缺失，政府中立和宽容的态度造成设计行业在对经济利益的无限追求中出现价值取向和道德观念的整体淡薄和模糊，设计生态直指精神文化层次，而设计生态却充满了自私权、享乐权、娱乐权等与国家道德对立的个体权利，这与追求设计——人——社会——环境的共生发展的和谐为善的目标相悖而行。"利奥·斯特劳斯把现代性视作一种文化，该文化'基本的绝对的伦理原则便是权利而非责任'。"[120]4

浸染了自由主义的设计文化不但作用于设计领域内部，而且通过强大媒介力量席卷整个社会，蚕食社会责任理念。当今设计文化所宣扬的消费享受型文明成为社会责任的掘墓人。消费享受型逻辑正在培育一种新的文化，这种文化用自私排挤道德，享受排挤责任，诱惑排挤规则。设计在广告、信贷、分期付款等消费方式的助力下成为企业和消费者追逐的偶像。设计放弃了最初的神圣的理想，激励人们享乐消费与个人幸福联结，以便达成获利的目的。借用吉尔·利波维茨基对于后道德时代的描述来总结当今中国社会的某些特征再合适不过："于是一个新的文明建立起来了，它不再致力于压抑人们的情欲，反而是怂恿并使之无罪化，于是要及时行乐，而结果便是由'我、肉体和舒适'构建起来的殿堂成为后道德时代新的耶路撒冷。"[120]36

设计借助有序、有预谋的行为对社会道德规范中具有约束性的成分大肆诋毁。责任信念被视为社会异端，被视为破坏物质主义和享乐主义文化的刽子手，被视为精神压迫和反人性的罪魁祸首。大众对人生价值和生存意义的追求被引向无限的占有，这一现象被社会认为具有合理性。人们被怂恿着去追求具有感官愉悦和联想意义的设计，因为它们可以抬高个体的外部评价价值。随着责任的降格自贬，购物中心、超级市场、专卖店成为责任信念的坟场，设计是重要的掘墓人。

不难判断，在自由主义的作用下，设计生态呈现出一个设计自身的有序状态和设计影响的无序状态的并置局面。因此可以说，自由主义思想影响下的设计生态所呈现的是一种"有序的混乱""规划出来的混乱""设计出来的混乱"。混乱的状态便于资本的增殖。个人主义、权利优先、国家道德中立是设计实现资本增殖的护身符，是设计为自己的暴行进行责任开脱而觅到的社会圣旨。

### 6.3.2　人类中心主义

当前，在全球范围内出现的严峻生态环境危机的背景下，人类中心主义成为我国学术界一个备受关注的话题。其中，人类中心主义是否是导致当代生态危机的主要根源、究竟是"走出"人类中心主义还是"走入"人类中心主义等是学界特别关注的问题。目前中国设计生态失衡与人类中心主义二者之间又是什么样的关系呢？

人类中心主义在其发展历程中产生过三种不同层面的含义。首先，基于古代宇宙论的人类中心主义认为人是全宇宙的中心，这一点已经随着科学的发展而被完全推翻。其次，人类中心主义在中世纪成为神学目的论，将人作为一切事物的目的。这种人类中心主义在欧洲文艺复兴运动中也以衰落而告终。最后，是基于认识论和价值论的人类中心主义。这种人类中心强调在人类经验、人类价值的基础上来认识世界并对其加以解释。它认为，非人类存在物只有工具价值，只有它们满足人类的需求时，它们才具有价值。人的需求、本性和能力决定了世界对于人本身的意义和价值。"人是万物的尺度"，"人"是评价善恶、美丑、得失、利弊的核心。反观当前中国设计生态现状，当前的人类中心主义在很大程度上是前面所提到的第三种人类中心主义。进一步明确，当前设计并未真正以人类为中心。换言之，当今设计生态系统的运行是资本占有者对人类中心主义的利用。它所谓的全人类的利益其实只是在资本控制和操纵下的统治阶级和利益集团的利益，而不是广大人民群众的利益，是当代的利益而不是未来后代的利益。这种人类中心主义只是一种狭隘、片面的人类中心主义。

从哲学的角度看，人在世界中具有主体性中心地位，人本位是根本原则。人类中心主义作为主导人与自然关系的伦理准则，可上溯到普罗泰戈拉。普罗泰戈拉认为，人是万物的尺度，一切存在的事物与不存在的事物皆以人为尺度。文艺复兴运动对人的重视和尊重在很大程度上推动了人类中心主义的发展。笛卡尔更是将这种"人是万物的尺度"提到了一个极端的高度。他认为，人远远高于其他一切生命。"我们可以随意地对待它们，我们完全可以把动物当做机器来对待，人对自然和动物没有义务，除非这种处理影响到人类自身"。[147]在近代人类社会发展史中人类中心主义具有不可忽视的重要推动作用。一方面，人类中心主义对人类社会物质与精神双重文明的发展发挥了巨大积极作用。另一方面，人类中心主义显而易见的片面性和极端性对当前的设计生态危机产生了直接的消极影响。在设计思想与设计实践中，人类中心主义对人类主体性的片面倡导导致人类秉持着征服自然、奴役自然的野心肆意攫取、破坏生态环境，对自然环境甚至其他动植物物种带来了毁灭性的破坏。

这种基于认识论和价值论的人类中心主义具有悠久的历史，可以说，它是近几百年支撑人类实践活动的基础。人类创造了历史，正如马克思所言，"整个所谓世界历史不外是人通过人的劳动而诞生的过程。"[148] 在科学技术水平尚不发达的时代，人类中心主义对除人之外的外在世界尚未产生较为显著的影响。随着科学技术的发展，人类进行了诸多如工业革命、科技革命等各种改造社会的实践活动。在这些改造世界的实践中，人类较为充分地发挥了自身的力量与智慧。设计作为人类重要的改造世界的智慧实践，在人类历史的进程中地位显赫，尤其在消费主义下更是备受赞誉。在改造自然、征服自然的过程中，人类一方面获得了"主人"地位，另一方面人在潜移默化中只默认了人自身所具有的价值而轻视甚至否认其他物种和存在物的真正价值，只是将它们作为工具为人类的发展而利用。人类中心主义的特征在消费主义语境下的设计生态中体现得淋漓尽致，不但所有的设计物以工具性存在，而且自然也是如此。更重要的是设计自身成为了部分人获利的工具。这种理念将人与其他存在物置于对立的两极，人主宰着自然。人为自己而活，所有物为人而存在成为公认的信仰。

这种狭隘甚至一定程度上可以说是人类专制的人类中心主义对于中国设计生态的失衡具有不可推卸的责任。强势的、专制的人类中心主义是导致中国设计生态失衡的重要原因之一。无数的企业、设计师高举着所谓"以人为本"的旗帜实际上却行践踏自然价值之事。以遵循存在物之间的利己主义获得自身的利益，为了小团体的局部利益而置设计生态系统的稳定和平衡于不顾。绝大多数设计实践活动中，设计主体因人类中心主义的指导过度地运用了人作为价值主体的尺度。设计现状的乱象表明，作为一种狭隘专制的价值理念，人类中心主义本来就不应该作为处理设计与其他存在物关系问题的指导原则，更不可能成为令人满意的设计生态理论构成。综合设计自身的特点和具体的中国消费主义语境，人类中心主义对中国设计生态失衡现状主要存在以下几个方面的影响：

首先，人类中心主义导致设计在处理人与其他存在物的关系时高估了"理性"的作用。人的优越感来自于人具有"理性"。当设计主体在进行设计实践时会片面强调人的"理性"，从而在所谓"理性"的指导下以人的主体性为出发点制定出一系列设计方案和设计政策。然而，事实上人的"理性"是有限的，也是不完备的。一项设计实践对环境带来的破坏将对未来的人类生活产生什么样的影响是人类所无法精确预见的。某些因人类无视而被肆意践踏的自然存在物在未来极有可能成为人类稀缺的宝贵资源。在设计实践中，如果仅仅考虑到那些对人类有利的自然资源或者对这些有"价值"的资源肆意攫取，在设计生态的长期可持续发展问题上将会遇到诸多未知的甚至是难以逾越的障碍和困难。

第二，人类中心主义导致设计在处理人与其他存在物的关系时缺乏真正的道德关怀。道德的进步与道德关怀所赋予的对象范围的扩大应该是同步进行的。目前，设计实践活动如果还仅存一丝道德关怀的话，仅仅将微弱的道德关怀赋予人类自身，这种做法是不可取的。从道德进步的评价尺度——道德关怀所赋予的对象范围不断扩大——而言，这是人类道德的退步。多数设计行为仅从人的功利角度来关涉人与其他存在物的关系，这种价值观和伦理观对社会和世界的和谐带来伤害。以这种狭隘的伦理观去处理设计生态中设计、人、社会和自然的关系，中国设计生态必然会出现关系的混乱与恶化。

第三，人类中心主义导致设计在处理人与其他存在物的关系时生成利己主义的文化。正如上文所言，人类中心主义将人作为一切事物的尺度，认为人优于其他存在物。因此，人将自己看待为一切事物的中心。这种认知自我的方式被设计所利用，鼓吹人应该通过消费占有更多的物，被物围绕才能凸显个体优势。也就是说设计文化宣扬这样的价值观：你可以消费任何物品，没有什么是不对的，只要于己有利。不难发现，当今设计文化正在促成利己主义文化的形成。在一个自我至上的社会里，为了实现自我利益，人人可以随其所愿地处理与其他存在物的关系。利己主义文化不是指向他人、他物的理念，而是一种一切为己的个体权利运动。这种权利是一种不辨是非的意志缺失。

人类中心主义是对人在世界万物地位的绝对性强调，是对人与世界关系的简单化阐释。基于万物的角度而言，人类中心主义是对一种额外权利的诉求，它允许人利用一切，但可以轻视一切。人类中心主义与消费主义的设计联姻，它们孕育而生的设计生态必然遗传了"唯人独尊"的性格特征，社会、文化、自然及其他存在物只能屈居于被利用的角色。由此可见，人类中心主义在社会与设计中的渗透，是设计生态失衡的重要原因。

总之，消费主义语境下中国设计生态失衡是由多元的原因造成，鉴于资本逻辑、符号逻辑与消费主义的内在关联，以及设计在社会中运行的真相可以得出：资本逻辑与符号逻辑是设计生态失衡的深层根源。自由主义和人类中心主义无论从设计观念层面，还是设计实践层面均助推了设计生态的失衡。

# 第 7 章　平衡的设计生态构建

设计的根本目的在于为人类构建更美好的世界，其中包含了物质文明的创造和精神文明的传承，包含了人类现在和人类未来，这就要求设计除了能为人类创造更好的物质生活，同时需要为人类创造更丰富的精神生活。从这个角度来说，设计是人类社会物质文明和精神文明的双重缔造者。因此，设计不仅是艺术的产物、技术的产物，更是人类文化的产物。换言之，一个设计产物除了表现全新的技术、功能与工艺之外，更应具有对人的精神生活的关照。

　　通过对设计生态进行系统性梳理，为设计发展创造更加合理的策略。作为创造人类生活的重要实践活动之一，设计不应狭隘地局限于创造满足于当代人消费的设计物，更需要以横向"人—其他群体"和纵向"现在—未来"为轴，以可持续发展的原则来为具体的设计实践提供发展方向。也就是说，设计既要满足当下人们的物质需求和精神需求，又要兼顾人类未来文明的持续性达成以及人与万物的和谐共生。

## 7.1 必要性与可能性

　　设计关涉的不只是为人类提供更多方便的某一种产品，它所关涉的是全景式的人类的物质生活和精神生活。随着人类社会的高速发展，人类的物质需求和精神需求对设计提出更高的要求，设计与人类社会各方面因素之间的相互制约、相互依赖的关系不断深化。如果设计还是遵循与人类社会某一个因素的单一对应，无疑会离"为人类而设计"的初衷越来越远。设计如果只是关涉与人类社会某一方面的关系，那么将会对其他方面的发展带来不可估量的负面影响。当前，人类与设计均处于无时无刻不在发生巨大变化的社会环境中，这一现实带给设计这一重要的实践创造行为"超人"般的力量。基于设计作用于人类社会的结果而言，设计不但为人类社会的发展提供积极的助力，同时也会在实践中产生巨大的隐患和危害。设计生态的重构不但是为了唤起设计实践主体的忧患意识和责任感，更是要将这种平衡的设计生态意识推广到更为广泛的人类群体。借助平衡的设计生态的构筑，摆脱当今社会普遍急功近利、不顾长远利益的状态。

　　人类面临的来自未来的挑战只会越来越多：濒临灭绝的物种、人们面对技术这把双刃剑日益加深的恐惧、大数据时代海量的信息与数据、数字时代个人隐私的泄露、贫富差距日渐扩大所带来的经济发展不平衡、越来越频繁的气候反常现象、自然资源的大幅减少、摇摇欲坠的社区服务，甚至大量的太空垃圾。

　　设计师必须反思自己的身份价值，整个社会也应该对设计师重新进行角色定位。设计师必须冲破狭隘的服务于消费的价值观，将设计文化聚焦于以人们生活品质的提升、社会问题的解决以及人类文明的构建为内容的平衡的设计生态。国际上已经有多位设计师正在通过自己的设计实践为之努力。设计师马蒂厄·雷汉尼尔在其设计实践过程中敏锐观察到人因健忘而忘记服药或是在错误的时间服药或是服用过期的药物等情况给人们的身体健康带来的潜在威胁。为此，他通过设计实践开发了诸多设备来帮助人们按时、按量服用保质期内的药物。最初，他的设计构思受到大多数人的质疑：为什么设计师会对如何引导患者正确服用药物这个本属于医学界和制药行业的问题感兴趣？随着设计师个人的努力，制药行业、医院也不再忽视这些看似简单的细节。[33]347-348 同样具有表率作用的还有解决了海量数据危机的本·弗莱和凯西·瑞斯，解决环境问题的帕纳姆·比尔·卡斯图里和摩西等。他们不但是设计师，同时也是活动家、理论家、社会改革家以及生态学家。[33]348 这些令人尊敬的楷模在通过自身的努力为人类社会更好、更和谐的发展贡献一己之力，也正是这些自身极具社会责任感的设计师为设计的未来发展提供了重要的方向。这也是为设计本身的发展创造更为远大和光明前景的重要前提。

## 7.1.1 必要性

早在文字产生以前，人类已经开始了设计实践。无论是利用洞穴来躲避危险，还是将石头磨制成尖锐的形状用作生活的工具，人们都在利用设计积极地改变自己的生活方式和生活环境。在消费主义兴起之前的漫长的发展过程中，即使设计曾被某种为私性砍去了太多的外延价值，也不能否认设计为人类的发展做出过巨大的贡献，让人们的生活变得更加健康、安全、文明、幸福。正如许平所言，设计所创造的关系是人类与理想世界之间的关系。然而，发展到今天，设计却日益遭受特权阶层的误解和滥用。设计成为刺激人们盲目消费行为的催化剂，成为消费主义的帮凶，而不再是帮助弱势群体远离贫困和痛苦的助力，不再是人们优化生活的方式，不再是社会和谐的推动力，也不再是人类文明的建造师。当前，中国设计生态严重失衡。为了眼前利益而不顾未来发展、为了个人利益而恶意伤害人类环境、为了金钱而残害文化和道德的设计充斥着整个社会。当设计完全背离"为人类更加美好的现在和未来"这一根本目的时，设计所承担的创造人类更优质的物质文明和精神文明的使命将荡然无存。面对中国设计生态失衡的现状及其潜藏的深层危机，如若熟视无睹，设计将导致人类的灾难，这并非危言耸听。中国设计生态目前的问题已经成为影响中国设计发展以及中国物质文明和精神文明、构建和谐社会的结构性障碍。正如斯丹法诺·马扎诺所言："我们需要的技术已经随手可得。事实上，我们挑战的不是技术本身，而是我们应该如何应用技术，我们必须把技术当作'善'的力量加以创造性使用，而非当作'恶'的力量来利用。"[149]

  设计带来的危害，几乎每个人都体验过，只是因为我们对其产生了类似"毒瘾"的依赖性，不愿主动做出改变。但是，我们不能面对作为人类文明载体的设计蜕变为"安乐死"的鹰犬熟视无睹，这要求我们必须对当前设计模式回归理性的辩证认知，抑恶扬善，以有效策略与方法进行修正。鉴于此，构建平衡的设计生态就显得十分必要和迫切。

## 7.1.2 可能性

早在 20 世纪，英国设计师肯·加兰德的《首要事情首要宣言》就对设计生态的重塑提供了借鉴。维克多·巴巴奈克在《为真实世界的设计》《合乎人性尺度的设计》以及《绿色规划》中多次对设计的发展阐述了自己的观点。通过对以往理念梳理，不难发现它们均大致围绕在三个方面审视设计。首先，设计应该将节约资源、保护环境问题列入考虑的范围。设计不但要为人们方便的生活服务，也要为保护地球服务。这是当代生活与未来生活之间、人类社会与其他物种之间的平衡与和谐。受消费主义的影响，自然环境与能源也成为"有用物"被肆意利用和破坏，这对未来生活和其他生态系统的损害是不可估量的；其次，设计应该为全世界人民服务，特别是第三世界人民。这个理念所包含的"平等"内涵实际上可以推广到现实生活的诸多层面，用以解决例如不同地区、不同阶层、不同种族、不同宗教群体之间的诸多问题。设计应当采取适当的手段，通过具体的设计实践消除这种广泛的不平等现象。最后，设计应当兼顾生理健全人士和残疾人士。这为设计提供了"人性化"的发展方向。除了为生理残疾人士考虑，随着社会发展，越来越多的人出现了不同程度的心理问题。为心理健康有缺陷的人士设计也是"人性化"设计的一个表现。这既是设计本应具有的人文关怀，也是随着设计的发展，设计实践对人实现真正全面、自由发展的更深层考虑。这些都为平衡的设计生态构建奠定了良好的理论与实践基础。

我国设计一直处于不断地发展之中，无论是中国的设计实践还是设计教育在快速的发展中已经具有相当的规模。中国的当代设计实践异彩纷呈，年轻设计师也正在力图通过自身实践促进中国设计的发展。与中国当代设计实践的丰富性相比，针对中国当代设计实践本身理性而客观的系统性理论思考以及对这种理论思考的升华则寥寥。中国传统美学和哲学为设计生态的重建提供了诸多宝贵的借鉴；中国设计教育的蓬勃发展源源不断地培养设计人才为设计生态的发展注入新鲜血液；中国在经济上取得的巨大飞跃为设计生态的重建提供了物质保障；人民精神生活的极大丰富和社会文明程度的日益提高为设计生态的重建创造了良好的氛围。

中国在发展社会经济上取得的巨大成功让老百姓物质生活需求得到了极大丰富，物质生活水平得到极大提高。物质层面的丰富必然带来精神层面更高的要求。物质条件得到极大的改善和提升，对更加合理、和谐的生活方式的追求自然会成为人们的精神诉求。

可以说，无论是物质基础、精神基础还是客观条件，对设计生态的重塑而言，均是非常有利的。这些都为设计生态的重塑提供了可能性与可行性，保障了贯穿现实与未来的设计实践获得持续发展的可能。

## 7.2 目标：设计、人、社会、自然的平衡发展

平衡的设计生态构建的目标是实现平衡发展、平衡前进，即：设计的发展应与人的健康成长、社会的和谐进步、自然的

生态平衡相一致。设计生态要促成设计、人、环境的同生共长、和谐存在。设计在此系统中一方面需要寻找合理的生存空间，另一方面需要与其他因素之间构成协同共生的互动关系。从这一意义上而言，设计所面临的首要问题是处理好与人、社会——政治、经济、文化、伦理、道德——自然间的多重平衡关系，而非孤立地聚焦于某一因素寻找自身的生存与发展空间。

## 7.2.1 设计生态促成人的健康成长

人作为设计生态的存在，设计生态首先要为人的发展服务。此处"人"的内涵既包括个体，也包括人类；既包含生活于当下的人，也包含子孙后代；既关涉人享受生活的需要，也关涉人发展的需要。以上述内涵为尺度对消费逻辑主导下的设计进行衡量与修正，是处理设计与人之间互为关系的基本要求。

人在构建设计生态的同时，设计生态构建人的物质生活和精神生活。作为我国社会的重要构成部分，一方面设计在20世纪80年代以来成绩斐然，另一方面也暴露出诸多令国人质疑的问题——人构建起设计生态的各个方面，设计生态的平衡却遭到破坏；设计生态构建人的现实生活，在创造更加便捷、更加美好的生活时，却又为人现在与未来的生活带来了已知和未知的致命伤害。纯自然生态在农业文明的构建过程中被破坏，农业文明所构建的设计生态又被工业文明肢解得体无完肤，消费主义语境下的设计策略更是造成各个生态系统加速失衡。设计生态危机日益严重，已危及到人自身的生存状态。

从某种意义上而言，人是设计生态的存在，设计生态反过来也是人的存在。人的生活方式和生活理念呈现了设计生态的存在形式，设计生态又影响并创造人们的生活方式和生活理念。"我们面前的问题多而杂，但归结到最后还是：我们这68亿人口共同生活在同一颗星球上。"[82]2 因为消费文化为特征的设计的参与，地球上每一种生命系统正在衰退，人类的问题并未得以解决。"全球有20%的人长期处于饥饿状态，而另外大部分位于北方的占全球20%的人口消耗了全世界近80%的资源。"[82]2 "世界上有成千上万无人居住的废弃房屋，和成千上万遭遗弃而没有住所的人。"[82]5 "今天，使人着迷的是机械的东西、巨大的机器、无生命的东西，人甚至越来越迷恋毁灭力。"[106]9 更令人不安的是，我们的后代正用生命偿还我们欠下的债务。"世界上每个尚未出生的婴儿的免疫系统可能将很快因存在于我们的食物、空气和水中的作用持久的毒素而受到无法挽回的不利影响。"[82]3 保罗·霍肯在解读了一位流行病学家的研究成果后绝望地描述。

我们对设计所导致的令人毫无防备的更严重的问题不得不进行反思——设计的最终目的不应该只是赚钱，也不应该是一个创造物品和消费物品的系统，而应该通过创造性的服务和道德行为造福"普遍"人类。

### 7.2.2 设计生态助推社会的和谐进步

设计生态失衡造成的更为严峻的问题是整个社会处于一种极不和谐的状态之中。

设计生态具有自然生态系统的诸多特点。根据生态学理论，物种之间及物种与环境之间的关系存在受益、受害和中性三种可能性。因此，设计生态中设计与设计、设计与人、设计与社会、设计与自然之间同样呈现出这三种可能性的关系。建基于消费主义下的当今中国设计因聚焦于利润的追求——设计与利润二者之间构成受益的关系，同时导致了设计与人、设计与社会、设计与自然间的伤害关系。设计与人、社会、自然之间构成何种关系决定了其在设计生态中的行为及这种行为带来何种结果。

设计与社会的互动已变得多元且深入。当今时代，对设计在整个社会中所起的作用和应起的作用要进行深刻反思，设计已经成为一个事关社会和谐、人类文明的课题。当我们谛视设计的现状，是用"乐观"还是用"悲观"来形容？若从眼下个体生活方式的维度进行审视，一片繁荣的景象，不会感到悲观；然而，将视角转向设计对社会带来的影响，我们很难乐观起来。设计不断地运用科技推动产品的开发、生产与废弃；企业无法使狭隘的个体金钱利益服从于广泛的社会福祉，为了利润的实现，欺骗消费者购买，敦促产品快速废弃；消费逻辑主导的设计文化造成了本土文化的创伤；借助设计这一吸金手段，大城市、统治阶级的家庭、企业精英越来越富裕，而更多的人愈加贫困；利己主义成为个人行为与个体性格的构成要素——"利己主义的意思是说，我想把一切都据为己有，能够给我带来欢乐的不是分享，而是占有。"[106]7 人的社会性格被"市场性格"——爱与恨、道德伦理被认为是过时，按照"机器"逻辑只在理智的层面运转[106]134-141——充斥，造成了人与他人、与自己真诚交流的缺失和情感联系的丧失，整个社会贴满了功利与冷漠的标签。

设计生态的和谐稳定不仅关系到当下，而且直接影响到未来社会的发展方向。可以说，社会不和谐就是设计生态的不平衡，社会和谐则是设计生态各要素之间趋于平衡状态。设计不应是制造社会问题的帮凶，而应成为解决社会问题的楷模。

## 7.2.3 设计生态推进自然的生态平衡

自然生态作为人类存在的生命环境，设计应优化其生命承载力，强化与其的和谐关系。

一个不可否认的事实正在强势出现：设计在不断解决人类问题的同时——实则并没有真正解决——造成了地球问题的产生——地球创造生命、养育生命的生物能力因被剥夺而极速弱化。《纽约时报》上一篇题为《青蛙的沉默》的文章的研究内容令人不安："青蛙数量不仅在存在已知的工业毒素的地区，而且在食物充足、没有发现任何污染源的原始荒野也急剧下降。"[82]6 虽然不能将青蛙正从地球表面莫名其妙的消失完全归罪于设计，但也不能否认设计本质异化所导致的不择手段的无限生产、无限消费、无限废弃等行为应负的责任。设计作为资本的同僚，向自然界恣意掠夺资源，以实现经济的辉煌。"我们已经毁掉了北美洲97%的古森林"[86]4 "每年全球丧失250亿吨肥沃的表层土壤，相当于澳大利亚所有麦田的表层土壤。"[86]4 时至今日，设计活动光鲜的一面——创造新事物——被关注、被赞扬，而其制造的足以将人类埋没的垃圾却被理所应当地作为应对未来发展的一种战略的附属品，无人问津。如果任其继续下去，人类将居住于保罗·霍肯所描述的世界：没有任何一个野生动物保护区、野地或本土文化将在全球市场经济活动中生存下来。地球上的每一个自然系统都在解体，无论土地、水、空气或海洋都已发生功能性的变化——从养育生命的系统转变为堆放废弃物的巨大仓库。[82]1-5 设计被商业绑架，而消费主义下的商业在本质上被剥夺了健全的自然生态意义的可能，进化、生物多样性、承载力根本不在商业的语义之中。

消费主义逻辑下的设计最为辉煌的成功所投下的阴影也最为黑暗：设计并没有尊重那些姿态万千的生命——他们的呼吸、生命和灵魂与地球的呼吸、生命和灵魂无法分离、融为一体。设计生态视域下，设计与人、社会、自然的关系并非可有可无，而是交融共生、共同发展。

设计生态不应是对未来生命的切断，应是对其的关照；设计生态不应是对其他物种的伤害，应是对其的关爱；设计生态不应是对自然的破坏，应是对其的呵护；设计生态不应是对社会的冷漠，应是对其的炙热；设计生态不应是对道德伦理规范的攻击，应是对其的维护；设计生态不应是对民族文化的隔离，应是对其的创化；设计生态不应是对弱势群体的漠视，应是对其的体贴；设计生态不应是对物质的贪婪，应是对其的适度；设计生态不应是对商业的盲目，应是对其的理性；设计生态不应是对破坏行为的放任，应是对其的抑制。

总之，设计生态不应自我封闭、更不应成为少数人谋私利的傀儡，应是所有生命的天使。设计生态是设计、人、社会——政治、经济、文化、道德——自然的综合体，是生命的完整和意义。平衡的设计生态构建正是对这一目标的实现，是重新认知设计的意义到底为何的问题的回答，是设计本质和设计价值的回归。

# 7.3 策略与方法：资本逻辑与符号逻辑的合理调控

## 本节导读

| | | 发扬与限制：资本逻辑与符号逻辑的合理调控 |
|---|---|---|
| 1. 调控起点 | 积极作用 | (1) 资本逻辑：促进设计生产力提升、推动设计产业发展、带动设计人才就业<br>(2) 符号逻辑：促成设计成为企业核心、为设计生态提供物质基础与保障 |
| 2. 调控纽带 | 企业 | (1) 没有废弃物的设计生产<br>(2) 非物质性设计思想体系<br>(3) 责任成本内化 |
| 3. 调控监护人 | 政府 | (1) 设置设计推广监护制度<br>(2) 建立设计公平保障制度 |

平衡的设计生态构建应注重两点：一是策略与方法的构建需紧密围绕失衡的根源——资本逻辑和符号逻辑——展开；二是对设计生态失衡的根本原因做辩证的解析，以便在调控中扬长避短、灵活处理。鉴于资本逻辑与符号逻辑积极和消极作用的共存，合理的调控资本逻辑与符号逻辑——在限制和发扬间保持合理张力——是设计生态重塑的根本。资本逻辑与符号逻辑对于设计生态的积极作用要继续发扬，而二者对设计生态的破坏作用应采取有效的策略、方法进行限制。

本研究提出"以资本逻辑与符号逻辑的合理调控为根本，以二者的积极作用为调控起点，以企业为调控纽带，以政府为调控监护人"的平衡的设计生态构建的策略与方法。

### 7.3.1 积极作用：资本逻辑与符号逻辑调控的起点

资本逻辑和符号逻辑在其使命执行的过程中，对设计生态的发展和社会文明的进步具有举足轻重的积极作用。对二者的调控中，我们需要肯定它们具有的文明成分，发挥社会主义制度的优势，政府适当、适时干预以促成资本逻辑和符号逻辑的运行非完全受控于自由市场。通过政府的规范与引导，社会应自觉地、积极地利用资本、尊重资本、发展资本，减少其对设计生态的损害，使其促进设计生态自由、全面、平衡的发展。

#### 7.3.1.1 资本逻辑对设计生态的积极作用

首先，资本逻辑促进设计生产力的发展。

"生产力"是一个动态的概念，随着经济的发展、人们思想观念的转变、时代的变迁，生产力要素及其构成是不同的。斯大林在《辩证唯物主义与历史唯物主义》中给生产力的定义是：用来生产物质资料的生产工具，以及有一定的生产经验和劳动技能来使用生产工具、实现物质资料生产的人，所有这些因素共同构成社会的生产力。[150]劳动者和生产工具是生产力的两个要素。改革开放后，随着生产力的迅速发展和科技水平的提高，人们以一种更加开放的姿态对待生产力要素。邓小平提出"科技是第一生产力"，这让我们对科技有了更深层次的认识，同时也让我们以完全开放的态度来重新思考社会生产力，并将设计纳入到生产力系统中。

设计已渗透到当代中国经济生活的各个方面，设计也成为提高市场竞争力和经济效益的主要战略和有效途径。世界上多个国家凭借设计创造了经济、文化、产业的神话。设计是企业发展甚至国家综合实力提升的有效手段，可以说，设计作为生产力要素渗透到生产力系统进程中。通过大量典型案例，我们可以发现，设计在当代生活的衣、食、住、行、用等各个领域对提升产品价值和附加值的重要意义。设计是科学、技术和艺术有机统一的交叉学科。作为当今社会重要的生产力之一，设计是对生活方式的创造、对社会的改造、对人类文明的塑造。

人是设计生态的核心。马克思认为，人的全面发展要以物的依赖性为基础的人的独立性为前提。因此，设计生产力的发展是设计生态发展最终实现人的解放的物质前提和保障。"当人们还不能使自己的吃、喝、住、穿在质和量的方面得到充分保证的时候，人们就不能获得解放。"[138]18社会主义的优越性在于社会主义社会能够克服资本主义社会的主要矛盾，发挥更大的活力更快地促进和发展生产力。资本逻辑的本性是增殖,为了实现这一目的资本必须不断改良和创新技术以提高劳动生产率。[136]这一要求在设计系统有很好的体现:无论新技术与设计方法的融合,还是新技术对设计生产的品质保证与效率提升都极大地促进了设计系统的发展与完善。可以说,设计生产力的发展与资本对于技术创新的投入有正相关的关系。提高资本有机构成,不断扩大资本积累,从而在客观上带来了设计生产力的发展。

其次,资本逻辑推动设计产业的发展。

资本逻辑为了获取更大的利润,必须扩大生产规模,优化产业结构。从经济学的视角来看,设计是智慧密集型产业,对其的投入与产出具有高增值的回报率。优势的产业属性吸引了资本的大量注入,相应地,充裕的资本带动了设计产业的快速发展与升级。二者形成了良好的互动。例如,国家文化创意产业的战略吸引了大量资本的注入,自然而然地惠及作为文化创意产业核心的设计产业。设计作为资本逻辑获取高额利润最重要的板块,其能量在日本、美国等设计发达国家得到充分证明。在日本,设计对产品战略的差异化、附加值提升、品牌价值塑造和市场占有率等方面的影响总和超过了70%。美国针对设计投入和产出做了相关研究,该研究显示:不同规模的企业,每投入1美元于设计,其销售额度相应地增加2500~4000美元。①近年来,资本注入设计的高回报率得到我国社会的高度认可。资本增殖和设计产业联

---

① 该数据来源于人民日报。参见. 杨雪梅. "中国设计"如何为中国产业设计未来. 人民日报,2009-10-27.

姻，实现二者共同目标的基础是设计创新。设计创新带来市场需求，市场需要刺激资本注入，资本注入保证设计创新。三者相互作用产生的核聚变效应正在中国社会兴起。

中国经济的基本特征为以加工贸易与生产制造为主要增长模式，以信息时代的先进生产方式与工业化时代的粗放型生产方式并存，中国设计也具有横跨新旧经济的特征。资本逻辑的运行可以有效地升级设计对于企业的作用，加强设计与经济、文化、社会的紧密联系，这对设计行业的发展无疑具有巨大的推动作用。

最后，资本逻辑带动设计人才就业。

资本逻辑基于自身目标的实现，从而带动了设计产业的发展，由此为我国的就业开辟了新的方向。设计产业属于高层次劳动密集型产业，可以吸纳大量人力资源，从客观上促进相关领域劳动力就业。设计产业总体上处于成长阶段，相较于设计发达国家，蕴藏的潜力巨大。任何一个产业的成长需要优秀专业人才的推动。近年来，我国的就业形势严峻。多种类型资本注入设计产业，对我国就业问题的缓解功不可没。私有资本经营的设计产业在提供就业岗位、促进劳动力就业方面发挥着重要作用；民营资本经营的设计产业为社会创造大量的就业机会，成为中国吸纳就业的主要增长点和解决就业问题的主要渠道之一；国外资本经营的设计产业同样直接提升了就业率。消费主义下，设计在企业发展中的作用愈发凸显，从某种意义而言，设计维系着企业的存在与发展。设计承担着开辟新市场、激活新消费、塑造竞争优势等企业使命，这些企业使命的完成需要大量的、不同知识背景的优秀人才的共同完成。据相关专家预估，设计产业每年仅设计人才的需求达 20 万以上。这从每年的设计学科毕业生的就业数量可以得到印证。可见，资本逻辑、设计产业、劳动就业形成了一条互动互惠的链条。

### 7.3.1.2 符号逻辑对设计生态的积极作用

一方面，符号逻辑使设计成为企业的核心。

符号逻辑目标的达成促使当今企业的核心由产品生产转向品牌构建和消费者生产。企业核心的转向促成设计在企业中地位的提升。因应设计在品牌构建和消费者生产方面所具有的独特优势，升格为企业的核心。

符号逻辑使得企业核心由产品生产转向品牌构建。在产品使用价值日益趋同的今天，企业价值观发生质变：诸多企业逐渐认识到品牌是让其在激烈的市场竞争中取得立足之地的法宝。塑造品牌内涵、确立品牌价值观、打造品牌精神，借此创造产品的差异优势，即：通过品牌构建实现产品的符号功能。除了产品的使用功能和使用价值，品牌代表了不同的价值观念、文化指向以及消费者不同的生活方式和人生追求。设计是品牌构建最有效、最快捷的方式。借助设计所创造的差异性、独特性的品牌内涵，企业竞争优势才能掌控于自己手中。正是设计的力量使得消费者把品牌内涵和自我需求建立主动连接，让企业最终获得利润和价值。超越诸如安全、耐用、质量之类的物质特性，聚焦于受众的心理感受和审美体验等抽象特性的品牌内涵的塑造，正是消费逻辑主导下的设计策略对企业的贡献。由此可见，设计承担了企业构建品牌、创建企业文化、完成品牌内涵在产品的注入的系统工作。因此，符号逻辑要求品牌构建成为企业核心，是设计升格为企业核心的原因之一。

符号逻辑使得企业核心由产品生产转向消费者的生产。消费主义下，消费者是企业生存与壮大的关键因素，也是产品顺利推向市场的基本保障。符号逻辑目的顺利实现完全依赖于消费者无限的"虚假需求"。因此，当今企业的生产向量必然调整：在商品生产的过程中除了保证基本的产品使用价值，不断开发产品蕴含的符号价值成为企业的核心工作。这一工作的开展通常运用设计定期推出新产品、改进包装、强化品牌以及广告为主的营销行为等综合策略，对消费者进行全面的符号理念灌输，从而使消费者接纳并认同产品的符号价值。可见，消费逻辑主导下的设计是一种策略——对消费者进行驯化的策略。企业向消费者进行符号理念灌输的过程是一个长期的过程，设计在这个过程中发挥着举足轻重的作用。事实证明，如果脱离了设计，企业塑造产品符号价值并借此生产属于自己的消费者的工作是无法展开和推进的。例如，运动品牌 NIKE 公司通过"Just Do It"系列广告使其成为全球体育用品的第一品牌。这一产品理念也得到广大青少年的认同，"要做就做，行动起来。"NIKE 品牌成为年轻人崇尚个性、追求自我的象征。茅台酒作为中国国酒，其高价的背后具有高品质、体面、珍贵等一系列符号形象。

随着符号生产的逐步发展，设计成为企业战略中价值实现和产品地位确立的有力武器。正是符号逻辑自身目的的推动，以及设计自身具有的强大魔力使设计完成了在企业地位和价值的华丽转身——由以往的从属位置升格为中心角色。

另一方面，符号逻辑为设计生态的发展提供物质保障和基础。

消费成为我国经济发展的重要推动力和拉动经济增长的主要手段，符号逻辑的助推更是使人们对消费的需求远远超过以往的任何一个时代。设计生态的核心是人的发展，而人的发展的前提是社会生产力的发展以及物质产品的极大丰裕。2011年，"十二五"规划首年，经济工作的主要任务之一就是加快经济结构战略性调整。将扩大投资型内需转向消费型内需上来，增强消费拉动力势在必行。其重点在于提升居民消费能力、改善居民消费条件、培育新的消费热点，使居民"有更多钱可花、有钱更敢于花、有钱更方便花"。经济结构战略性调整为符号逻辑的运行提供了优质环境，而符号逻辑的进一步兴起为设计生态的发展夯实了坚实的物质基础。

首先，符号逻辑对提升人的消费欲望和消费能力方面发挥了重要作用。人们收入水平的提升和商品使用价值的极大满足催生了消费结构的升级。城乡居民对交通、通信、住房、教育、文化娱乐等方面需求的明显增加、新型消费方式的快速发展、消费群体结构的显著变化、消费观念的明显转变等都为符号价值的发展开辟了前所未有的广阔天地。相应的，符号逻辑的运行构建了非使用价值为核心的社会消费体系。新的消费体系运转的动力源于人们的欲望和非理性。符号逻辑正是以设计为策略和手段激发人们的欲望、摧毁人们的消费理性。可见，符号逻辑所导演的消费方式的转变客观上为设计提供了更加广阔的用武之地。设计逐步渗透到社会和生活的方方面面便是有力证明。

其次，符号逻辑增强了人们对抽象价值的消费意识。符号逻辑强调商品的交换价值和符号价值对于产品和消费者的意义。在此逻辑的引导下，价格不再是决定中国消费者购买行为发生的关键因素，而抽象价值越来越受到消费者青睐。抽象价值的塑造依赖于设计的力量。通过包装、VI、海报、DM、报纸杂志、广告等的风格与质感来综合塑造产品的抽象价值。抽象价值的消费真正将人的消费潜力最大化，也将资本增殖无限化。抽象价值弱化了商品的物质属性，过去以使用功能为尺度的商品的确定性和具体性正在逐渐消失。这一消失却强化了商品与消费者的个性联结，因为抽象价值更能满足不同消费者个体的想象性占有。想象的力量驱赶着人们忙碌于抽象价值，这疯狂的漩涡产生的动力正是设计所创造的符号价值。符号消费满足了人的个性化需求，同时使人们获得身份认同和社会认同，这是符号逻辑存在的合理性。符号逻辑创造了新的消费，而消费和设计相辅相成，消费的迅速发展为设计提供了物质基础和保障。

资本逻辑和符号逻辑的调控中，应对上述二者的积极作用继续发扬。相反，针对二者对设计生态的破坏应进行强力限制。在研究设计生态失衡的原因的章节中，对资本逻辑和符号逻辑的消极作用进行了重点论述——消费主义语境下，资本逻辑是中国设计生态失衡的内在驱动力，符号逻辑是其失衡的外在推动力。此工作展开可从企业和政府两方面进行。

## 7.3.2 企业：资本逻辑与符号逻辑调控的纽带

对资本逻辑和符号逻辑的调控，需找到合理的媒介。社会现实告知我们，当今设计与商业联姻，设计的源头掌控在企业。因此，政府通过合理的方式对企业进行控制和监督，能实现对二者的有效调控。

设计融入资本、企业的家族。现状显示，资本和当前的企业并不具有对人、社会和自然的生态准则，对资本增殖和企利润带来好处的设计几乎无一例外的缺乏设计生态应具有的整体性、系统性和平衡性特征。企业借助设计所宣扬的"服务人、服务社会"的口号，无论声音如何洪亮、动听，事实却暴露了其真实的面目：一种基于金钱利益而使设计与人的发展、社会的和谐、自然的平衡产生对立的体系。企业作为当今社会的重要组织形式，将原本自身的优势置入错误的目的。工业生态学概念的先锋哈丁·蒂比斯将企业的优势描述为："从根本上来讲是乐观的和向前看的，喜欢采取行动，愿意冒适当的风险。"保罗·霍肯认为："企业还很有创造力，很独立，强调客观性、技术和可计量的标准。"[82]50 然而，目标的偏离使企业的积极属性演变为一种对设计生态的破坏力。企业目标的狭隘剔除了对人、社会和自然的关照。保罗·霍肯将当今企业的行为总结为："正在逐渐毁灭着地球上的生命"，并认为企业"在实际中写下一部反自然的世界历史"。[82]45 设计商业文化的扩张是对人类文明的危害。企业必须改变目标，切实行动起来才能促进设计生态的平衡，以此实现人、社会、自然的平衡。

　　平衡对应着失衡。对设计生态而言，平衡蕴含了对多元因子的综合性考量。平衡是使设计生态进入合理的状态，是清除独大、异化，是修复，是使忽视的联系、关系和责任回归。

　　诚然，部分企业开始意识到设计生态失衡造成了不良影响，并声称采取措施。但是仅仅依靠口头上道德的保证，或者微小的改变——少部分环保材料的应用、更少能源损耗的设计、部分产品的回收等——对于设计生态的平衡作用甚微。换言之，仅仅依靠企业的自觉行为，设计生态平衡目标的实现无异于童话故事。政府应该采取有力甚至强制的措施进行调控，否则失衡的程度会愈发严重。虽然我们无法准确预测这种失衡何时彻底击垮社会和自然，但是，太多的社会和自然现象表征了危害的的确确在加深。

对企业的调控可从没有废弃物的设计生产、非物质性设计思想体系、责任成本内化三个方面展开。

### 7.3.2.1 没有废弃物的设计生产

设计作用于人类社会，必须经过生产转化。因此，此处讨论的设计包含生产阶段在内。设计生产需遵循"没有废弃物"的原则。一方面直接减少对自然的破坏；另一方面借助生态设计文化引导人们的生态意识和生态的生活方式，促进人的健康发展以及推进和谐社会的构建。

自然生态系统提供了"没有废弃物"这一原则很好的借鉴——每一种生物作为其他生物的食物。"没有废弃物"不同于产生废弃物之后的清理，因为清理无法使其快速而彻底地从地球上消失，无非是一种位置的转移或状态的改变，如：垃圾填埋场或垃圾焚烧等。而且，现有的废弃物清理方式同样产生多重危害。对人、社会的发展和自然产生破坏的设计，从定义上而言就是不合理的，也是不健康的经济模式。"没有废弃物"意味着当产品不再使用时成为再设计的原材料或基础，也就是说利用废弃物，使废弃物不再是有害的废弃物。设计师从设计构思阶段就需要对产品的完整生命过程做统筹性思考。

德国汉堡市环境保护促进局的迈克尔·布劳恩加特博士和贾斯特斯·恩格尔弗里德博士提出的智能产品体系虽然针对的是工业化生产的问题，但其中的理念和方法给予设计重要启发和借鉴。因为，他们提出的循环经济的概念"彻底消灭了废弃物"。[82]54 借鉴布劳恩加特和恩格尔弗里德的产品分类方式，所有的产品可分为三种：消耗品、服务产品和不可售产品。不可售产品主要是指工业生产排出的有毒化学物质、放射性物质等，此内容不属于本文的研究范畴，故不做分析。

"消耗品指的是通常只能使用和消耗一次然后就变成这种或那种废弃物的产品。"[82]54 例如，食品及包装、饮品及包装；基于当前人们对于服装、鞋帽、非奢侈型配饰的使用习惯，也可以归于此类；另外，因网络购物兴起的快递包装成为此类的重要成员。消耗品设计的"没有废弃物"原则主要体现于材料的运用。也就是说，消耗品所用材料应符合这样的要求：当消耗品成为废弃物时，其必须能够在自然界进行完全的光降解或生物降解，在分解过程中不含有任何有害的中间过程，最终转化为没有任何可能的危害或含有毒性的物质。满足这样的条件，消耗品自然转化为其他生物体的食物或融入大地。当前的食品和饮品的包装设计和快递包装中，不可降解塑料和玻璃材料严重背离此原则。普通塑料降解需要上百年。关于玻璃的降解有两种说法：一是不可降解，因为不属于高分子材料；二是即使降解也需要几百上千年。即使纸材料的包装，因其印刷油墨多数采用非环保油墨，降解时间也较长，而且降解过程中产生危害性物质。服装、鞋帽因对手感和视觉的需要，多数经过化学品处理，含有锌、锡、铬等化学物质。从材料和技术层面而言，这些问题都是可以避免的。企业不应将方便、色泽、手感凌驾于设计生态之上，消费者也不应以方便、虚荣之名继续破坏设计生态。

"服务产品主要是我们所谓的耐用消费品。"[82]54 例如，冰箱、空调、计算机、汽车、手机等。目前我国对这一类产品的废弃处理有两种方式：一是企业回购，即以旧换新；二是消费者自行处理。后一种方式仍占据绝大多数，这隐藏了一个严重的问题：企业只是负责创造，而创造物对人、社会及自然环境的破坏与其无关。我们的生活中，每天都发生着因设计物的使用而使健康甚至生命受到侵害的事件，无时无刻不在发生着因设计而产生的社会不和谐以及与自然的冲突。社会对种种设计破坏行为的责任人一味包容，不但没有促进其反思，反而变本加厉地推卸责任。本应由企业承担的责任转嫁于社会、使用者甚至受害者。这种现状是极其不合理的。这正是当前中国设计的线性非循环体系的弊端。此问题要得以解决，必须引入企业负责制的设计产品循环体系。

　　设计产品循环体系要求买卖性质的改变，换言之，产品的废弃应由企业负责。当前的买卖是购买商品的所有权，这种买卖的性质隐含了企业对废弃物合理处置的责任免除，即：由消费者进行废弃物的处置，而当前的处置方式极其简单粗暴，是毫无私人代价的"扔掉"。此种买卖性质没有将设计产品对环境和社会的影响考虑其中，对废弃物责任的隔离势必造成当前设计生态破坏的窘境。分析消费者与产品的关系，不难发现，消费者需要的是产品的使用权和转让权，而所有权从本质上而言并未让消费者获得更多利益，反而增加了其处置废弃物的工作。按正常的责任义务逻辑，作为问题制造者的企业回避了责任，却让受害者分摊。可见我们目前的企业制度存在根本性问题，正如保罗·霍肯所言：我们目前的制度建基于惊人的本末倒置的责任和义务之上。[82]27

　　按照布劳恩加特和恩格尔弗里德的智能产品体系，产品的买卖应是使用权和转让权的出售，而所有权仍由企业保留。消费者购买计算机、汽车、冰箱、空调等产品，是拥有了由这些产品提供的服务：计算机提供记录、制图、文件处理；汽车提供交通方式；冰箱提供食物的保存；空调提供舒适的室内环境。如果需要，这种服务可以进行转让，类似于现在的二手商品交易，但不同之处在于消费者、使用者不能处置或扔掉产品，它必须最终由企业进行处理。此类买卖属性可以激发设计的创新。由于企业要顾及产品退回时对该产品的回收和利用，"所以他们将从一个全新的角度去看待原料和生产方式，从全新的角度进行设计，类似于自然生态循环的设计原则：废弃物等同于食物。"[82]55 也就是说，从设计的构思阶段不仅需要考虑新产品的价值，还要考虑废弃产品的价值。产品设计要便于拆卸，便于材料分类，以进行再利用、再设计。能重复利用的部件经过技术处理进行循环利用，不能重复利用的部件由企业负责处置，而处置以付费的方式交由相关部门使用最生态的方式进行。由此制约下的企业会不断地改进技术、创新设计，以降低设计生产的整体成本。这一体系的受益者，是"那些在原料和零部件使用上进行精心设计以便最大效率地重新配置、变化，再利用或回收利用的公司。"[82]55

在循环体系中，设计的思维模式由单纯关注创造转变为关注创造、废弃、再创造的全景式关照，由对设计物局部生命周期的孤立关注转变为对产品完整生命及其与人、社会、自然等之间多元互动的关照，商业生态学里称为"从摇篮到坟墓"的思维模式向"从摇篮到摇篮"的思维模式的转变。每个产品在设计阶段就已经规划好随后的各阶段的形态和再利用的方式。设计师必须将产品的用途和对人、社会、自然的多重影响进行整体考虑，这是促进设计创新、企业革新、产品优化的重要启示，是设计生态平衡实现的有效途径。

### 7.3.2.2 非物质性设计思想体系

非物质性设计概念的提出与生态危机有密切关系。工业社会对物质的巨量消耗、生态破坏、环境恶化等困境导致人们对设计的物质性的过度推崇以及设计本质和意义产生质疑，提出了"非物质性设计"的概念。设计的非物质性是基于物质、超越物质的设计发展，是与物质的对立统一。对于"非物质"的提法，目前的共识是来自于历史学家汤因比的启示：人类将无生命和未加工的物质转化成工具，并给予它们以未加工的物质从未有过的功能和样式，功能和样式是非物质性的，正是通过物质，他们才被制造成非物质性的。[151] 此外，《道德经》中贯穿了"有之以为利，无之以为用"的关于非物质的价值取向。例如，《道德经》第十一章，"三十辐共一毂，当其无，有车之用。埏埴以为器，当其无，有器之用。凿户牖以为室，当其无，有室之用。故有之以为利，无之以为用。"[152] 作为社会非物质化产物的非物质设计，是以"服务"为内核的新的设计思想体系，是对产品本身之外的非物质要素——使用方式、外围关系、心理情感、人性关怀、生态环境——的关注，主要围绕可持续发展、社会效应、人文效应等因素展开。

消费主义语境下的中国设计生态具有显而易见的特征：基于物质产品的大规模设计与制造，强调物质的"数"和"量"，人们的生活方式正是建基于物质性的表达，由此产生的相应后果便是过度设计、过度消费、过度占有以及过度攫取，即设计生态的失衡。非物质化正是对设计生态危机的反思，是人的情感、精神的强调，是一种生存方式的革新。物质性设计探讨"人"与"物"的关系，而非物质性设计是对物质性的超越，是研究"人"与"事"的关系。非物质性设计将思考的重心置于设计存在的多元化意义，设计对人、社会和环境的行为影响。例如，在进行手机设计时，设计师不仅考虑手机自身的造型、材质、功能、色彩等，更要关注手机在使用中和使用后带给人、社会、自然等的影响。可以说物质性设计体现的设计思维方式是从有形的构思到有形的结果，而非物质性设计则是从无形的构思到有形的结果。非物质化设计可从三个层面进行理解和实践：

一是重视物质产品的非物质性特征的研究。设计力争做到"单位产出使用的材料应减少"，所用工艺及材料要进行改进"以使投入达到最小"，材料的选取应越来越轻，体积越来越小。中国人对"大"情有独钟，这一情节在设计领域和社会生活中体现广泛，例如，加大版的汽车并未与真实的交通状况、能源消耗、环境损害进行紧密结合；过度包装设计更是极大地浪费了近一半的材料和空间；越来越大的冰箱、电视、房子等也浪费了更多的材料和资源。此外，目前的设计文化与人的塑造和社会的和谐具有内在的冲突。这正是设计对物质产品的非物质化关注的缺失，是对设计复杂的使用情境和多元的外围作用的漠视。

二是以服务为核心的设计。服务设计是非物质化的重要内容，是物质社会向非物质社会转化的客观需求。设计不应纯粹引导消费者对物质产品的不断占有，更不应该将定期废止制度作为企业牟利策略，而应引导消费者以"服务"满足不同的需求。随着信息技术的不断升级，设计应保持物质形态相对寿命的长久，通过更新非物质内容服务于消费者。例如，健康的系统设计、交流的系统设计、文化的系统设计、工具的系统设计等，以服务系统的升级取代现在物质性产品的不断更新换代。此外，设计是人们合理生活方式的构建，非物质性设计可以发挥自身优势，也就是说，设计结果不一定意味着固化的物质产品的制造，可以是方法、策略等。例如，假日旅游设计、银行服务系统设计等。共享服务的设计也是非物质设计可以深入探索的方向，设计发达国家在共享服务系统领域做出了很好的示范。例如，日本的交通服务系统有效地解决了城市交通的诸多问题；中国的滴滴出行虽然存在各种各样的问题——尤其是因对最大竞争对手"优步"的收购而形成的行业垄断问题①——但其共享服务的理念具有一定的积极作用。

三是数字化非物质设计。基于电脑、智能手机等的普及所提供的新空间，数字化成为当今时代独有的设计手段。电子信息空间的虚拟化设计、网络媒介技术、电子信息服务、虚拟现实设计等非物质化设计，表征了社会从"硬件形态"向"软件形态"的转变，表征了人们生活的结构性变化。[153]当今社会，经济、技术、生产、文化、意识形态均发生了极大变化，诸多变化催生了对数字化非物质设计的需求。这一要求下，数字化设计与物质产品的结合将更加普及与深入。数字化设计同样应立足于平衡的设计生态构建——紧密围绕人的健康发展、社会的和谐、自然生态的平衡进行探索——而不应将数字化设计片

---

① 2016年8月1日，滴滴中国收购优步中国的品牌、业务、数据等全部资产。这一收购带给消费者的直观感受是乘车价格的不断提升。此前，滴滴中国与优步中国均采用"烧钱"（给予司机与消费者高额补贴）战略抢占市场。参考 http://www.jiemian.com/article/777697.html 等

面的聚焦于娱乐方式的改变与娱乐内容的丰富。借由虚拟设计、数字化设计以及互"联网+"设计所拓展的设计新领域中,"设计师与设计对象、设计之物与非物质设计、功能性与物质性、表现与再现、真实空间与信息空间的诸多关系发生了变化,产生了一种全新的关系和设计观念"[154]数字化非物质设计由物质性设计"物的创造"转向"服务的构筑",借此进行对人们生活方式和消费方式的崭新规划——不再聚焦于物的占有,而重视非物质的体验。

设计本应是解决人与人、人与社会以及人与自然的矛盾的人类智慧,而消费主义下的物质性设计却在不断激化矛盾。非物质化要求设计的工作重心由物质性的更新换代转化为减少消耗和更少的物质产出,由关注物质设计中"物"的体系转化为"人、物、事"的综合关系体系,由引导人对欲望的物质性追逐转化为对非物质性服务的青睐。非物质化的设计生产系统是以"服务"为核心的从"物"到"非物"的设计文化质变,主张的是消费"服务"而非无限量的物质产品消耗,是有效的处理设计与人、社会、自然关系的方法论,是构建平衡的设计生态的时代性策略。

### 7.3.2.3 责任成本内化

人类创造设计的根本目的是实现对人类的关心,而今天的设计在关心利润,人类却被抛给了价格和市场。商品价格与成本有直接的关联,而价格主要是历史性地形成于市场。历史延续至今的市场定价机制有一个致命缺陷:价格不反映商品的全部成本。如前文所述,目前市场机制下的设计物的价格仅是生产、流通、推广等出售前的成本,也就是说成本并非立足于设计物完整的生命周期，其在使用中、使用后对人、社会、环境所带来的直接或间接的消极影响所产生的费用并未计算在成本之中。例如，以下几种情形：企业在其设计中因使用对人身体具有危害性的材料，造成使用者的身心伤害；因企业及其设计对物质欲望的鼓吹，错误地引导年轻消费者，甚至未成年人畸形的消费观和价值观，对他们的健康成长造成不良影响；因设计对消费欲望自由、物质代表人生价值的宣扬，造成人们道德伦理的失范，对社会造成秩序破坏；因设计采用对自然环境有严重危害的材料，造成自然生态的破坏；因过度设计、过度消费造成资源透支等。正如本文以生态学的原理和方法发现了设计存在的严重问题一样，以相同的原理和方法审视设计物的成本，会发现成本的现状是人为抑制的结果。

关于设计物在其完整生命周期中对人、社会、自然等造成的损害，经济学家赫尔曼·戴利称之为"外溢效应"，即虽然可能是无心的，但伤害是真实的。[82]64 消费主义下，随着设计在我国社会和人们生活中的影响日益提升，设计的"外溢效应"无论从广度还是深度均呈现不断增强之势，从这一意义而言，"外溢效应"是设计生态失衡的重要体现。"外溢效应"因发生于商品出售之后，造成社会对企业和设计相应责任的忽视，更多的将此类责任单纯归结于人们素质的低下——乱丢弃、物质化、虚荣心等。与"外溢效应"相对应的成本，本文称为企业或设计的"责任成本"。之所以这样命名，源于当前的市场机制和社会机制并未针对这些消极影响采取果断、有效的措施，而从人类社会发展的视角而言，这些是企业和设计不可推卸的责任。简言之，责任成本是指设计物在其完整生命周期中，因对人、社会、环境的直接或间接伤害应承担的成本。当前的责任成本更多的并未纳入设计物，并未由生产企业承担，而是令人诧异地凌驾于社会和受害者。例如，设计对自然、环境、气候等的伤害，由社会掏钱进行整治；设计造成使用者身体不适，由消费者自己掏钱诊治；设计造成青少年价值观偏离，由家长掏钱教育改正等。可见，"外溢效应"责任与企业的脱离体现了当前的设计物成本体系存在严重缺陷，并未体现出包含"责任成本"在内的真实成本。经济学将这一类现象称为成本外化。责任成本外化影响的不仅仅是设计物的价格，而是整个设计生态和社会，因为处于当前设计生态中的人们呈现出的是一种畸形的生活方式。

设计生态要得以平衡的发展，必须实现责任成本的内化。外部成本内化可以采用征收"庇古税"的方式展开。庇古税是英国经济学家 A.C. 庇古提出的一种"纠正失调税"。他在1920年出版的《福利经济学》一书中提出：如果生产商不承担他们所造成的包括一切污染、疾病、环境破坏等在内的生产成本，那么市场机制就会失灵。针对此类问题应对企业强行征收"纠正失调税"。庇古用一个例子作说明：一家燃煤工厂附近一座房子的油漆提前剥落了，这就是应该由生产商支付的外部成本。庇古的理论认为，当生产商必须承担全部成本时，它才会有更多创新机制以减少负面影响，从而产生降低成本的动机。[82]64如果设计的责任成本游离于企业成本体系之外，企业因自身贪婪、利润追逐的属性是无法自觉地将人、社会、自然置入企业运营的核心区域的。或许有人会以责任成本难以估量为由对此提出批评或否定，但我们不可否认保罗·霍肯所说的一个事实：试着去估量消极成本总是好过完全视而不见，即宁求大致正确，勿使完全错误。[82]64

诚然，征收"庇古税"并非基于税收的目的，而是以此使成本各就各位，修复责任成本错位的现状，激发设计运用科学、道德、责任、美学等原则对人、社会、自然等设计生态的多元因素进行管理。当前市场，存在着严重违背设计生态平衡的不正当竞争，那些采取对环境、社会更有利的设计方式的产品无法与将责任成本外化的次等产品竞争，因为后者在市场呈现的价格更有优势。例如包装设计：采用生态材料和生态方式的产品，因成本的提升使其在与采用非环保材料和方式的产品竞争中处于劣势。当前责任成本外化造成人类社会多方面的衰退和危害。设计的竞争不应该是破坏型设计与拯救型设计的竞争。市场机制应保护更利于人、社会、自然和谐的设计，从而把向消费者发出错误引导的设计体系进行纠正，借此方式对消费者的消费观念及生活观念进行净化。有人会提出质疑，"庇古税"会增加消费者的生活成本，这一点前文曾做说明：目前因成本外化，已经让消费者支付了高额的保健费、医疗费、污染费等。

对设计生态具有破坏作用的设计，国家需充分利用价格的杠杆作用，利用强制的"庇古税"增加其成本，使其在市场中呈现的价格高于有责任的设计。消费者可以真正地信赖市场价格作为生态和环境的尺度，以此引导人们对有益于社会和自然的设计的青睐，进而帮助消费者建立更为理性和科学的生活理念。同时，企业会利用自己创新性、能动性的优势想方设法降低负面成本，使设计生态良性发展。责任成本内化的最终目的便是引导所有企业的设计生产共同参与到平衡的设计生态的事业中来，共同使设计与人、社会和自然的关系恢复健康，这是对设计本质的回归。

总之，消费主义下，设计生态的平衡发展需要对企业的设计思想体系、设计生产、责任成本进行重新设定并严格监控。企业作为人类社会的重要构成，应将自身发展与社会效益和环境效应进行整体统筹，彻底改变"自身发展建立于社会、环境破坏之上"的现状，企业应主动进行设计制度的革新。诚然，在当前的市场经济体制下，实现设计生态的平衡发展，完全依赖于企业的自省与自觉并非是最好的选择，还需要政府发挥控制和监督的职能。

### 7.3.3 政府：资本逻辑与符号逻辑调控的监护人

消费主义语境下，单纯依靠企业、市场的自觉行为难以建立平衡的设计生态，必须依靠政府的强势介入。

简·雅各布斯认为社会由"监护综合征"和"商业综合征"两种道德综合征构成。监护系统又称为统治系统，主要实施对社会的控制和监督。该系统产生于领土型和狩猎型社会，是相对保守和具有等级之分的，它坚守传统、珍视忠诚，有意回避交易和创新。商业系统则恰恰相反，其以交易为根基，忠诚于开放、创新、积极心态、前瞻性思维并相信外界力量，其尊重合作、合同及乐观主义精神。按照雅各布斯的观点，理想状态下的社会建基于两种功能合理、有效的分别实施。因为当两种系统混淆了各自角色，一种系统开始侵占另一系统的职能与行为特征时，社会运行便会出现严重问题。当一个系统所擅长的职能被另一系统实施时，这一优势会演变为社会发展的劣势，阻碍社会健康发展。例如，当统治方的控制和监督职能带着它的等级制度和官僚臆断强行侵入商业系统，因其自身敏捷度和创造力低下必然给商业系统和社会发展带来破坏性影响。[82]95中国设计领域的官僚意志表现得尤为突出，设计师在合作团体中的地位降格使设计作品更多承载了非专业人士的职能滥用，给设计的发展造成威胁。

当今我国社会更为严重的是商业系统对监护系统的权力侵占，即企业承担了本属于政府的监护职能。企业侵占了对设计生态系统的控制和监护职责，而控制和监护的原则是利于资本的增殖，理性消费、资源保护、环境友好、社会和谐等不利于资本增殖的观念均被企业主观隔离，以自我利益为中心实现对消费者、社会和自然的控制。政府基于经济快速发展的目的，对设计生态的监护职能过于弱化，过于相信市场和企业的调节能力，由此造成设计生态的严重失衡。政府监护职能私有化，虽带来物质丰裕和经济发展，但同时回避了设计的本质问题，而且这种经济发展的模式内含有对社会和自然的破坏性。对于设计生态平衡而言，监护和商业任何一方的权力过度越界并集中都不可能使问题得以解决。就当今设计现状来讲，政府必须对设计进行强力介入，有效行使控制和监护职能，发挥自身作用——行使那些不能由公民或私人机构来行使的职能——创造并维持设计生态平衡发展所需要的条件。简言之，政府的作用之一就是保证每一个人和机构对自己的行为负责，控制和监督"他们的行动和存在不至于危害社会生活，无论是大还是小"。[82]97

政府的监护职能除了对前文论及的企业调控中的"无废弃物设计生产""非物质性设计"和"责任成本内化"的控制和监督之外，还应涉及设置设计推广监护制度和建立设计公平保障制度。

### 7.3.3.1 设置设计推广监护制度

就现状而言，说教式的设计推广演变为一种强制性的商业侵略手段。借助以广告为主的推广售卖商品本应属于商业自由，但今日其影响已超越商业范畴，以恶化的、强制性手段给整个社会、道德、环境、意识形态带来消极影响。

设计推广成为设计价值实现的必要手段。我们的生活被各种形式的宣传推广所包围——电视、网络、报纸、杂志、T恤衫、购物袋、路灯、垃圾箱、电梯、扶梯、车站，甚至购买的水果上——我们无论是去商场、电影院、饭店、服装店，还是公园、停车场、学校，无论是驾车、乘坐公交、火车、飞机、轮船，哪怕临时乘坐旅游景点的游览车，都不会逃过宣传的攻击。宣传手段的极度多样化和影响的普及化使其具有了强制性的属性。回忆我们一天的生活，从早上穿衣、吃饭、乘车去上班，到公司乘坐电梯，经过走廊，打开电脑开始工作，下班回家看电视、读报纸，各种宣传总能不期而遇，不管你想与不想，它就在那里。难怪有专家提示："试想除了呼吸之外，我们每天做上超过3000次的还有什么？你所做的——或者更明确地说，令你所做的——是接受几千条信息去购买某物。"[82]90

政府需对设计推广的诚实性进行监护。设计推广的不诚实性恶化了社会文化和环境。作为资本增殖手段的设计推广，需要制造人们对物质主义的饥渴感，引发对他人的嫉妒和对生活现状的不满。它们经常采用低劣的方式欺骗受众，诱惑人购买不必要或者是浪费的商品，制造人们物质高于一切的价值观，偏离社会道德体系，超越自然世界的承载能力。保罗·霍肯这样评价设计推广的手段之一——广告——"大规模市场上的广告由于其所需耗费的巨额资金而导致了经济集中化的加剧；广告是反民主的，因为它不打算容许对产品的价值和优点提出挑战的不同声音；广告也不满足社会需求。"[82]91 企业利用其所处的主动地位物化甚至虐待消费者。企业为自己的不良行为进行开脱，认为设计推广仅仅是对市场需求做出的反应。由于政府监护职能的弱化导致企业的这种不诚实强势演变为一种被社会认可的不诚实。政府必须采取强制措施，对设计推广的内容、形式、真实性以及可能对人、社会、道德、自然等产生的直接或间接的影响进行严格审核，并制定指导设计推广的原则，原则中除了包含设计与经济的关系之外，必须包含设计生态系统的多元联结的文化思考。设计推广在实现必要的商品销售目标的同时，必须利于人的世界观、价值观的健康构筑，利于社会道德观念的良性积淀，利于自然生态环境的恢复。设计推广在增加企业价值的时候，不但不能破坏社会价值和环境价值，而且要对后两种价值有所贡献。

政府监护职能必须防止企业设计推广职能的职能越权和职能滥用，在这一关系中，人类社会的共同利益是基本的价值尺度。"如果增加价值就是，或应是，企业的一切，那么接下来的就是，除非你有价值，否则你就不能贡献价值。"[82]93 在政府监护职能的作用下，设计推广的价值最终应被整合到设计生态的健康运行之中。也就是说，一条精心策划的设计推广的道路应符合于生态原则，尊重设计与该系统中其他因子的联系。

#### 7.3.3.2 建立设计公平保障制度

设计是人类一项崇高的事业，它的目标是把世界变得更加美好。从服务对象和服务地域而言，公平性是设计的基本属性之一。也就是说弱势群体——贫穷者、老年人、疾病患者、丧失劳动能力者等——和落后地区同样应该享有平等的设计权利。然而，他们经济基础的劣势与消费主义下设计的盈利目标存有根本冲突，使他们失去了公平享有新设计的权利。当前中国的设计现象之一是服务于城市和强势人群的"设计过剩"与服务于农村、山区、弱势群体的"设计匮乏"共存。贫穷的人使用的是富人淘汰下来的设计，贫困地区是城市过时设计的聚集地。弱势群体和贫困地区的人们在文化、习俗、目标等方面与富有的城市群体存在巨大差异，我们的设计完全忽视了他们生产和生活的真实需求。随着消费主义在我国的深入，设计公平在不同群体、不同地域的差距持续扩大。设计公平已然成为设计歧视，这一问题已成为我国一个重要的社会问题。

当今社会机制下，企业设计追求利润最大化的目标无法改变，因此，落后地区以及弱势群体要实现相对公平的设计权利，必须发挥政府职能，建立设计公平保障制度，设置专门的设计研究机构与生产企业。

设计公平保障制度是指国家立足于社会和全民的整体利益，政府介入对设计的调控，使每一个社会成员，尤其是弱势群体和落后地区公平地享有设计权利的相关制度。对于设计公平的问题，维克多·巴巴奈克、埃米莉·皮罗顿、纳撒尼尔·科勒姆等进行过大量研究和实践。相较于西方国家的设计师和部分企业机构针对此问题的自觉工作，我国几乎是一片空白。设计公平保障制度是不同地区、不同人群公平享有设计权利的调节器，是社会和谐的"安全网"和"减震器"，是社会保障制度的重要内容之一。设计公平保障制度的核心是为落后地区、弱势群体的生产或生活的真实需求进行设计，借助设计缩小贫富差距，体现人道关怀。设计公平并非金钱援助的浅层实践，而是运用设计思维解决生产、生活的根本问题。例如，中国的"美丽乡村"战略在践行的过程中，出现效率低下问题，从根本上讲是建设实践没有立足于特定区域和特定群体的真实需求，没有立足于以区域文化和区域资源为核心的自我造血机制的建立。"美丽乡村"战略如若简化为穿衣戴帽、面子工程，便无法真正解决贫困及农村问题。相反，应该以设计公平为指导，以设计思维挖掘、修复、整合、创化区域特质文化与特质资源，创建真正益于村民、村庄、社会的可持续发展模式。

设计公平涉及三个层面：起点公平、过程公平和结果公平。起点公平指每一个人享有拥有设计、使用设计的机会和权利；过程公平指在设计机会和权利实现的过程中，政府通过相应的政策、法规协调并维护设计公平，包括设计资源和专项经费的分配，相关研究机构的设置等；结果公平指相关地区和相关群体所获得的实际设计利益。设计公平既具有客观性，又具有主观性和动态性。客观性是指设计公平需要通过实在的社会制度、规则和具体实践进行体现，而非是虚幻的愿望构想。主观性是指设计公平的执行效用的评判取决于相关群体的真实感受和体验认同，即相关群体的主观评价是重要的衡量尺度。此外，设计公平保障制度要考虑人们的价值标准和真实需求的动态变化，设计要切实体现适时性和针对性。现状显示，我国初级的设计公平——享有设计的机会——都未能实现。设计公平保障制度的设置应注重以下方面。

首先，建立落后地区和弱势群体的设计补偿机制。落后地区和弱势群体的经济劣势难以吸引设计的关照，这一消费主义下的设计歧视的消除，国家应利用公共财政给予补偿，以保证所有社会成员公平地享有设计、利用设计的机会。设计补偿机制的实施可由政府设立专门的非营利性设计研究机构。该类研究机构针对特定人群与地区进行问题研究和设计策略的制定，以便有效地解决相关实际问题，杜绝假大空的设计理想。设计补偿除了基本的"生活"设计之外，更要重视利于"生产效率"提升的设计物和设计策略的输入，使设计成为该地区、群体持续发展的有效力量。简言之，设计补偿要注重设计对生产力提升的有效带动，而非只是简单设计物的供给。

其次，设计公平保障制度要以设计对于落后地区和弱势群体的经济带动为中心。经济是人们生产和生活的物质基础，也是实现社会公平的基础。不同地区、群体间经济发展的失衡导致了设计公平的差距，而设计对于经济的巨大反作用力，在今后的发展中极有可能导致地区经济发展失衡的进一步拉大。消费主义语境下设计与经济的特殊关联，最终促使落后地区和弱势群体陷入恶性循环的窘境——经济差距造成设计公平丧失，设计公平丧失进一步加大经济差距。如果不采取措施，设计公平、经济公平问题会更加突出，继而引发社会公平问题。设计对于落后地区和弱势群体经济效益的提升是解决或者避免上述问题恶化的基础。

最后，设计公平保障制度要针对不同弱势群体和落后地区分层次全方位覆盖。弱势群体和落后地区是一个统称，具体条件存在较大差别，设计公平保障制度避免单一模式的运行。设计公平保障制度针对失去劳动能力者以无偿的设计援助方式，提升他们的生活水平，这一模式类似于慈善事业。而针对贫困地区的有劳动能力的群体要以提升生产效率、改善生产方式的设计物和设计策略为主，以优化生活方式为辅。同时，可以在当地开展服务于生产和生活的设计培训，提升当地人利用设计解决当地问题的能力，最大限度发挥设计的再造效力，实现持续发展。保罗·波拉克是美国科罗拉多州非营利机构"国际化发展企业"（IDE）的创始人。保罗一直与世界各国数以千计的农民共同工作，致力于通过革新农业设备来帮助人们脱离贫困。[33]330 在我国，许多开发援助是以金钱捐赠的方式展开的。这种方式虽能带来立竿见影的成效，但因缺乏后续创造力而不可能让人脱贫。要真正帮助贫穷的群体脱贫，必须激发他们的创造潜力，授之以渔。我们应当把贫穷的农民当做企业合伙人来尊敬，不应当简单地将贫穷的群体看成是慈善事业的对象。只有实现设计师群体与受助全体之间真正的平等、真正的合作，才能行之有效地解决问题。简言之，运用设计帮助贫穷的人们实现通过自身的发展实现脱贫的目标。鉴于我国弱势群体和贫困地区数量多、分布广的现状，设计公平不能仅仅是几个试点的存在，而是作为政府的重要举措进行普及，使人类智慧的结晶惠泽更多人和地区。

　　设计公平保障制度既要发挥设计作为工具的创造性，又要发挥设计作为策略的创新性功能。借助此制度发挥设计在弱势群体和贫困地区生产力的转化能力，使个人价值得以实现的同时，整个社会得以均衡的发展。

　　可见，政府对设计的监护职能是我国设计生态得以平衡发展的重要保障。从设计对于人、社会、环境的良性效用来看，在充分尊重企业设计的积极作用的同时，应重视国家在设计运行机制中的职责，加强政府职能在设计控制和调节中的主导作用是时代所需。一个国家如何对待设计，反映了该国的道德规范和社会文明程度。从中国的设计现实来看,处于企业自觉为主,鲜有政府公权介入的阶段,但在消费逻辑主导下,必须加强政府公权力对设计生态监护的主动渗透,建立健全设计生态平衡发展机制。

  总之,平衡的设计生态构建是对设计生态多重失衡的批判性修正。其目标在于设计的发展应促成人的健康成长、助推社会的和谐进步、推进自然的生态平衡。换言之,人、社会、自然是设计发展的评价尺度。平衡的设计生态构建的策略与方法应建基于对资本逻辑与符号逻辑的辩证解析,在限制与发扬之间保持合理张力。换言之,策略与方法以资本逻辑与符号逻辑的合理调控为根本,以二者的积极作用为调控起点,以企业为调控纽带,以政府为调控监护人。没有废弃物的设计生产、非物质化设计思想体系、责任成本内化是对企业实施调控的主要内容;设置设计推广监护制度、建立设计公平保障制度是政府监护职能实施的关键。平衡的设计生态构建才会达成设计本质与设计价值的回归。

# 第 8 章 结论

中国设计要得以健康地发展，必须清晰其现状、明确其问题、理清其问题根源并据此进行调整和优化。正如爱丽丝·劳斯瑟恩谈到设计时所言：当人们和设计面对面时，越是对其充分了解，就越有可能把它转化为人们的优势。[33]356

消费主义在中国的兴起，带给中国社会多方面的巨变。设计在其影响下呈现出社会中心性的时代特征，其对社会的影响多元而深入。当今设计问题已超越设计领域，这一观点并不夸张。在此客观现状下，运用系统性、整体性的观念和方法对设计进行研究，方能清晰中国设计的境遇，并为设计的未来发展提供可以借鉴的方向。

本文按照"在特定的研究语境下，发现问题、剖析问题、解决问题"的逻辑展开，综合运用自然生态学、文化生态学、商业生态学的理论和方法，提出设计生态的概念，并据此对设计进行多维度的分析。设计生态是指不同的设计之间、设计与人、设计与社会（经济、政治、意识形态等）、设计与自然之间相互联系、相互作用、相互依存所形成的系统。虽然造型、功能、材质、技术对于设计而言至关重要，本文并未过多涉及，因为相关方面的研究颇多且具有系统性，而以生态学的观念与方法对设计与环境（社会、自然）多元关系的研究较少。本文立足于"系统性关联"的角度，旨在批判性地挖掘隐藏在设计现象背后的问题及对策。

消费主义语境下，中国的设计生态存在哪些问题？这些问题引发以及潜藏着怎样的危机？引发这些问题的根源何在？又如何应对这些问题呢？本文以如上问题带动此研究的展开，主要结论总结如下：

结论一：中国设计生态存在多方面失衡。消费主义带给设计的表象繁荣，使人们忽视了对设计消极作用的关注与批判。紧扣设计生态的概念及内涵，失衡的核心表征归结为：一、设计与设计之间的失衡：设计物种匮乏。本文主要从设计服务对象、区域和突发事件作重点论述。针对贫穷者、弱势群体的设计"极度匮乏"，区域文化特征的设计"几乎绝迹"以及针对突发事件设计应对的严重不足等现象的并存，恰恰体现了整体维度上的设计物种匮乏；二、设计与人之间的失衡：角色转变。设计从服务人到控制人的原本角色的转化，设计引导下人们之间对立关系的建立和分享精神的丧失，以及设计带给人享乐而非快乐诸事实内含了设计与人的关系的失衡；三、设计与社会文化之间的失衡：经济独大。设计与经济的关系成为消费主义下设计的核心关系，纯粹聚焦于设计对经济发展的带动，引发了道德伦理失范、文化自觉缺失、设计成本假象等社会和经济问题；四、设计与自然环境之间的失衡：价值剥夺。设计对自然毁坏的事实摆在眼前，却被企业、设计师、消费者，乃至全社会主观忽视，设计对于自然资源的过度式获取和毁灭性反馈是对自然价值的强制剥夺。借设计生态失衡的阐释，旨在引发对消费主义语境下设计价值和设计本质的重新辨知和反思，以便挖掘潜藏其后的危机和引发失衡的根源，为设计生态的重塑提供依据。

结论二：设计生态失衡引发多重危机。基于设计在当今社会发展中所具有的中心性地位，设计生态平衡与否不但关涉设计行业本身的发展，而且与人们的生活方式、价值观念乃至社会和谐与未来图景均关系密切。设计生态出现失衡所带来的危害具有多面性。设计自身、人、社会、自然在设计生态失衡下均处于多重危机之中。自然危机在设计研究中较普遍且深入，本文未做重复性工作，重点是对其余三者作深入分析。设计危机总结为功能失度、审美异化及民族文化身份缺失。设计功能失度无论在数量、质量还是功能本位均有大量体现；消费逻辑造成设计过于关照"感官快感"，而忽略其"反思性"，导致设计审美转化为商业化的工具理性，并极力阻隔大众审美水平的提升，以及设计审美被过度附加共同呈现了设计审美异化的特征；设计降格为消费目标达成的手段，功利性与盲从性致使中国设计民族文化身份的缺失。设计师是设计创作的主体，消费者是设计消费的主体，因此，本文主要围绕此两类群体的"本位脱离"进行人的危机论述。设计师的"本位脱离"主要表现为：设计师批判性思想文化言路的阻断、价值偏离、设计文化与伦理反思的缺乏；消费者的"本位脱离"主要表现为：幻觉主义者的生成、占有性生存方式的建立、个体心理损伤和霸权意识的形成。设计生态失衡导致的社会危机最具隐蔽性。本文着力于社会性格的维度，得出非理性权威、抽象化以及疏离是社会性格危机的集中体现。设计生态危机自身的隐性特征，极易造成人们对其危害广度和深度的忽视，这便造成设计不但无法服务于人类社会，相反，会释放出巨大的破坏力。如不对其进行理性的研究，聚集人类智慧的设计不经意中演变为人类的愚蠢之举。

  结论三：资本逻辑、符号逻辑是设计生态失衡的根本原因，自由主义、人类中心主义是其失衡的重要原因。明晰原因是问题解决的前提。设计生态失衡根源的确认，利于平衡的设计生态的重塑。缘于设计生态的动态性属性，根源的挖掘不能脱离消费主义这一特定语境。本文基于这一语境，从设计在社会中的运行逻辑和社会角色切入，批判性地否认了社会公认的"设计是消费者需求的满足",即:"消费者需求——设计——满足消费者需求"这一逻辑。揭示出消费主义语境中,设计在社会运行中的逻辑真相:"资本逻辑——设计(特定的意识形态)——符号逻辑——消费者心智"。此逻辑清晰地呈现了资本逻辑、符号逻辑与设计的关系,呈现了资本逻辑作为设计操控者的本相。资本逻辑的"效用原则"使设计降格为其纯粹的利益工具,"增殖原则"导致设计为实现利润最大化而不择手段地制造消费。概言之,资本逻辑的两大内在原则必然要求设计在"为我性"上被资本逻辑绝对掌控。由此,设计为人类美好生活服务的主动性和创造性演变为资本增殖的私家权术。这正是本文将消费主义背后的资本逻辑总结为设计生态失衡的内在驱动力的原因。作为资本逻辑当代出场的符号逻辑承袭了前者的内在属性,并对资本逻辑的功能进行了扩展。符号逻辑生成了物的"人化"与人的"物化"并存的社会,置身其中的设计、消费、人偏离原本的价值尺度越来越远。符号逻辑的使命是无限激发人的欲望,以便在以物质形式满足欲望的过程中实现资本增殖的最终目的。可见,符号逻辑的登场,其真正的历史使命并非如其所宣扬的是帮助人类寻找价值的实现与生命的意义,本质上而言,它是资本逻辑在当下时代环境中借助设计所创造的一种新的增殖权谋体系。符号逻辑所承诺的一切只不过是诳骗消费者的"虚假意义",是以资本增殖为唯一目标的欲望制造机器。这恰恰呈现了其作为设计生态失衡外在推动力的所有特征。

此外,自由主义和人类中心主义是设计生态失衡的重要原因。个人主义、权利优先于善、国家道德中立是前者的核心主张。自由主义所宣称的"个人主义"坚持个人选择的权利,充分信任个体对道德的承担力，充分信任个人对社会进步的自觉推动力。设计师、受众在这种个体对"善"的自主权和选择权的庇护下，带来的直接后果是道德规范对个人的启迪与指导的弱化。现实显示人们正在释放出更多的"恶"。当这一文化侵占设计生态时，设计责任感的缺乏和设计道德的沦丧也就不足为奇了。权利优先，膨胀了个人权利、折断了责任之旗，丢弃了思想约束，助推了自控和设计生态约束机制的解体。国家道德中立思想为设计师及设计活动的不自律提供了可能。在"他律"被完全排挤的情形下，外界诱惑击碎了个体"自律"，由此带来更为严峻的事实是：设计正在发展成为集体层面的社会破坏行为。此种设计文化不但使人疲于物质欲望的追逐，并造成社会、自然和未来的混乱与迷茫。当国家道德的隐形制约被主观隔离，设计道德尺度随意性变更，设计的人类服务精神只能驻足于空洞的形式。不可否认，人类中心主义在历史进程中具有重要的作用，但对其极度偏执性的理解使人们走上了人类"专制式"的人类中心主义的歧途。在此思想作用下的设计生态必然遗传了"唯人独尊"的性格特征，社会、文化、自然及其他存在物成为人随意利用，甚至践踏的次等存在。由此可见，自由主义和人类中心主义思想在社会与设计中的渗透，是设计生态失衡的重要原因。

结论四：构建平衡的设计生态是设计、人、社会、自然和谐发展的必要根基，是设计为人类服务角色的回归。依据设计生态的概念与内涵，设计生态重塑的目标并非孤立的设计改良，而是设计与人和环境（社会环境、自然环境）的和谐共生。为便于论述与理解，本文将重塑目标归结为：设计生态促成人的健康成长；设计生态助推社会的和谐发展；设计生态推动自然生态的平衡。人作为设计生态的存在，设计生态首先要为人的发展服务。此处"人"的内涵既包括个体，也包括人类；既包含生活于当下的人，也包含子孙后代；既关涉人享受生活的需要，也关涉人发展的需要。以上述内涵为尺度对消费逻辑主导下的设计进行衡量与修正，是处理设计与人之间互为关系的基本要求。生态学观点显示，物种之间及物种与环境之间的关系存在受益、受害和中性三种可能性。资本逻辑掌控下的设计，其与经济、利润之间实现了受益的关系。同时，因平衡原则的丧失，设计与社会间的伤害关系暴露无遗。基于二者的关系而言，社会不和谐就是设计生态的不平衡，解决这一问题就是努力实现设计生态各要素之间的平衡状态。设计自诞生之日，就并非像今天一般是"制造"社会问题的党羽，而是"解决"社会问题的楷模。消费逻辑下的设计并未包含自然生态的原则，相反，人类欲望被设计不断激发、满足的过程呈现了自然生态愈加被破坏的趋势。自然生态作为人类存在的生命环境，设计应优化其生命承载力，强化与其的和谐关系。

鉴于设计生态失衡的根源及资本逻辑与符号逻辑的双重作用，平衡的设计生态构建的根本是对二者的合理调控，即：在限制和发扬资本逻辑之间保持合理的张力。资本逻辑与符号逻辑的积极作用应加以发扬，消极作用采取合理的策略与方法进行避免。对二者的调控必须找到合理的纽带。由社会现实可知，当今设计的商业化反映了设计被控于企业。而企业作为社会的构成与政府具有特殊的关联，政府对其具有特定的管理模式。因此，国家实施调控具备较强的可操作性。对企业的调控可从没有废弃物的设计生产、非物质性设计思想体系、责任成本内化三个方面展开。

没有废弃物的设计生产，一方面调节设计与自然的冲突，另一方面借助生态设计文化引导人们的生态意识和生态的生活方式。其核心目标是当产品不再使用时，应部分或全部转化为再设计的原材料或基础，这意味着企业设计中必须利用废弃物，使废弃物不再是有害的废弃物。该目标实现的根本是废弃物责任归属问题的解决。当前的社会制度和企业制度之下，废弃物处理的责任并不属于企业，换言之，企业并未承担因设计生产所带来的海量废弃物的责任。无限设计、无限生产、无限废弃只会带给企业更多的利润，这是极为不合理的责权利的分离。受德国汉堡市环境保护促进局的迈克尔·布劳恩加特博士和贾斯特斯·恩格尔弗里德博士提出的智能产品体系的启发，本文提出了企业负责制的设计产品循环体系。该体系要求买卖性质的改变，即：由当前购买商品的所有权转变为使用权和转让权。产品所有权始终隶属于企业，其一消费者并未有任何损失；其二企业因产品废弃时需支付高额费用会激发其设计创新、企业革新、产品优化。

非物质设计思想强调对物质之外因素的创新和关系的优化，本身具有极强的设计生态思想。设计应聚焦于更加合理的使用方式、外围关系、心理情感、人性关怀、生态环境等，强调设计的可持续发展、社会效应及人文效应等整体光照。非物质性设计是对当今中国设计生态所强调的物质的"数"和"量"的反思与修正，是对设计观念、生命价值和生存方式的革新。物质性设计探讨"人"与"物"的关系，而非物质性设计是对物质性的超越而非绝对否定。非物质化设计由"物质性的更新换代"的工作重心转化为减少消耗和更少的物质产出，由关注物质设计中"物"的体系转化为"人、物、事"的综合关系体系。概言之，非物质性设计是从"物"到"非物"的设计质变，是设计的变革，更是观念的更新。

设计物的"外溢效应"——在其完整生命周期中对人、社会、自然等造成的损害——并未被社会关注。"外溢效应"要得以有效的控制，国家需充分利用价格的杠杆作用。成本是价格构成中的基础因素。然而，外溢效应责任与企业的脱离体现了当前的设计物成本体系存在严重缺陷，并未体现出包含"责任成本"在内的真实成本。国家应对企业实施"责任成本"政策，使成本得以全方位体现。责任成本是指设计物在其完整生命周期中，因对人、社会、环境的直接或间接伤害应承担的成本。责任成本的严重错位加剧了设计生态的失衡。通过征收"庇古税"是责任成本内化于企业与设计物，修复责任成本错位的有效策略。通过此策略的推行，一方面激发设计运用科学、道德、责任、美学等原则对人、社会、自然等设计生态的多元因素进行管理；另一方面帮助消费者以市场价格作为设计是否具有生态性和友好性的直观判断尺度，引导人们对有益于社会和自然的设计的青睐，改变人们的消费观念和生活方式。

平衡的设计生态的构建，需国家、政府充分发挥监护职能。监护内容除了"无废弃物设计生产""非物质性设计"和"责任成本内化"之外，还包括"设置设计推广监护制度"和"建立设计公平保障制度"。

随着设计推广成为企业经营的关键工作，其已演变为影响社会的重要因素。当前中国的设计推广存在明显的欺骗性，更令人不安的是，由于政府监护职能的弱化导致企业的这种不诚实演变为一种被社会认可的不诚实。政府应强化对此的监护职能，引导设计推广的价值整合到设计生态的健康运行之中。换言之，设计推广要超越单纯的设计与经济关系的打造，围绕设计、人、社会、自然多元关联做系统性思考，实现企业价值、社会价值和环境价值的共同提升。

服务于资本增殖的设计，因我国不同群体、不同地域经济基础的差异导致了设计公平的丧失。依赖于自省、自觉的设计公平难以实现，设计公平保障制度的建立刻不容缓。设计公平保障制度是每一个社会成员，尤其是弱势群体和落后地区公平地享有设计权利的保证，是社会和全民整体利益的体现。该制度应重点涉及三方面内容：一、建立落后地区和弱势群体的设计补偿机制。设计补偿机制一方面注重基本的"生活"设计，另一方面更要重视利于"生产效率"和生产力提升的设计物和设计策略的输入，使设计成为该地区、群体持续发展的有效力量。二、以设计对于落后地区和弱势群体的经济带动为中心，避免贫困地区和弱势群体的设计公平与经济发展的恶性循环。三、针对不同弱势群体和落后地区分层次全方位覆盖，避免"一刀切"的单一模式。针对失去劳动能力者主要以无偿的设计援助方式为主，提升他们的生活水平；而对于贫困地区的有劳动能力的群体要以提升他们创造性发展能力为核心，使其主动融入以设计提高生产效率、改善生产方式的事业之中。

设计生态研究是一项复杂的系统性工作，由于篇幅和时间所限，很难在短期内做极为全面的研究。在研究内容筛选、论证逻辑确定、研究方法选取等方面，导师与学术委员会的多位专家给予多次悉心指导，并共同建议本研究紧密围绕消费主义这一特定的中国现实语境，以问题意识为指引，以问题——根源——答案为线索，侧重于中国设计生态基本架构的搭建和基础内容的探析，为今后的持续性研究奠定坚实基础。

在今后的研究工作中，规划如下：围绕"设计生态学"的构建，从原理、方法、应用三个方面展开更加系统、深入的探讨；将研究范畴以地域、时间、文化类型与社会特征等为界定进行区隔，将理论研究与应用研究、个案研究与比较研究、问题研究与策略研究结合进行；运用设计生态的原理和方法对国内外特定时期的设计进行跨界式、整体性、辩证性研究，以便提供中国设计生态平衡发展的有效借鉴。

设计发展至今，研究工作应关注到设计与外围的多元关联。我们既要关注可见的设计现象，更要挖掘藏匿于现象背后的多元影响。这些影响既关涉设计本身，也关乎人的发展、社会的和谐、自然的生态平衡。设计生态正是以此为核心，对设计进行全面关照，希望启发设计本质得以回归。

# 参考文献

[1] 让·鲍德里亚. 消费社会[M]. 刘成富，等译. 南京：南京大学出版社，2000.

[2] 彭尼·斯帕克. 设计与文化导论[M]. 钱凤根，于晓红，译. 南京：译林出版社，2012.

[3] 张黎. 日常生活的设计与消费[J]. 南京艺术学院学报（美术与设计版），2010，02：87-90.

[4] 理查德·布坎南，维克多·马格林. 发现设计：设计研究探讨[M]. 周丹丹，等译. 南京：江苏美术出版社，2010.

[5] 维克多·马格林. 设计问题——历史·理论·批评[M]. 柳沙，等译. 北京：中国建筑工业出版社，2009.

[6] 张夫也. 构建设计新生态[M]. 李政道，冯远. 北京：中国建筑工业出版社，2012：51-57.

[7] 维克多·帕帕奈克. 为真实的世界设计[M]. 周博，译. 北京：中信出版社，2013.

[8]Julian H. Steward. The Theory of Cultural Change: The Methodology of Multi-linear Evolution. Urbana: University of Illinois Press, 1955:43-46.

[9] 黄育馥. 20世纪兴起的跨学科研究领域——文化生态学[J]. 国外社会科学，1999，06：19-25.

[10] 戢斗勇. 文化生态学论纲[J]. 佛山科学技术学院学报（社会科学版），2004，05：1-7.

[11] 司马云杰. 文化社会学[M]. 太原：山西教育出版社，2007.

[12] 高丙中. 关于文化生态失衡与文化生态建设的思考[J]. 云南

师范大学学报(哲学社会科学版),2012,01:74-80.

[13]朱利安·H·斯图尔特,潘艳,陈洪波.文化生态学[J].南方文物,2007,02:107-112+106.

[14]许婵.基于文化生态学的历史文化名城保护研究——以大理古城为例[J].安徽农业科学,2008,28:12465-12467.

[15]郜凯,韩会庆,郜红娟.文化生态学视野下的贵州传统蜡染艺术的形成与演变[J].贵州大学学报(艺术版),2010,01:91-95.

[16]梁渭雄,叶金宝.文化生态与先进文化的发展[J].学术研究,2000,11:5-9.

[17]方李莉.文化生态失衡问题的提出[J].北京大学学报(哲学社会科学版),2001,03:105-113.

[18]钟淑洁.积极推进文化生态的健康互动[J].长白学刊,2001,06:79-81.

[19]孙卫卫.文化生态——文化哲学研究的新视野——兼论当代中国文化生态及其培育[J].江南社会学院学报,2004,01:59-61.

[20]孙兆刚.论文化生态系统[J].系统辩证学学报,2003,03:100-103.

[21]蕾切尔·卡逊.寂静的春天[M].吕瑞兰,等译.上海:上海译文出版社,2015.

[22] Arne Naess.The Shallow and the Deep,Long-RangeEcological Movement Inquiry 16.1973.

[23]世界环境与发展委员会.我们共同的未来[M].王之佳,等译.长春:吉林人民出版社,1997.

[24]张夫也.由"设计生态"理念视阈反思中国设计教育[C].甄巍.以教育之名:当代中国高等院校设计教育文集.北京:中轻(北京)网络出版有限公司[出版时间不详].

[25]苏丹.设计的生态[J].装饰,2005,11:23-24.

[26]苏丹.计中设计——米兰家具展观后[J].装饰,2007,06:92-96.

[27]陈顺和.人性化与当代设计生态[J].福建农林大学学报(哲学社会科学版),2004,03:94-96.

[28]后藤武,佐佐木正人.设计的生态学[M].黄友玫,译.桂林:广西师范大学出版社,2016.

[29]翟俊.走向人工自然的新范式——从生态设计到设计生态[J].新建筑,2013,04:16-19.

[30]张夫也,刘欣欣.关于设计批评与设计教育的思考——张夫也刘欣欣对话录[J].装饰,2006,03:47-49.

[31]赵健."文化自卑"与"技术崇拜"制约着当代中国书籍设计[J].美术观察,2008,12:22-23.

[32]隈研吾.负建筑[M].济南:山东人民出版社,2008.

[33]爱丽丝·劳斯瑟恩.设计,为更好的世界[M].龚元,译.桂林:广西师范大学出版社,2015.

[34]王亚南.中国语境下的消费主义研究[D].华东师范大学,2009.

[35]王飞.消费主义及其对当代中国社会影响的研究[D].河北师范大学,2010.

[36]姜继红,郑红娥.消费社会研究述评[J].学术研究,2005,11:26-30.

[37]郑红娥.消费社会研究述评[J].哲学动态,2006,04:69-72.

[38]王岳川.消费社会中的精神生态困境——博德里亚后现代消费社会理论研究[J].北京大学学报(哲学社会科学版),2002,04:31-39.

[39]李砚祖.扩展的符号与设计消费的社会学[J].南京艺术学院学报(美术与设计版),2007,04:8-11.

[40]张黎.消费社会的设计价值研究[D].武汉理工大学,2008.

[41] 理查德·布坎南. 设计宣言: 设计实践中的修辞、说服与说明//维克多·马格林. 设计历史问题—历史·理论·批评[M]. 柳沙, 等, 译. 北京: 中国建筑工业出版社, 2009: 86-105.

[42] 理查德·波奇. 数字手表: 消费社会的部落手镯//维克多·马格林. 设计历史问题—历史·理论·批评[M]. 柳沙, 等, 译. 北京: 中国建筑工业出版社, 2009: 110.

[43] 张黎. 消费社会的设计价值研究[D]. 武汉理工大学, 2008.

[44] 何颂飞, 张娟. 消费社会设计的反思[J]. 装饰, 2005, 01: 20-30.

[45] 沈明杰. 消费社会中设计的反思[D]. 江南大学, 2008.

[46] 林晓蔚. 浅析消费社会语境下的产品设计[Z]. 2011: 3

[47] 曹磊. 消费社会语境下的西方当代庭园景观设计[J]. 艺术百家, 2011, 06: 216-217+220.

[48] 王倩. 消费社会中配饰品设计趋势研究[D]. 北京服装学院, 2012.

[49] 戴雪红. 消费社会背景下商品包装设计教育探析[J]. 艺术与设计(理论), 2012, 07: 165-167.

[50] 于光远. 经济大辞典[M]. 上海: 上海辞书出版社, 1992: 1983.

[51] 林白鹏. 消费经济词典[M]. 北京: 经济科学出版社, 1991: 1.

[52] 马克思恩格斯选集. 第二卷[M]. 北京: 人民出版社, 1995: 7.

[53] 周梅华. 可持续消费及其相关问题[J]. 现代经济探讨, 2001, 02: 20-21.

[54] 艾伦·杜宁. 多少算够——消费社会与地球的未来[M]. 毕聿, 译. 长春: 吉林人民出版社, 1997.

[55] 于霄鸣. 消费的哲学解析[D]. 河南大学, 2011.

[56] 马克思. 1848年经济学哲学手稿[M]. 北京: 人民出版社, 2000: 183-184.

[57]马克思恩格斯全集(第27卷).北京:人民出版社,1979:481.

[58]詹姆逊.后现代性中形象的转变[M].北京:中国社会科学出版社,2004:108.

[59]刘晓君.全球化过程中的消费主义评说[J].青年研究,1998,06:2-8.

[60]Jean Baudrillard.Jean Baudrillard Selected Writings. Mark Poster.California:Stanford University Press,2001:25.

[61]莫少群.20世纪西方消费社会理论研究[M].北京:社会科学文献出版社,2006:57.

[62]谢富胜,黄蕾.福特主义、新福特主义和后福特主义——兼论当代发达资本主义国家生产方式的演变[J].教学与研究,2005,08:36-42.

[63]买天.改革开放30年农民人均收入增长近31倍[N].农民日报,2008-08-14001.

[64]刘飞.论社会转型与消费社会化[J].经济前沿,2008,07:44-47.

[65]马克思恩格斯全集(第42卷)[M].北京:人民出版社,1972:152.

[66]马克思·韦伯.新教伦理与资本主义精神[M].西安:陕西师范大学出版社,2007.

[67]丹尼尔·贝尔.资本主义文化矛盾[M].赵一凡,等,译.上海:三联书店,1989:68.

[68]丹尼尔·米勒.物质文化与大众消费[M].费文明,等,译.南京:江苏美术出版社,2010:133.

[69]佘平飞.消费主义意识形态研究[D].中共中央党校,2011.

[70]拓玲.传媒消费主义下的社会责任和传媒问责制[J].今传媒,2010,07:90-91.

[71] 范玉刚."新美学"的流行与美学何为[J].中国人民大学学报,2007,05:131-138.

[72] 布热津斯基.大失控与大混乱[M].北京:中国社会科学出版社,1995:81-82.

[73] 赫伯特·西蒙.设计科学:创造人造物的学问//马克·弟亚尼.非物质社会[M].滕守尧,译.成都:四川人民出版社,1998:62.

[74] 弗兰克·劳埃德·赖特.机器时代的艺术和工艺//设计真言:西方现代设计思想经典文选[M].海军,译.南京:江苏美术出版社,2010:141.

[75] 李超德,束霞平,卢海栗.设计的文化立场:中国设计话语权研究[M].南京:江苏凤凰美术出版社,2015.

[76] 余谋昌.生态哲学[M].西安:陕西人民教育出版社,2000:40-46.

[77] 黄正泉.文化生态学(上册)[M].北京:中国社会科学出版社,2015.

[78] 鲁枢元.生态文艺学[M].西安:陕西人民教育出版社,2002.

[79] 爱德华·泰勒.原始文化[M].连树声,译.上海:上海译文出版社,1992:1.

[80] 石群勇.斯图尔德文化生态学理论述略,第23卷.140-141页.社科纵横,2008-10(10).

[81] 罗伯特·F.墨菲.文化与社会热泪学引论[M].王卓君,等译.北京:商务印书馆,1994:150.

[82] 保罗·霍肯.商业生态学[M].夏善晨,等译.上海:上海译文出版社,2014.

[83] 陈剑.设计为人:一个中国设计的基本命题[J].美术观察,2010,03:28-29.

[84] 余强.设计艺术学概论[M].重庆,重庆大学出版

社,2006:164.

[85]许平.视野与边界[M].南京:江苏美术出版社,2004.

[86]许平,刘青青.设计的伦理——设计艺术教育中的一个重大课题[J].艺苑(南京艺术学院学报美术版),1997,03:44-49.

[87]方秋明.汉斯·约纳斯的责任伦理学研究[D].复旦大学,2004.

[88]毛泽东选集(第二卷)[M].北京:人民出版社,1991:663-664.

[89]杭间.从工艺美术到艺术设计[J].装饰,2009,12:16-18.

[90]杭间.设计道[M].重庆:重庆大学出版社,2009:108.

[91]刘洋.设计下政治的互动关系及符号解读[D].武汉理工学,2012.

[92]王受之.世界现代设计史[M].北京:中国青年出版社,2002:128.

[93]维克多·帕帕奈克.绿色律令:设计与建筑中的生态学和伦理学[M].周博,等译.北京:中信出版社,2013.

[94]郑玲.基于生态设计的资源价值流转会计研究[D].中南大学,2012.

[95]汪毅.生态设计理论与实践[D].同济大学,2006.

[96]李红.浅析生态设计理念[J].艺术与设计(理论),2008,12:151-152.

[97]孟彤.单一的绿色:生态设计与设计"生态"[J].中国园林,2010,09:47-52.

[98]刘铁梁,潘鲁生.设计与民间文化五人谈[J].设计艺术,2005,03:6-7.

[99]检验一座城市或一个国家是不是够现代化,一场大雨足矣.搜狐公众平台,2016-6-22. http://mt.sohu.com/20160622/n455728809.shtml.

[100] 林洪熙, 施云娟. 日本的地下宫殿：世界最宏伟的城市排水设施. 人民网福建频道. 2015-6-4. http://fj.people.com.cn/n/2015/0604/c181466-25123391.html.

[101] 铁瑾. 井盖被偷3岁男童坠井险丧命, 该处井盖曾多次被盗. 网易新闻转北京晨报. 2014-4-18. http://news.163.com/14/0418/02/9Q32DBGA00014AED.html.

[102] 彼得·多默. 现代设计的意义[M]. 张蓓, 译. 南京：译林出版社, 2013.

[103] 丹尼尔·米勒. 物质文化与大众消费[M]. 费文明, 等译. 南京：江苏美术出版社, 2010.

[104] 许平. 公共服务设计机制的审视与探讨——以内地三城市"设计为人民服务"活动为例[J]. 装饰, 2010, 06: 18-21.

[105] 李砚祖. 外国设计艺术经典论著选读·上[M]. 北京：清华大学出版社, 2006: 82.

[106] 埃里希·弗洛姆. 占有还是存在[M]. 李穆, 等译. 北京：世界图书出版公司, 2015.

[107] 艾里希·弗洛姆. 健全的社会[M]. 孙恺祥, 译. 上海：上海译文出版社, 2011.

[108] 哈尔·福斯特. 设计之罪[M]. 百舜, 译. 济南：山东画报出版社, 2013.

[109] 高兆明. 制度公正论：变革时期道德失范研究[M]. 上海：上海文艺出版社, 2001: 15-16.

[110] 马克思恩格斯选集第三卷[M]. 北京：人民出版社, 1972.

[111] 蔡玉硕. 对中国设计之"文化自觉"观的思考[J]. 艺术探索, 2010, 02: 90-91+93.

[112] 彭皋丽. 英国创意产业崛起的经济成因之分析[J]. 改革与开放, 2011, 24: 103-104.

[113]李砚祖.设计的"民族化"与全球化视野[J].设计艺术,2006,02:10-11.

[114]郭少丹.宜家"夺命抽屉柜"系列产品仍然在售[N].中国经济报,2016-07-18B13.

[115]马克思恩格斯文集.第8卷[M].北京:人民出版社,2009:90.

[116]陈学明.资本逻辑与生态危机[J].中国社会科学,2012,11:4-23+203.

[117]设计批评如何教育?——访清华大学美术学院艺术史论系主任张夫也教授[J].美术观察,2010,11:26-27.

[118]万南.电子垃圾第一国:PC年报废狂飙上亿台.泡泡网主板频道,2015-10-20.http://www.pcpop.com/doc/1/1143/1143657.shtml.

[119]高静(责任编辑).中国快递垃圾惊人:去年消耗塑胶袋82.6个专家呼吁成立回收体系(组图).中国网·山东,2016-3-30.http://sd.china.com.cn/a/2016/yaowen_0330/518585.html.

[120]利波维茨基.责任的落寞:新民主时期的无痛伦理观[M].倪复生,等译.北京:中国人民大学出版社,2007.

[121]丹尼尔·贝尔.资本主义文化矛盾[M].赵一凡,等译.北京:生活·读书·新知三联书店,1989:40.

[122]唐纳德·A·诺曼.设计心理学[M].梅琼,译.北京:中信出版社,2010:178,214.

[123]徐恒醇.设计美学[M].北京:清华大学出版社,2006:2.

[124]奥斯汀·哈灵顿.艺术与社会学理论:美学中的社会学论争[M].周计武,等译.南京:南京大学出版社,2010:79-82.

[125]马特·马图斯.设计趋势之上[M].焦文超,译.济南:山东画报出版社,2009:111.

[126]沃尔夫冈·弗里茨·豪格.商品美学批判：关注高科技资本主义社会的商品美学[M].董璐,译.北京：北京大学出版社,2013:169.

[127]吕品田.必要的张力[M].重庆：重庆大学出版社,2007:2.

[128]李砚祖.设计的文化身份[J].南京艺术学院学报（美术与设计版）,2007,03:14-17.

[129]杨林.中国语境下的设计文化身份[J].艺术教育,2012,12:138-139.

[130]斯图亚特·霍尔.文化身份与族裔散居[A].罗钢,刘象愚.文化研究读本[C].北京：中国社会科学出版社,2000:209.

[131]张月琴.文化空间视阈下的长城古堡[J].文艺理论与批评,2010,03:140-143.

[132]翟墨.中国设计忧思录[J].美术,2007,11:86-87.

[133]费多益.现代设计的人文反思[J].自然辩证法通讯,2008,03:1-6+110.

[134]邹之坤,张阳.弗洛姆的异化消费思想及启示[J].内蒙古民族大学学报（社会科学版）,2016,02:17-20.

[135]迈克尔·所罗门.消费者行为：决定购买的内在动机[M].杨晓燕,等译.北京：中国人民大学出版社,2014:130.

[136]王欢.超越资本逻辑与符号逻辑[D].首都师范大学,2011.

[137]毛勒堂,高惠珠.消费主义与资本逻辑的本质关联及其超越路径[J].江西社会科学,2014,06:21-26.

[138]马克思恩格斯全集第46卷（上册）[M].北京：人民出版社,2003.

[139]人均GDP突破1000美元后：国外居民消费结构分析.商务部网分析报告栏目,2004-9-1.http://scyxs.mofcom.gov.cn/aarticle/c/200409/20040900273316.html.

[140] 杨文梅，潘敏，谢昆．警惕家庭高负债．央视国际经济频道，2004-11-10．http：//www.cctv.com/program/cbn/20041111/102496.shtml．

[141] 民调显示57%的民众担心"符号消费热"让社会更物质化．凤凰网，2010-10-21．http：//news.ifeng.com/society/2/detail_2010_10/21/2848342_0.shtl．

[142] 王欢．从马克思的资本逻辑到鲍德里亚的符号逻辑[J]．前沿，2009，10：45-48．

[143] 万俊人．道德之维——现代经济伦理导论[M]．广州：广州人民出版社，2011：277．

[144] 刘擎．中国语境下的自由主义：潜力与困境[J]．开放时代，2013，04：106-123．

[145] 周枫．自由主义的道德处境[J]．人文杂志，2004，01：21-28．

[146] 阿兰德波顿．写给无神论者[M]．梅俊杰，译．上海：译文出版社，2012．

[147] Rene Descrates．Animal is Machine．In Susan J Armstrong, Susan Armstrong, ed. Environmental Ethies：Divergence and Convergence．McGraw-Hill，1993：281-285．

[148] 马克思．1844年经济学-哲学手稿[M]．北京：人民出版社，1985：88．

[149] 斯丹法诺·马扎诺．飞利浦设计思想[M]．北京：北京理工大学出版社，2002：18．

[150] 斯大林．斯大林选集下卷[M]．北京：人民出版社，1979：442．

[151] 马克·第亚尼．非物质化社会——后工业世界的设计、文化和技术[M]．成都：四川人民出版社，1998：6．

[152] 于清华．非物质设计的兴起与发展[J]．艺术·生活，2005，01：56-57．

[153]汪海波．论非物质设计[J]．中国包装，2009，02：31-32．

[154]李砚祖．设计：科学技术与艺术的统一与整合[J]．南阳师范学院学报（社会科学版），2004，01：94-99．

[155]若昂·德让．时尚的精髓：法国路易十四时代的优雅品味及奢侈生活[M]．杨翼，译．北京：生活·读书·新知三联书店，2012．

[156]查尔斯·泰勒．本真性的伦理[M]．程炼，译．上海：上海三联书店，2012．

[157]别尔嘉耶夫．文化的哲学[M]．于培才，译．上海：上海人民出版社，2007．

[158]吉尔·利波维茨基，塞巴斯蒂安·夏尔．超级现代时间[M]．谢强，译．北京：中国人民大学出版社，2005．

[159]史蒂文·海勒．设计灾难[M]．徐烨，译．重庆：重庆大学出版社，2012．

[160]吉尔·利波维茨基，埃丽亚特·胡．永恒的奢侈：从圣物岁月到品牌时代[M]．谢强，译．北京：中国人民大学出版社，2007．

[161]戴博曼．做好设计：设计师可以改变世界[M]．连冕，等译．北京：人民邮电出版社，2009．

[162]亨利·波卓斯基．设计，人类的本性[M]．王芊，等译．北京：中信出版社，2012．

[163]尼尔·波兹曼．娱乐至死·童年的消失[M]．章艳，等译．桂林：广西师范大学出版社，2009．

[164]亨利·德莱福斯．为人的设计[M]．陈雪清，等译．南京：译林出版社，2012．

[164]亨利·德莱福斯．为人的设计[M]．陈雪清，等译．南京：译林出版社，2012．

[165]黛比·米尔曼．像设计师那样思考[M]．鲍晨，译．济南：山东画报出版社，2010．

[166] 黑川雅之．设计与死[M]．何金凤，译．北京：电子工业出版社，2013．

[167] 克里斯托弗·西蒙斯．就是设计[M]．百舜，译．济南：山东画报出版社，2013．

[168] 黛比·米尔曼．像设计师那样思考（二）品牌思考及更高追求[M]．百舜，译．济南：山东画报出版社，2012．

[169] 弗洛伊德．弗洛伊德的心理哲学[M]．刘烨，译．北京：中国戏剧出版社，2008．

[170] 爱德华·德·博诺．我对你错[M]．冯杨，译．太原：山西人民出版社，2008．

[171] 拜卡·高勒文玛．芬兰设计 一部简明的历史[M]．张帆，等译．北京：中国建筑工业出版社，2012．

[172] 喜多俊之．给设计以灵魂：当现代设计遇见传统工艺[M]．郭菀琪，译．北京：电子工业出版社，2012．

[173] 唐纳德·A·诺曼．设计心理学1：日常的设计[M]．小柯，译．北京：中信出版社，2015．

[174] 安东尼·肯尼．牛津西方哲学史[M]．韩东晖，译．北京：中国人民大学出版社，2006．

[175] 马宇彤．广告战争[M]．北京：中信出版社，2009．

[176] 凌继尧．艺术设计十五讲[M]．北京：北京大学出版社，2009．

[177] 郑建启，胡飞．艺术设计方法学[M]．北京：清华大学出版社，2011．

[178] 黄健云．"特殊"与美感——新实践美学视域下的美感研究[M]．北京：人民出版社，2009．

[179] 郭廉夫，毛延亨．中国设计理论辑要[M]．南京：江苏美术出版社，2008．

[180] 高刚．对人类中心主义的再认识[D]．中国青年政治学

[181] 秦鹏. 生态消费法研究[D]. 重庆大学, 2006.

[182] 张璠. 透过人性论浅析人的自我存在危机[D]. 西北大学, 2010.

[183] 迈克·费瑟斯通. 消费文化与后现代主义[M]. 刘精明, 译. 南京: 译林出版社, 2000.

[184] 余谋昌. 生态文明论[M]. 北京: 中央编译出版社, 2010.

[185] 余谋昌. 生态伦理学——从理论走向实践[M]. 北京: 首都师范大学出版社, 1999.

[186] 约翰·贝拉米·福斯特. 生态危机与资本主义[M]. 耿建新, 等译. 上海: 上海译文出版社, 2006.

[187] 卢风. 从现代文明到生态文明[M]. 北京: 中央编译出版社, 2009.

[188] 李砚祖. 外国设计艺术经典论著选读·下[M]. 北京: 清华大学出版社, 2006.

# 致　谢

本研究的完成与出版，得到众多教授、专家和朋友的莫大帮助，在此，我对他们的指导、智慧以及支持表示深深的感谢。

衷心感谢我的博士导师张夫也教授。先生在学术上的严谨之风、为人上的包容之举将成为我一生学习的榜样。整个研究过程饱含了先生中肯的意见和辛劳的付出。我要特别感谢李砚祖教授。研究期间，多次承蒙李砚祖教授的悉心指导和无私教诲，这些对我研究的进展和研究能力的提升均有莫大的帮助。我还要特别感谢张敢教授。张敢教授特别和蔼可亲，每一次的求教，总是给予耐心的解答。"研究中国的设计问题，解决中国的设计问题""多关注研究语境和研究本体""不要囿于权威，要敢于突破"等叮嘱伴随我整个研究过程。我还要真诚地感谢陈池瑜教授、方晓风教授、尚刚教授、邹文教授、王连海教授，他们的课程和指点总能使我获得思维的灵感、观念的突破。

此外，我要感谢中国纺织出版社的由炳达老师和余莉花老师，他们为本书的出版提供了及时的、无私的和极富才智的帮助。

感谢我的母校清华大学，良好的研究环境和丰厚的研究资源使我的研究得以顺利完成。

最后，感谢我的爱人周芳老师。她总是我每一章节的第一个读者，以深厚的文学功底犀利地提出建议，激烈地与我讨论，启发我的研究思路。当然也感谢她包揽家务，使我有更多的时间研究本课题。

感谢每一位给予我无私帮助的人，祝福他们！

**丛志强**

中国人民大学艺术学院硕士研究生导师，清华大学美术学院博士，国家一级美术师。主持中国人民大学面上项目重点项目《传统村落中工匠文化的困境与创化策略研究》；在《美术观察》《文艺争鸣》等核心期刊发表论文多篇；先后主持中国装饰集团、承德中药、首安股份等二十多个大型企业的品牌策划与设计项目。山水作品《大观天下》（长3.67米）被人民大会堂收藏，设计与绘画作品获国内外奖项30多个。